中德"双元制"职业教育化工专业系列教材

高等职业教育教材

化工仪表与过程控制

崔帅 高波 王新 · 主编

化学工业出版社

·北京·

内容简介

本书内容由两大部分组成。第一部分的理论知识，包括五个模块，模块一介绍石油化工生产过程中四大工艺参数的检测仪表与检测技术，模块二介绍自动控制基础知识，模块三、四、五介绍简单控制系统、复杂控制系统、逻辑控制与顺序控制、计算机控制系统。第二部分是工作页，共有 18 个工作任务，包括液位、温度、流量的调控，还包括测试对象特性、PID 参数的工程整定、比值控制、串级控制等。为方便教学，本书配套电子课件、工作页参考答案、视频动画等资源。

本书可作为高职高专院校化工类相关专业教材，也可作为成人继续教育学校、企业培训学校的相关专业教材，并可供化工行业工艺技术人员及企业工人参考。

图书在版编目（CIP）数据

化工仪表与过程控制 / 崔帅，高波，王新主编.
北京：化学工业出版社，2025. 6. —（中德"双元制"
职业教育化工专业系列教材）（高等职业教育教材）.
ISBN 978-7-122-47849-8

Ⅰ. TQ056；TQ02

中国国家版本馆 CIP 数据核字第 20255BQ441 号

责任编辑：韩庆利　满悦芝　　文字编辑：宋　旋
责任校对：赵懿桐　　　　　　装帧设计：关　飞

出版发行：化学工业出版社
　　　　　（北京市东城区青年湖南街 13 号　邮政编码 100011）
印　　装：中煤（北京）印务有限公司
787mm×1092mm　1/16　印张 18½　字数 472 千字
2025 年 9 月北京第 1 版第 1 次印刷

购书咨询：010-64518888　　　售后服务：010-64518899
网　　址：http://www.cip.com.cn
凡购买本书，如有缺损质量问题，本社销售中心负责调换。

定　　价：58.00 元　　　　　　版权所有　违者必究

中德"双元制"职业教育化工专业系列教材
编写委员会

序

石油化学工业作为流程工业，融合多种学科，由于其工艺过程连续不断，并且具备大型设备多、自动化程度高、危险因素多、"三废"多等特征，对从业人员的职业素质和能力要求更高。《国家职业教育改革实施方案》明确指出，要"借鉴'双元制'等模式，总结现代学徒制和企业新型学徒制试点经验，校企共同研究制定人才培养方案，及时将新技术、新工艺、新规范纳入教学标准和教学内容，强化学生实习实训"，要"积极吸引企业和社会力量参与，指导各地各校借鉴德国、日本、瑞士等国家经验，探索创新实训基地运营模式"，"建设一大批校企'双元'合作开发的国家规划教材，倡导使用新型活页式、工作手册式教材并配套开发信息化资源"，为新时代职业教育和职业培训指明了方向。

盘锦职业技术学院于 2017 年 3 月率先在国内引入德国化工"双元制"人才培养项目，在化工类专业中开展德国"双元制"本土化改革，通过理念上的创新、模式上的引进、标准上的借鉴、机制上的复制，吸纳德国职业教育先进的办学元素，经过内化与改革，形成了一系列标准、模式等创新成果。特别是在人才培养方案制定、行动领域课程开发、双主体师资队伍建设、校企双元协同育人、引入德国化工职业资格考试等方面进行了创新与实践。

伴随"中德化工双元培育项目"的实施，开发了一系列行动导向课程，其特点是课程来自真实的工作过程，充分考虑行动过程中涉及的理论知识与相关实践的技能。对照德国化工操作员人才培养方案及企业培训框架，确定了适合于我国实际的石油化工操作人员培养方案的 8 个行动领域课程，其中责任行动措施、工艺物料处理、工艺单元操作、工艺监控、设备维护与保养、工艺执行与稳定等 6 个行动领域是基础部分，石油加工的化学技术、石油化工中的分析这 2 个行动领域是专业方向。该课程体系是国际化专业标准本土化的重要标志。

为保证该课程体系在实际教学中落地，急需开发适合行动导向教学的教材。为此，学院成立了教材编写委员会，组成教材开发小组。经过企业走访与调研，结合中德化工双元培育项目的成果，编写了以行动导向为主的中德"双元制"职业教育化工专业系列教材。该系列教材采用新型活页式，包含理论部分和各种学习情境下的任务单，使用灵活、方便。系列教材学习情境来自化工职业和化工生产的工作情境，学习任务源于职业体验和岗位真实的生产任务，情境和任务的设计尽可能地与职业和岗位生产无缝对接，内容的选取突出对准职业人核心素养的培养。

中德"双元制"职业教育化工专业系列教材是德国化工"双元制"培养模式在我国本土化过程中的有益尝试。引入相关国家标准、规范，实现了德国双元培养模式的本土化，引领了学校、企业、培训生等不同教育主体的学习方向，打破了教育主体之间的壁垒，更好地诠释了"双元制"校企协同、标准统一、学生主体的理念。我们衷心希望该系列教材的出版，能够为我国化工领域的职业教育和职业培训带来实质性的促进与贡献。

盘锦职业技术学院副院长

2024 年 8 月

前 言

    化工行业是国民经济发展的支柱性产业，随着科学技术的迅猛发展，化工工艺监控技术在化工生产过程中的应用就显得尤为重要。由于化工生产过程的连续化、大型化、复杂化以及高度自动化，因此要求技术技能人才掌握必要的监测技术和过程控制技术，这是现代化工企业实现安全、高产、优质、低耗的基本条件和重要保证，也是管理和开发现代化生产过程所必须具备的知识。随着新时代化工行业发展的深刻变革，化工产业对人才要求的内涵也发生了深刻变化。新工科背景下，现代化工生产领域亟须培养德、智、体、美、劳全面发展的高素质技术技能人才。

    本书以企业一线生产的调研为基础、以项目化课程改革为依托、以化工专业双元教育教学为大背景，更贴近生产实际的要求。以"双元培育"的课程设计思路为原则，考虑高职院校学生的认知能力和特点，结合石油化工企业生产实践的任务要求，以项目化教学改革为主线，详细论述了化工工艺测量技术和过程控制的相关知识，可适应高职的"做中学"教学特点。本书体系做了很大改变，除了理论知识部分外，增设了工作页，更贴近企业生产实践。

    本书由两大部分组成。第一部分是理论知识，包括五个模块，详细介绍了石油化工生产过程中常用的四大类工艺参数的检测仪表、自动控制系统基础知识、简单控制系统、复杂控制系统、计算机控制系统。第二部分是工作页，共有18个工作任务，工作任务的设计由简单到复杂，包括液位、温度、流量的调控，还包括测试对象特性、整定PID参数、比值控制、串级控制等。本书选取过程控制的基本工作任务，结合完成任务相关的理论知识，以工作任务为载体，按照"理实一体化"教学方式进行课程设计，确保在校石油化工类高职学生与企业生产一线员工能通过这门课程的系统化学习，掌握石油化工生产中常用的仪表名称，能看懂工艺流程图、管道及仪表流程图，熟悉典型石油化工生产中自动控制系统的运行规律，能正确使用常用检测仪表，能对变送器实施调零操作，学会工业过程控制仪表的选型、安装及维护技术。本书注重培养学生的动手能力，解决实际问题的能力，帮助学生养成自主学习习惯，提升学生的就业竞争力和发展潜力。

    全书由盘锦职业技术学院崔帅、高波、王新担任主编。其中模块一、工作任务1、工作任务2、工作任务10、工作任务11、工作任务12、工作任务13由高波、张郡沠编写，模块三、工作任务3、工作任务4、工作任务5、工作任务6、工作任务7、附录由崔帅、左丹编写，模块二、模块四、模块五、工作任务8、工作任务9、工作任务14、工作任务15、工作任务16、工作任务17、工作任务18由王新、郜冬光编写。本书由崔帅统稿，盘锦职业技术学院陈星、北方华锦化学工业集团有限公司黄武生主审。

    本书的编写得到了北方华锦化学工业集团有限公司的大力支持，使本书更贴近化工生产实际，在此深表感谢。

    由于编者的经历和水平有限，书中难免存在不足之处，欢迎广大读者批评指正。

编者

目录

工作页

二维码资源目录

资源名称	类型	页码	二维码
检测仪表品质指标	视频	3	
压力检测基础知识	视频	8	
弹簧管压力表	视频	11	
电气式压力表	视频	14	
应变式压力传感器	动画	15	
霍尔片压力传感器	动画	16	
压力计的选用与安装	视频	21	
现场压力变送器检测	视频	23	
温度测量仪表	视频	28	
热电偶温度计	视频	31	
热电阻现场检修、安装及校对	视频	39	
差压式流量计	视频	43	
转子流量计（视频）	视频	47	
转子流量计（动画）	动画	47	
安装转子流量计	动画	50	

资源名称	类型	页码	二维码
涡轮流量计	动画	51	
流量测量仪表	视频	52	
椭圆齿轮流量计	动画	56	
质量流量计	动画	59	
刮板流量计	动画	60	
罗茨流量计	动画	60	
仪表巡检-质量流量计	视频	62	
差压式液位计	视频	67	
静压液位计	动画	67	
浮子式液位计	动画	73	
雷达物位计	动画	75	
液位变送器	视频	76	
绘制自动控制系统方块图	视频	85	
管道及仪表流程图	视频	87	
过渡过程及品质指标	视频	95	
被控对象特性的研究-放大系数	视频	103	

资源名称	类型	页码	二维码
被控对象特性的研究-时间常数	视频	104	
被控对象特性的研究-滞后时间	视频	105	
比例控制规律	视频	109	
积分控制规律	视频	113	
微分控制规律	视频	114	
执行器	视频	117	
笼式调节阀	动画	117	
现场调节阀拆装	视频	124	
费舍尔阀门定位器现场组态及校对	视频	125	
阀门定位器现场校对	视频	125	
流量控制系统	视频	153	
串级控制系统	视频	166	
DCS控制室之操作站	视频	190	
DCS控制室之电源柜	视频	190	
DCS控制室之柜内卡件	视频	190	
DCS控制室之控制室	视频	190	

工艺参数测量

模块导读

在化工生产过程中，为了正确地指导生产操作、保证生产安全、提高产品质量以及实现生产过程自动化，就需要准确而及时地检测出生产过程中的各个有关参数，例如压力、流量、物位及温度等。对于化工类高职学生来说，进入石化企业的初始工作岗位大多是外操岗位，这就需要大家了解工艺参数测量的相关知识，熟悉并能处理常见的仪表故障，具备正确读取并记录工艺参数的能力。

单元一　工艺参数测量基础知识的认知

学习目标

知识目标：1. 熟悉测量仪表的分类；
　　　　　2. 掌握测量误差的种类及计算方法；
　　　　　3. 掌握检测仪表的品质指标。

能力目标：1. 能计算测量仪表的误差；
　　　　　2. 能确定测量仪表的精度等级；
　　　　　3. 能根据工艺条件正确选择测量仪表的精度等级。

素养目标：1. 培养严格遵守劳动纪律的工作态度；
　　　　　2. 培养自我保护意识。

学习导入

1. 举例说出你使用过的测量仪表有哪些。
2. 这些仪表测出来的数值是否是真实数值。

知识链接

知识点一　测量过程与测量误差

测量过程是一个获取信息的过程，测量是将被测参数与其相应的测量单位进行比较，从

1

而获取一个确定的量值。在测量过程中，由于所使用的测量工具本身不够准确，观测者的主观性和周围环境的影响等等，使得测量的结果不可能绝对准确。由仪表读得的被测值与被测量真值之间，总是存在一定的差距，这一差距就称为测量误差。下面介绍误差的分类。

1. 测量误差按其产生原因的不同分为系统误差、疏忽误差和偶然误差

（1）系统误差　在相同条件下，对同一被测参数进行多次重复测量时，误差的大小和符号保持不变，或在条件改变时，按一定规律变化的误差称为系统误差。如仪表本身的缺陷、温度、湿度、电源电压等单因素环境条件的变化所造成的误差均属于系统误差。

系统误差的特点是，测量条件一经确定，误差即为一确切数值。用多次测量取平均值的方法，并不能改变误差的大小。系统误差是有规律的，可针对其产生的根源采取一定的技术措施进行修正，但不能完全消除。

（2）随机误差　随机误差又称偶然误差，在相同条件下，对同一被测参数进行多次重复测量时，误差的大小和符号均为不可预计的误差称为随机误差。如电磁场干扰和测量者感觉器官无规律的微小变化等引起的误差均为随机误差。可以通过对多次测量值取算术平均值的方法削弱随机误差对测量结果的影响。

（3）疏忽误差　在一定的测量条件下，由人为原因造成的、测量值明显偏离实际值所形成的误差称为疏忽误差。

产生疏忽误差的主要原因有：由于观察者过于疲劳或缺乏经验，操作不当或责任心不强而造成的读错刻度、记错数字或计算错误等；以及测量条件的突然变化，如机械冲击等引起仪器指示值的改变。疏忽误差可以克服，而且和仪表本身无关，凡确定是疏忽误差的测量数据应予以剔除。

2. 根据测量误差的表示方式分为绝对误差和相对误差

（1）绝对误差　绝对误差在理论上是指仪表指示值 A_i 和被测量的真实值 A_t 之间的差值，可表示为

$$\Delta = A_i - A_t \tag{1-1}$$

所谓真实值是指被测物理量客观存在的真实数值，它是无法得到的理论值。因此，测量仪表在其标尺范围内各点读数的绝对误差，一般是指同时用被校表（精确度较低）和标准表（精确度较高）对同一被测量进行测量所得到的两个读数之差，可用下式表示

$$\Delta = A - A_0 \tag{1-2}$$

式中　Δ——绝对误差；

　　　A——被校表的读数值；

　　　A_0——标准表的读数值。

（2）相对误差　相对误差等于某一点的绝对误差 Δ 与该点标准表的指示值之比。可表示为

$$\gamma = \frac{\Delta}{A_0} \tag{1-3}$$

式中　γ——仪表在 A_0 处的相对误差。

知识点二　测量仪表的性能指标

一台测量仪表性能的优劣，可用它的性能指标来衡量，测量仪表的性能指标有以下几项。

一、精确度（简称精度）

前面已经提到，仪表的测量误差可以用绝对误差来表示。但是，必须指出，仪表的绝对误差在测量范围内的各点上是不相同的。因此，常说的"绝对误差"指的是绝对误差中的最大值 $\Delta_{\max}$。

事实上，仪表的精确度不仅与绝对误差有关，而且还与仪表的标尺范围有关。例如，两台标尺范围不同的仪表，如果它们的绝对误差相等，标尺范围大的仪表比标尺范围小的仪表精确度要高。因此，工业上经常用相对百分误差来表示测量仪表的精确度。相对百分误差即仪表的最大绝对误差与该仪表标尺范围的百分比，用字母 δ 表示，即

$$\delta = \frac{\Delta_{\max}}{标尺上限值 - 标尺下限值} \times 100\% \tag{1-4}$$

仪表标尺的上限值与下限值之差，称为该仪表的量程。

仪表的精确度通常用精度等级来表示，将仪表的相对百分误差去掉"±"号及"%"号，根据实际情况确定仪表的精度等级。

国家制定了统一的精度等级标准，常用的精度等级有 0.005，0.02，0.05，0.1，0.2，0.4，0.5，1.0，1.5，2.5，4.0 等。如果某台测温仪表的允许误差为 ±1.5%，则认为该仪表的精确度等级符合 1.5 级。为了进一步说明如何确定仪表的精度等级，下面举两个例子。

【例题1-1】某台测温仪表的测温范围为 100～600℃，校验该表时得到的最大绝对误差为 +3℃，试确定该仪表的精度等级。

解：该仪表的相对百分误差为

$$\delta = \frac{+3}{600-100} \times 100\% = +0.6\%$$

将该仪表的 δ 值去掉"+"号与"%"号，其数值为 0.6。由于国家规定的精度等级中没有 0.6 级仪表，同时，该仪表的误差超过了 0.5 级仪表所允许的最大误差，所以，这台测温仪表的精度等级为 1.0 级。

【例题1-2】某台测压仪表的测量范围为 0～200kPa。根据工艺要求，压力指示值的误差不允许超过 ±1.8kPa，试问应如何选择仪表的精度等级才能满足以上要求？

解：根据工艺上的要求，仪表的相对百分误差为

$$\delta = \frac{\pm 1.8}{200-0} \times 100\% = \pm 0.9\%$$

将该仪表的相对百分误差去掉"±"号与"%"号，其数值介于 0.5～1.0 之间，如果选择精度等级为 1.0 级的仪表，其允许的误差为 ±1.0%，超过了工艺上允许的数值，故应选择 0.5 级仪表才能满足工艺要求。

由以上两个例子可以看出，根据仪表校验数据来确定仪表精度等级和根据工艺要求来选择仪表精度等级，情况是不一样的。根据仪表校验数据来确定仪表精度等级时，仪表的相对百分误差应该大于（至少等于）仪表校验所得的相对百分误差；根据工艺要求来选择仪表精度等级时，仪表的相对百分误差应该小于（至多等于）工艺上所允许的最大相对百分误差。

仪表的精度等级是衡量仪表质量优劣的重要指标之一。精度等级数值越小，表征该仪表的精确度等级越高，也说明该仪表的精确度越高。0.05 级以上的仪表，常用来作为标准表；工业现场用的测量仪表，其精度大多是 0.5 级以下的。

仪表的精度等级一般可用不同的符号形式标志在仪表面板上。如 $\triangle_{1.0}$、$\boxed{1.5}$ 等。

> 🌐 德国仪表的精度等级的表示方法：
> 在仪表的面板上标有 Kl 1.0，表示仪表的精度等级为 1.0 级。

二、恒定度

恒定度又称变差，也叫回差，是指在外界条件不变的情况下，用同一仪表对被测量在仪表全部测量范围内进行正反行程（即被测参数逐渐由小到大和逐渐由大到小）测量时，被测量正行和反行所得到的两条特性曲线之间的最大偏差，如图 1-1 所示。

仪表变差的大小，用在同一被测参数值下，正反行程间仪表指示值的最大绝对差值与仪表标尺范围之比的百分数表示，即

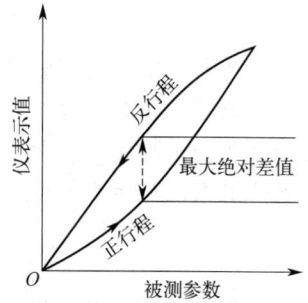

图 1-1　检测仪表的变差

$$变差 = \frac{最大绝对差值}{标尺上限值 - 标尺下限值} \times 100\% \tag{1-5}$$

注意，仪表的变差不能超出仪表的允许误差，否则，应及时检修。

产生仪表变差的原因很多，例如传动机构间存在的间隙、运动部件的摩擦、弹性元件的弹性滞后等等。随着仪表制造技术的不断改进，许多仪表全电子化了，无可动部件，模拟仪表改为数字仪表等，所以变差这个评价指标在智能型仪表中显得不那么重要和突出了。

三、灵敏度与灵敏限

灵敏度是指仪表感知被测参数变化的灵敏程度，或者说是对被测的量变化的反应能力。仪表指针的线位移或角位移，与引起这个位移的被测参数变化量之比称为仪表的灵敏度。其公式为

$$S = \frac{\Delta L}{\Delta x} \times 100\% \tag{1-6}$$

式中　S——仪表的灵敏度；

　　　ΔL——指针的线位移或角位移；

　　　Δx——引起 ΔL 所需的被测参数变化量。

仪表的灵敏限，是指能引起仪表指针发生动作的被测参数的最小变化量。通常仪表灵敏限的数值应不大于仪表允许绝对误差的一半。

值得注意的是，上述指标仅适用于指针式仪表。在数字式仪表中，往往用分辨力来表示仪表灵敏度或灵敏限的大小。

数字式仪表的分辨力是指仪表可能检测到的被测信号最小变化能力，也就是使仪表示值产生变化的被测量的最小改变量。不同量程的分辨力是不同的，仪表分辨力指在最低量程上最末一位数字改变一个字所表示的物理量。通常以最高分辨力作为数字电压表的分辨力指标。例如，某仪表的最低量程是 $0 \sim 1.000 \mathrm{V}$，四位数字显示，末位一个数字的等效电压为 $1 \mathrm{mV}$，便可说该表的分辨力为 $1 \mathrm{mV}$。

四、线性度

线性度是表征线性刻度仪表的输出量与输入量的实际校准曲线与理论直线的吻合程度。

如图 1-2 所示。通常总是希望测量仪表的输出与输入之间成线性关系。因为在线性情况下，模拟式仪表的刻度就可以做成均匀刻度，而数字式仪表就可以不必采取线性化措施。

线性度通常用实际测得的输入-输出特性曲线（称为校准曲线）和理论直线之间的最大偏差与测量仪表量程之比的百分数表示，即

$$\delta f = \frac{\Delta f_{max}}{仪表量程} \times 100\%$$ （1-7）

式中　δf——线性度（又称非线性误差）；

　　　Δf_{max}——校准曲线对于理论直线的最大偏差（以仪表示值的单位计算）。

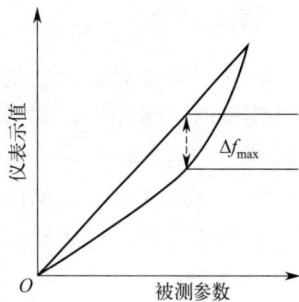

图 1-2　线性度示意图

五、反应时间

反应时间是用来衡量仪表能不能尽快反映出参数变化的品质指标。当用仪表对被测量进行测量时，被测量突然变化以后，仪表指示值总是要经过一段时间后才能准确地显示出来。反应时间长，说明仪表需要较长时间才能给出准确的指示值，那就不宜用来测量变化频繁的参数。因为在这种情况下，当仪表尚未准确显示出被测值时，参数本身却早已改变了，使仪表始终指示不出参数瞬时值的真实情况。所以，仪表反应时间的长短，实际上反映了仪表动态特性的好坏。

仪表的反应时间有不同的表示方法。当输入信号突然变化一个数值后，输出信号将由原始值逐渐变化到新的稳态值。仪表的输出信号（即指示值）由开始变化到新稳态值的 63.2% 所用的时间，可用来表示反应时间，也有用变化到新稳态值的 95% 所用的时间来表示反应时间的。

知识点三　测量仪表的基本构成

各种测量仪表所测量的参数、测量原理及输出（显示）方式不同，其结构也各不相同。但就其测量功能而言，一般由检测部分、变换部分和显示部分组成。如图 1-3 所示。

被测参数 ⟶ 检测部分 ⟶ 变换部分 ⟶ 显示部分

图 1-3　检测仪表系统的组成

一、检测部分

工艺参数的检测就是用专门的技术工具，通过正确的测量方法，准确获取表征被测对象的定量信息的过程。

检测部分一般与被测介质直接接触，感受被测变量，并把被测变量转换成相应的机械的、电的或其他形式的易于传递、测量的信号，完成对被测参数信号形式的转换。如玻璃水银温度计，其检测部分是水银泡，它利用热胀冷缩原理，把温度转换成相应的水银柱高度。

如果检测部分将被测量转换成与之对应的便于传送的信号，如电压、电流、电阻、频率等，一般称其为传感器。传感器是一种以测量为目的、以一定的精度把被测量转换为与之有确定关系的、便于传送处理的另一种物理量的测量器件。

二、转换部分

转换部分是对被测变量进行转换、放大或其他处理的测量电路及转换电路。转换部分是测量仪表的中间环节，其作用是将检测元件的输出信号进行放大、传输、线性化处理或转换成标准统一信号输出，以供给仪表显示部分显示。把传感器的输出信号转换成如 $0\sim10\text{mA}$、$4\sim20\text{mA}$ 或 $0.02\sim0.1\text{MPa}$ 等标准统一的模拟量信号或者满足特定标准的数字量信号的检测仪表称变送器。变送器主要用来对传感器的输出做出必要的加工处理和传送。

三、显示部分

显示部分是人-机联系的主要环节，它的作用是把经变换部分放大处理的信号，在显示装置上，以指针、数字、曲线等形式把被测量指示出来，向观察者显示被测量数值的大小。如指针式显示仪表，是利用指针对标尺的相对位置来表示被测量数值的，被测量的测量单位被转换成了标尺的刻度分格。

检测、变换和显示部分可以是三个独立的部分，也可以有机地结合在一起成为一体。有一点需要指出的是，在目前的检测和控制系统中，传统的显示仪表更多地被数码显示仪表、光柱显示仪表、无纸记录仪、计算机监控系统所替代。

知识点四 测量仪表的分类

化工生产中的测量仪表种类繁多，结构形式各异，根据不同的原则，常见的测量仪表的几种分类方法如下。

一、按被测参数不同分类

测量仪表按所测参数不同，可以分为温度、压力、流量、物位测量仪表及成分分析仪表等。

二、按精度等级及适用场合不同分类

可以分为实用仪表、范型仪表和标准仪表。分别在生产现场、实验室和标定室使用。

三、按显示方式分类

根据测量仪表显示方式不同，可以分为指示型、记录型、累计型、信号型、远传显示型等。

四、按仪表的组成形式分类

按仪表的组成形式，可以分为基地式仪表和单元组合仪表。

1. 基地式仪表

这类仪表的特点是将测量、显示、控制等各部分集中组装在一个表壳里，形成一个不可分割的整体。这种仪表比较适于在现场就地检测和控制，但不能实现多种参数的集中显示与控制，这在一定程度上限制了基地式仪表的应用范围。

2. 单元组合仪表

它将对参数的测量及其变送、显示、控制等各部分，分别制成能独立工作的单元仪表，

简称单元，例如变送单元、显示单元、控制单元等。这些单元之间以统一的标准信号互相联系，可以根据不同要求，方便地将各单元任意组合成各种控制系统，适用性和灵活性都很好。化工生产中的单元组合仪表有电动单元组合仪表和气动单元组合仪表。国产的电动单元组合仪表以"电""单""组"三字的汉语拼音首字母为代号，简称 DDZ 仪表，同样，气动单元组合仪表简称 QDZ 仪表。

检定：由政府部门（检定部门）检查测量设备的测量精度。

校准：一般是指用一个更精确的测量设备，校准测量设备。

? 学习检测

一、选择题

1. 现有一块 1.0 级的压力表，经过重新校验，算得最大相对百分误差为 1.2%，则该仪表的精度等级是（　　　）。

A. 1.0 级　　　　　B. 2.5 级　　　　　C. 1.5 级　　　　　D. 0.5 级

2. 有一块压力表，量程为 0～16MPa，要求测量值的绝对误差不大于 ±0.2MPa，要选用（　　　）的压力表才能符合工艺要求。

A. 1.0 级　　　　　B. 1.5 级　　　　　C. 2.0 级　　　　　D. 0.5 级

3. 衡量测量仪表的品质指标有（　　　）。

A. 准确度、恒定度　B. 灵敏度、线性度　C. 反应温度　　　　D. 反应时间、重复性

4. 在一台压力表的刻度盘上标有"Kl 1.5"，这个标注的意义是（　　　）。

A. 在测量压力时，这台压力表的示数允许比标准表示数少 1.5%

B. 压力表瞬时测量值最大误差为 ±1.5%

C. 在其量程范围内，压力表示数误差允许为 +1.5% 或者 −1.5%

D. 压力表允许的最高工作压力为 $p=1.5$bar

5. 仪表输出的变化与引起变化的被测量变化值之比称为仪表的（　　　）。

A. 相对误差　　　　B. 灵敏限　　　　　C. 灵敏度　　　　　D. 准确度

二、填空题

1. 测量误差按其产生的原因不同，有_____、_____、_____三类。

2. 绝对误差是_____与_____之差。

3. 测量仪表的三个基本组成部分是_____、_____、_____。

三、判断题

（　　　）1. 仪表的量程就是它所能测量的范围。

（　　　）2. 仪表的灵敏度就是仪表的灵敏限。

（　　　）3. 仪表的精度等级就是它的合格证明。

（　　　）4. 灵敏度数值越大，则仪表越灵敏。

（　　　）5. 精度等级为 1.0 级的检测仪表表明其最大相对误差为 ±1%。

（　　　）6. 仪表的精度越高，其准确度越高。

（　　　）7. 1.5 级温度检测仪表的测量范围为 20～100℃，那么它的量程为 80℃。

四、简答题

1. 什么叫测量？什么叫测量误差？

2. 测量仪表有哪几个品质指标？各反映了仪表的什么性能？

五、计算题

1. 有一台温度测量仪表，测温范围为 $1\sim800℃$，准确度等级为 1.0 级，求该温度测量仪表的允许最大绝对误差是多少？在校验点为 450℃ 时，温度表指示值为 447℃，求这台温度测量仪表在这一点上的准确度是否符合 1.0 级？

2. 要用一台测量范围为 $0\sim100MPa$ 的压力表测量反应器内的压力，若最大允许误差为 0.7MPa，请确定所选压力表的准确度等级。

3. 有一台压力表，其测量范围为 $0\sim8MPa$，经校验得出以下数据：

标准表读数/MPa	0	2	4	6	8
被校表正行程读数/MPa	0	1.98	3.96	5.95	7.99
被校表反行程读数/MPa	0	2.02	4.03	6.05	8.01

（1）该压力表的变差是多少？

（2）该压力表是否符合 0.5 级精度等级？

单元二　测量并记录压力数值

学习目标

知识目标：1. 掌握压力表的种类、结构及工作原理；
　　　　　　2. 掌握压力表的选用原则与安装规范；
　　　　　　3. 掌握压力表的读数方法。

能力目标：1. 能将压力表进行分类；
　　　　　　2. 能根据工艺条件正确选用并规范安装压力表；
　　　　　　3. 正确读取并记录压力表数值。

素养目标：1. 建立岗位规范化操作意识；
　　　　　　2. 培养互帮互助的团队合作精神。

学习导入

1. 在生活中是否遇到过压力的测量，请举例说明。

2. 在化工生产过程中为什么要测量压力？

知识链接

压力检测
基础知识

知识点一　压力测量基础知识的认知

在化工、炼油等生产过程中，经常会遇到压力和真空度的检测，其中包括比大气压力高很多的高压、超高压和比大气压力低很多的真空度的检测。

在化学反应中，压力既影响物料平衡关系，也影响化学反应速率。在石油、化工生产过程中，如果压力不符合要求，不仅会影响生产效率，降低产品质量，有时还会造成严重的生产事故。

所以，为了保证生产过程正常进行，达到高产、优质、低消耗和安全的目标，必须对压力进行检测与控制。

一、压力的概念

压力是指由气体或液体均匀垂直地作用于单位面积上的力，可用下式来表示

$$p = \frac{F}{S} \tag{1-8}$$

式中　p——压力；

　　　F——垂直作用力；

　　　S——受力面积。

二、压力的单位

根据国际单位制规定，压力单位为帕斯卡（Pa），简称帕。1 帕斯卡等于 1 牛顿每平方米，用符号 N/m^2 表示。但帕所代表的压力较小，工程上常用千帕（kPa）和兆帕（MPa）表示。它们之间的换算关系如下：

$$1MPa = 10^3 kPa = 10^6 Pa$$

为了使大家了解国际单位制中的压力单位（Pa 或 MPa）与其他单位之间的关系，下面给出几种单位之间的换算关系，如表 1-1 所示。

表 1-1　各种压力单位换算表

压力单位	帕/Pa	兆帕/MPa	汞柱/mmHg	水柱/mH$_2$O	工程大气压/(kgf/cm^2)	物理大气压/atm	巴/bar	(磅/英寸^2)/(1b/in^2)
帕	1	1×10^6	7.501×10^{-3}	1.0197×10^{-4}	1.0197×10^{-5}	9.869×10^{-6}	1×10^{-5}	1.450×10^{-4}
兆帕	1×10^6	1	7.501×10^3	1.0197×10^2	10.197	9.869	10	1.450×10^2
汞柱	1.3332×10^2	1.3332×10^{-4}	1	0.0136	1.3595×10^{-3}	1.3158×10^{-3}	1.3332×10^{-3}	1.934×10^{-2}
水柱	9.806×10^3	9.806×10^{-3}	73.55	1	0.1000	0.09678	0.09806	1.422
工程大气压	9.807×10^4	9.807×10^{-2}	735.6	10.00	1	0.9678	0.9807	14.22
物理大气压	1.0133×10^5	0.10133	760	10.33	1.0332	1	1.0133	14.70
巴	1×10^5	0.1	750.1	10.197	1.0197	0.9869	1	14.50
(磅/英寸^2)	6.895×10^3	6.895×10^{-3}	51.71	0.7031	0.07031	0.06805	0.06895	1

三、压力的表示方法

（1）大气压力　地球表面上空气柱重量所产生的压力。其值由地理位置及气象情况所决定。

（2）绝对压力　绝对真空下的压力称为绝对零压，以绝对零压为基准的压力就是绝对压力。

（3）表压　以气压为基准的压力，所以，表压是绝对压力与大气压力之差。

$$p_{表压} = p_{绝对压力} - p_{大气压力}$$

（4）负压或真空度　当被测压力低于大气压时，表压为负值，其绝对值称为真空度。真空度是大气压力与绝对压力之差。负压绝对数值越大，绝对压力越小，真空度越高。

$$p_{真空度} = p_{大气压力} - p_{绝对压力}$$

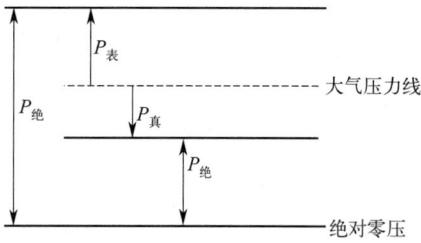

图 1-4 绝对压力、表压与真空度的关系

（5）差压 两个相关压力之差。如静压式液位计和差压式流量计就是利用测量差压的大小来知道液位和流体流量的大小的。

它们之间的关系如图 1-4 所示。

因为各种工艺设备和测量仪表通常都处于大气当中，本身就承受着大气压力。所以工程上常用表压或真空度来表示压力的大小。以后所提到的压力，除特殊说明外，一般压力检测仪表所指示的压力是表压或真空度。

知识点二 压力测量仪表的种类

测量压力和真空度的仪表很多，按照其转换原理的不同，压力检测仪表大致可分为四大类。

一、液柱式压力表

液柱式压力表是根据流体静力学原理，将被测压力转换成液柱高度进行测量的。一般采用水银或水为工作液，用玻璃 U 形管或单管测压。这种压力表结构简单、使用方便。但由于玻璃的强度不高，液柱式压力表常用于测量低压、负压或压力差。

二、弹性式压力表

弹性式压力表是利用各种不同形状的弹性元件，在压力作用下产生变形的原理制成的压力检测仪表。例如弹簧管压力表、波纹管压力表及膜式压力表等。

三、电气式压力表

电气式压力表通常又被称为压力传感器或压力变送器，它是通过机械和电气元件将被测压力转换成电信号的。根据感压原理不同，压力传感器分为电容式、压阻式、应变片式、霍尔式等，其中电容式、压阻式和应变片式传感器最为多见。

四、活塞式压力表

活塞式压力表是根据水压机液体传送压力的原理，将被测压力转换成活塞上所加平衡砝码的重量进行测量的。由于活塞式压力表较其他压力检测仪表性能稳定、重复性和准确性高，主要作为压力基准仪器用于计量室、实验室以及科学实验环节。

知识点三 U 形管压力计

一、结构及工作原理

U 形管压力计由一个 U 形玻璃管组成，玻璃管两侧开口，一般填充水银或水作为工作液，如图 1-5 所示。U 形管压力计是以液体静力学原理为基础的压力检测仪表。

图 1-5 U 形管压力计

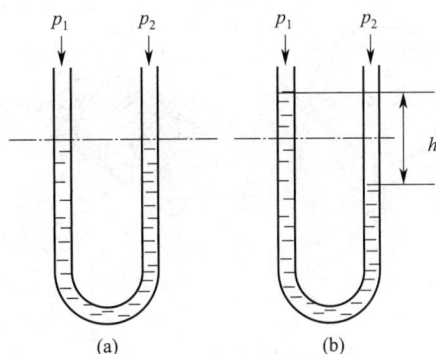

图 1-6 U 形管压力检测原理

图 1-6 所示是用 U 形管检测压力的原理。它的两个管口分别接压力 p_1 和 p_2。当 $p_1 = p_2$ 时，左右两管的液体高度相等，如图 1-6(a) 所示；当 $p_2 > p_1$ 时，U 形管的两管内的液面便会产生高度差，如图 1-6(b) 所示。根据液体静力学原理，有

$$p_2 = p_1 + \rho g h \tag{1-9}$$

式中 ρ——U 形管内工作液的密度；

g——重力加速度；

h——左右两管的液面高度差。

式(1-9) 可改写成

$$\Delta p = p_2 - p_1 = \rho g h \tag{1-10}$$

可见，U 形管内两边液面的高度差 h 与两管口的被测压力之差成正比。如果将 p_1 管通大气，则 U 形管所测得的差压即为 p_2 的表压。由此可见，用 U 形管可以检测两被测压力之间的差值，即差压，或检测某个表压。

二、特点

用 U 形管进行压力检测具有直观、可靠、准确度较高等优点，它不仅能测表压、差压，还能测负压，是科学研究和实验研究中常用的压力检测工具。但是，用 U 形管只能测量较低的压力或差压，为了便于读数，U 形管一般是用玻璃做成的，因此易破损，同时也不能用于静压较高的差压检测。另外它只能进行现场压力测量。

知识点四 弹性式压力表

弹性式压力表是利用各种形式的弹性元件，在被测压力的作用下，使弹性元件受压后产生弹性变形的原理来进行压力测量的。弹性式压力表可以用来测量几百帕到数千兆帕范围内的压力，因此在工业上是应用最为广泛的一种测压仪表。

弹簧管
压力表

一、弹性元件

弹性元件是一种简易可靠的测压敏感元件。它不仅是弹性式压力表的测压元件，也经常用来作为气动单元组合仪表的基本组成元件。当测压范围不同时，所用的弹性元件也不一

样，常用的几种弹性元件的结构如图 1-7 所示。

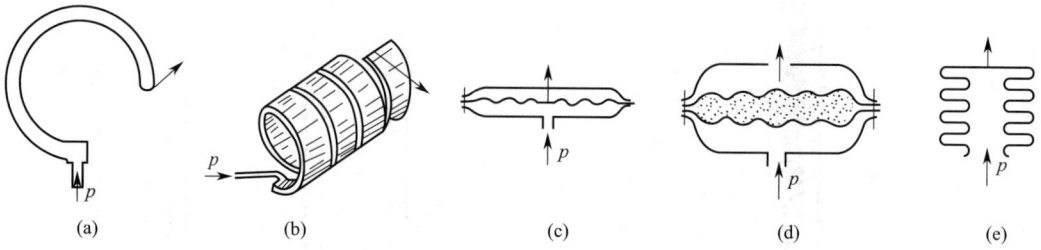

图 1-7　弹性元件示意图

1. 弹簧管式弹性元件

弹簧管式弹性元件的测压范围较宽，可测量高达 1000MPa 的压力。单圈弹簧管是弯成圆弧形的金属管子，它的截面做成扁圆形或椭圆形，如图 1-7（a）所示。当通入压力 p 后，弹簧管自由端会产生位移。这种单圈弹簧管自由端位移较小，因此能测量高达 1000MPa 的压力。为了增加自由端的位移，可以制成多圈弹簧管，如图 1-7（b）所示，可以测量中、低压和真空度。

2. 薄膜式弹性元件

薄膜式弹性元件根据其结构不同可以分为膜片与膜盒。膜片是一种沿外缘固定的片状圆形薄板或薄膜，如图 1-7（c）所示。膜片按剖面形状分为平薄膜片和波纹膜片，波纹膜片是一种压有环状同心波纹的圆形薄膜，其波纹数量、形状、尺寸、分布情况与压力的测量范围及线性度有关。膜盒是将两张金属膜片沿边缘对焊起来，里面充以硅油，用来传递压力信号，如图 1-7（d）所示。

3. 波纹管式弹性元件

波纹管式弹性元件是一个周围为波纹状的薄壁金属筒体，如图 1-7（e）所示。这种弹性元件易于变形，而且位移很大，通常在其顶端安装传动机构，带动指针直接读数。波纹管灵敏度较高，适合于微压与低压的测量（一般不超过 1MPa）。但波纹管时滞较大，测量精度一般只能达到 1.5 级。

二、弹簧管压力表

弹簧管压力表又称波登管压力表，按其所使用的测压元件的不同，可分为单圈弹簧管压力表和多圈弹簧管压力表，图 1-8 为单圈弹簧管压力表的内部结构，图 1-9 为多圈弹簧管压力表的内部结构。

按照用途的不同，除了普通的弹簧管压力表以外，还有耐腐蚀的弹簧管压力表、耐震弹簧管压力表、电接点压力表和测量特种气体的弹簧管压力表等。它们的外形和结构基本是相同的，只是所用的材料有所区别。

1. 基本结构

图 1-10 是弹簧管压力表外观图。单圈弹簧管压力表结构如图 1-11 所示，由测压元件（弹簧管）、传动放大机构（拉杆、扇形齿轮、中心齿轮）及指示机构（指针、面板）几部分构成。

图 1-8 单圈弹簧管压力表内部结构

图 1-9 多圈弹簧管压力表内部结构

2. 测压原理

弹簧管一端封闭,可以自由移动,另一端固定在接头上。当通入被测压力后,由于椭圆形截面在压力的作用下将趋于圆形,弯成圆弧的弹簧管随之产生向外挺直的扩张变形,使弹簧管的自由端产生位移。当弹簧管由于自身刚度产生的反作用力与被测压力相平衡时,自由端位移一定。显然,被测压力越大,自由端位移越大,由于输入压力与弹簧管自由端的位移成正比,所以,只要测出自由端的位移量,就能反映被测压力的大小,这就是弹簧管压力表的测压原理。

弹簧管自由端 B 的位移量一般很小,直接显示有困难,所以必须通过放大机构才能指示出来。具体的放大过程如下:弹簧管自由端 B 的位移通过拉杆 2(见图 1-11)使扇形齿轮 3 作逆时针偏转,于是指针 5 通过同轴的中心齿轮 4 的带动而作顺时针偏转,在面板 6 的刻度标尺上显示出被测压力 p 的数值。由于弹簧管自由端的位移与被测压力之间具有正比关系,因此弹簧管压力表的刻度标尺是线性的。

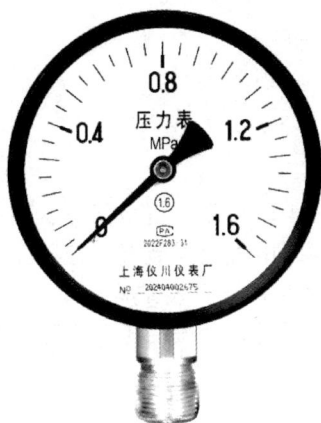

图 1-10 弹簧管压力表

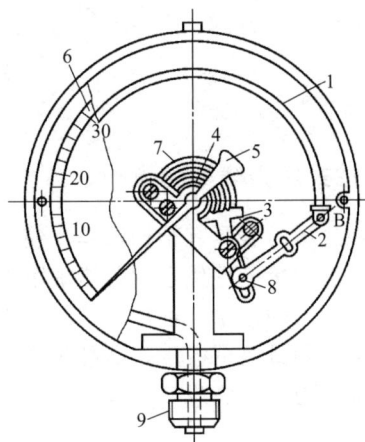

图 1-11 弹簧管压力表结构示意图

1—弹簧管;2—拉杆;3—扇形齿轮;4—中心齿轮;
5—指针;6—面板;7—游丝;8—调整螺钉;9—接头

游丝 7 用来克服因扇形齿轮和中心齿轮间的传动间隙而产生的仪表变差。改变调整螺钉

8 的位置（即改变机械传动的放大系数），可以实现压力表量程的调整。

三、电接点压力表

在石油、化工生产过程中，当压力低于或高于给定范围时，就会破坏正常的工艺条件，可能导致生产事故的发生，这时就应采用电接点压力表。它能在压力偏离给定范围时，及时发出报警信号提醒操作人员注意，并可通过中间继电器构成联锁回路实现压力的自动控制。

1. 基本结构

图 1-12 是电接点压力表的结构图和实物图。压力表指针上带有动触点 2，表盘上另有两根可调节的指针，用来确定上、下限报警值，指针上分别带有静触点。当压力到达上限给定值时，动触点和上限静触点 4 接触，红色信号灯 5 电路接通，实现上限报警；当压力低到下限给定值时，动触点与下限静触点 1 接触，绿色信号灯 4 亮，实现下限报警。1、4 的位置可根据需要灵活调节。

当电接点压力表的动触点和静触点相碰时，会产生火花或电弧。这在有易爆介质的场合是十分危险的，为此需要采用防爆的电接点压力表，或加装接点式防爆安全栅。

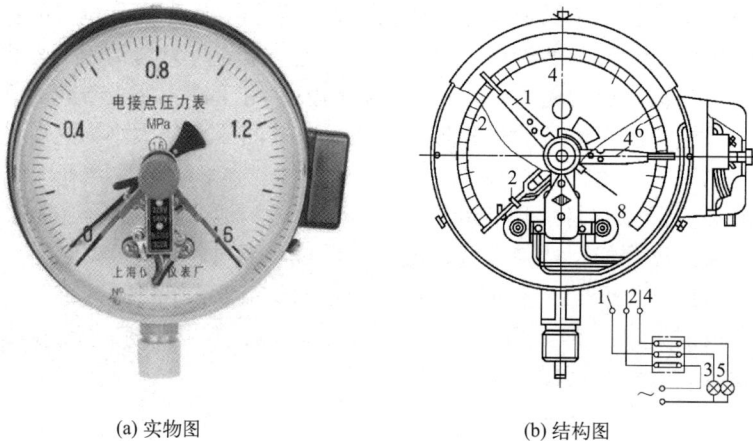

(a) 实物图   (b) 结构图

图 1-12 电接点信号压力表

1，4—静触点；2—动触点；3—绿灯；5—红灯

四、弹性式压力表的特点

弹性式压力表具有结构简单、使用可靠、读数清晰、牢固可靠、价格低廉、测量范围广以及有足够的精度等优点。若增加附加装置，如记录机构、电气变换装置、控制元件等，则可以实现压力的记录、远传、信号报警、自动控制等。弹性式压力表结构简单、使用方便、价格低廉、测量范围极广，品种规格繁多，因此应用十分广泛，一般的工业用弹簧管压力表的精度等级为 1.5 级或 2.5 级。

知识点五　电气式压力表

电气式压力表是通过转换元件把压力转换成电信号输出，然后对电信号如频率、电压、电流等信号来进行测量的仪表，如霍尔片式压力变送器、应变片式压力表、电阻式压力表等。这种压力表的测量范围较广，可以远距离传送信号，在工业生产中可以实现压力自动控制和报警，并可与工业控制机联用。

一、基本结构

电气式压力表一般由压力传感器、测量电路和信号处理装置等部分组成。如图 1-13 所示。常用的信号处理装置有指示仪、记录仪以及控制器、微处理机等。

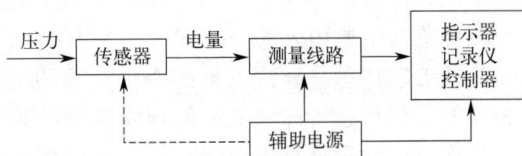

图 1-13　电气式压力表组成方框图

二、工作原理

压力传感器能将被测压力检测出来，并转换成电信号输出，当输出的电信号被进一步转换为标准信号时，压力传感器又称为压力变送器；测量线路对已转换好的电信号进行测量，然后由显示器、记录仪等完成相应的显示、记录功能。

三、常用电气式压力表

目前应用较多的电气式压力表是应变片式、压阻式、霍尔片式、电容式等形式的压力表。

1. 应变片式压力传感器

应变片式压力传感器利用的是电阻应变原理。电阻应变片有金属应变片（金属丝或金属箔）和半导体应变片两类。被测压力使应变片产生应变。当应变片产生压缩应变时，其阻值减小；当应变片产生拉伸应变时，其阻值增加。应用电阻应变片测压力时，需要将电阻的变化通过桥式电路转换为毫伏级电势输出，并用毫伏计或其他记录仪表显示出被测压力，从而组成应变片式压力表。

图 1-14 是一种应变片式压力传感器的原理图。应变筒 2 的上端与外壳 1 固定在一起，下端与不锈钢密封膜片 3 紧密接触，两片康铜丝应变片 r_1 和 r_2 用特殊黏合剂（缩醛胶等）贴紧在应变筒的外壁上。r_1 沿应变筒轴向贴放，作为测量片；r_2 沿径向贴放，作为温度补偿片。应变片与筒体之间不发生相对滑动，并且保持电气绝缘。当被测压力 p 作用于膜片而使应变筒作轴向受压变形时，沿轴向贴放的应变片 r_1 也将产生轴向压缩应变 ε_1，于是 r_1 的阻值

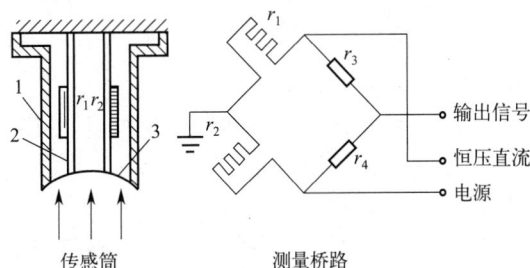

图 1-14　应变片式压力传感器示意图
1—外壳；2—应变筒；3—密封膜片

变小；而沿径向贴放的应变片 r_2，由于本身受到横向压缩将引起纵向拉伸应变 ε_2，于是 r_2 阻值变大。但是由于 ε_2 比 ε_1 要小，故实际上 r_1 的减少量将比 r_2 的增大量要大。

应变片 r_1 和 r_2 与两个固定电阻 r_3 和 r_4 组成桥式电路。由于 r_1 和 r_2 的阻值变化而使桥路失去平衡，从而获得不平衡电压 ΔU 作为传感器的输出信号，在桥路供给直流稳压电源最大为 10V 时，可得最大 ΔU 为 5mV 的输出，传感器的被测压力可达 25MPa。由于传感器的固有频率在 25000Hz 以上，故有较好的动态性能，适用于快速变化的压力测量。传感器的非线性及滞后误差小于额定压力的 1%。

2. 压阻式压力传感器

压阻式压力传感器是利用单晶硅的压阻效应而构成的，又称为扩散硅压力传感器。

该传感器主要由外壳、硅膜片（硅杯）和引线等组成。采用单晶硅作为弹性元件，用集成电路的工艺在单晶硅片上扩散四个相等的电阻，经蒸镀金属电极及连线，接成电桥再用压焊法与外引线相连。硅片的一侧连接高压腔，另一侧连接低压腔。如果测量表压时低压腔与大气相连，在测量绝对压力时，低压腔就要抽真空。当硅片两边存在压力差时，硅片发生变形，产生应力应变，从而使单晶硅片上的扩散电阻的电阻值发生变化，电桥失去平衡，输出相对应的电压信号，其大小就反映了硅片所受压力差值。

压阻式压力传感器的主要优点是体积小，结构简单，其核心部分是一个既是弹性元件又是压敏元件的单晶硅膜片。扩散电阻的灵敏系数是金属应变片的几十倍，能直接测量出微小的压力变化。此外，压阻式压力传感器还具有良好的动态响应，迟滞小，可用来测量几千赫兹乃至更高的脉动压力。因此，这是一种发展迅速、应用广泛的压力传感器。

3. 霍尔片式压力传感器

霍尔片式压力传感器是根据霍尔效应制成的，即利用霍尔元件将由压力所引起的弹性元件的位移转换成霍尔电势，从而实现压力的测量。

霍尔片为一半导体（如锗）材料制成的薄片。如图 1-15 所示，在霍尔片的 Z 轴方向加一磁感应强度为 B 的恒定磁场，在 Y 轴方向加一外电场，接入直流稳压电源，便有恒定电流沿 Y 轴方向通过。电子在霍尔片中运动，当电子逆着 Y 轴方向运动时，由于受电磁力的作用，而使电子的运动轨道发生偏移，造成霍尔片的一个端面上有电子积累，另一个端面上正电荷过剩，于是在霍尔片的 X 轴方向上出现电位差，这一电位差称为霍尔电势，这种物理现象就称为"霍尔效应"。

霍尔电势的大小与半导体材料、所通过的电流（一般称为控制电流）、磁感应强度以及霍尔片的几何尺寸等因素有关，可用下式表示

$$U_H = R_H B I \tag{1-11}$$

式中　U_H——霍尔电势；

　　　R_H——霍尔常数，与霍尔片材料、几何形状有关；

　　　B——磁感应强度；

　　　I——通过电流的大小。

由式(1-11)可知，霍尔电势与磁感应强度和电流成正比。提高 B 和 I 值可增大霍尔电势 U_H，但两者都有一定限度，一般 I 为 3～20mA，B 约为几千高斯，所得的霍尔电势 U_H 约为几十毫伏。

必须指出，导体也有霍尔效应，不过它们的霍尔电势远比半导体的霍尔电势小。

如果选定了霍尔元件，并使电流保持恒定，则在非均匀磁场中，霍尔元件所处的位置不同，所受到的磁感应强度也将不同，这样就可得到与位移成比例的霍尔电势，实现位移-电势的线性转换。

将霍尔元件与弹簧管配合，就组成了霍尔片式弹簧管压力传感器，如图 1-16 所示。被测压力由弹簧管 1 的固定端引入，弹簧管的自由端与霍尔片 3 相连接，在霍尔片的上、下方垂直安放两对磁极，使霍尔片处于两对磁极形成的非均匀磁场中。霍尔片的四个端面引出四根导线，其中与磁钢 2 相平行的两根导线和直流稳压电源相连接，另两根导线用来输出信号。

当被测压力引入后，在被测压力作用下，弹簧管自由端产生位移，因而改变了霍尔片在

16

非均匀磁场中的位置，使所产生的霍尔电势与被测压力成比例。利用这一电势即可实现远距离显示和自动控制。

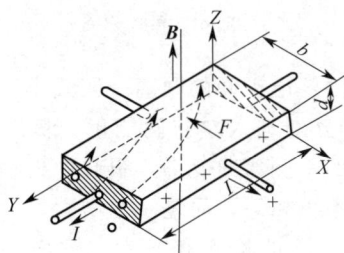

图 1-15　霍尔效应

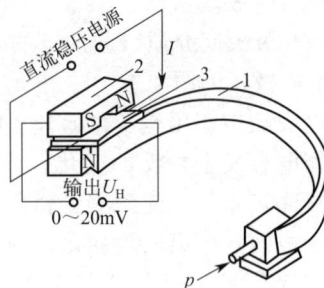

图 1-16　霍尔片式压力传感器
1—弹簧管；2—磁钢；3—霍尔片

4. 电容式差压变送器

电容式差压变送器主要由测量部分和放大转换部分组成。

图 1-17 是电容式差压变送器的实物及工作原理图，将左右对称的不锈钢底座的外侧加工成环状波纹沟槽，并焊上波纹隔离膜片。基座内侧有玻璃层，基座和玻璃层中央有孔道相通。玻璃层内表面磨成凹球面，球面上镀有金属膜，此金属膜层有导线通往外部，构成电容的左右固定极板。在两个固定极板之间是弹性材料制成的测量膜片，作为电容的中央动极板。在测量膜片两侧的空腔中充满硅油。

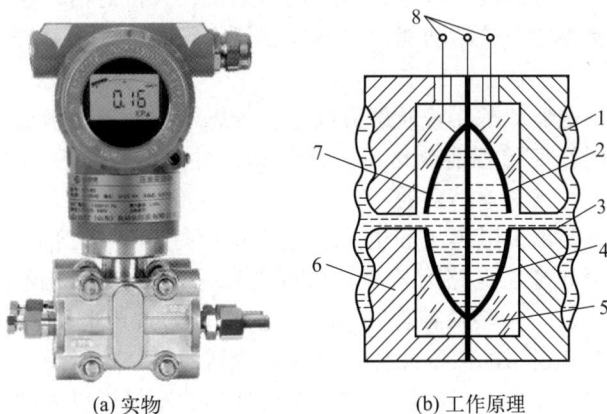

(a) 实物　　　　　(b) 工作原理

图 1-17　电容式差压变送器实物及工作原理图
1—隔离膜片；2，7—固定电极；3—硅油；4—测量膜片；5—玻璃层；6—底座；8—引线

电容式差压变送器的结构可以有效地保护测量膜片，当差压过大并超过允许测量范围时，测量膜片将平滑地贴靠在玻璃凹球面上，因此不易损坏，过载后的恢复特性很好，这样大大提高了过载承受能力。

工作原理：电容式压力变送器是先将压力的变化转换为电容量的变化，然后进行测量的。

在测量部分，电容式差压变送器利用中央动极板在压力作用下的变形，改变中央动极板与左右固定极板之间的距离，由此改变电容量。动极板和两个固定电极板构成的两个电容器的电容量可以近似表示为

$$C \approx \frac{\varepsilon A}{\delta} \qquad\qquad (1\text{-}12)$$

式中　A——极板截面积；

　　　ε——极板间介质（硅油）的介电常数；

　　　δ——极板间距离。

当动电极随被测压差变化而移动时，动电极与两个固定电极间的距离一侧减小，另一侧增大，两侧电容发生相反的变化。当被测压力 p_1、p_2 分别进入左右两侧正、负压室空腔时，通过硅油将差压传递到测量膜片上，使其向压力小的一侧弯曲变形，引起中央动极板与两边固定电极间的距离发生变化，因而两电极的电容量不再相等，而是一个增大，另一个减小，电容的变化量通过引线传至测量电路，通过测量电路的检测和放大，输出一个 4～20mA 的直流电信号。

特点：电容式差压变送器，是一种开环检测仪表，具有结构简单、过载能力强、可靠性好、测量精度高、体积小、重量轻、使用方便等一系列优点。

四、智能型压力变送器

随着集成电路的广泛应用，其性能不断提高，成本大幅度降低，使得微处理器在各个领域中的应用十分普遍。智能检测仪表采用了现代的高新技术，如传感技术、微处理器技术等，与常规仪表相比，具有精度高、稳定性好、可靠性高、测量范围宽、量程比大等特点。更具优势的是，它实现了数字通信功能，通过具有相同通信协议的 DCS 系统或手持通信器对智能仪表的各种参数进行修改、设定，实现远程调试、人机对话，在线监测各种数据。另外智能检测仪表具有完善的自诊断功能。智能检测仪表是顺应现场总线的需要而发展起来的新型检测仪表。

智能压力或差压变送器就是在普通压力或差压传感器的基础上增加微处理器电路而形成的智能检测仪表，不同厂商的智能变送器，其传感元件、结构原理、通信协议是不尽相同的，但它们具有的基本特点是差不多的。

智能差压变送器主要由传感膜头和电子线路板组成，图 1-18 为智能差压变送器的组成原理图。在硬件上以微处理器电路为核心，内部电路采用了超大规模集成电路，将微处理器、存储器、数字通信、D/A 转换器等集成在一块专用的集成电路板上。检测部件中，除了传感元件外，还装有补偿用的测温元件。因而，变送器的结构紧凑，可靠性高。

由于采用了微处理器，变送器的输入输出非线性补偿不仅可以由硬件来实现，又可以靠软件来补偿，提高了变送器的精度。例如，美国罗斯蒙特的 3051C 系列变送器，用带有温度补偿的电容传感器与微处理器相结合，构成精度为 0.1 级的压力或差压变送器，其量程范围为 100∶1，时间常数在 0～36s 可调，还有自诊断功能和报警等功能。

传统的变送器必须在实验室使用标准仪表进行校验、量程调整，而智能变送器可以通过手持通信器或计算机控制系统与变送器远程通信，可对 1500m 之内的现场变送器进行工作参数的设定、量程调整以及向变送器加入信息数据。避免了常规变送器的拆装校验，减少了仪表的维护工作量。

由于智能变送器的性能和稳定性高，一般情况下每 5 年才需要校验一次，通过手持通信器结合使用，可远离生产现场，尤其是危险或不易到达的地方，方便了变送器的运行和维护。

3051C 型智能差压变送器所用的手持通信器上带有键盘及液晶显示器。它可以接在现场

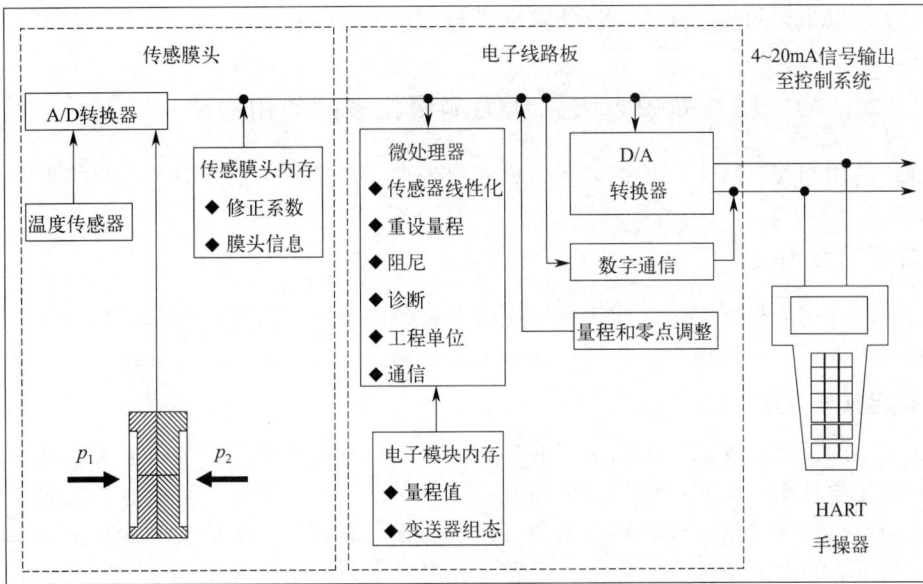

图 1-18　3051C 型智能差压变送器（4～20mA）方框图

变送器的信号端子上，就地设定或检测，也可以在远离现场的控制室中，接在某个变送器的信号线上进行远程设定及检测。为了便于通信，信号回路必须有不小于 250Ω 的负载电阻。其连接示意图如图 1-19 所示。

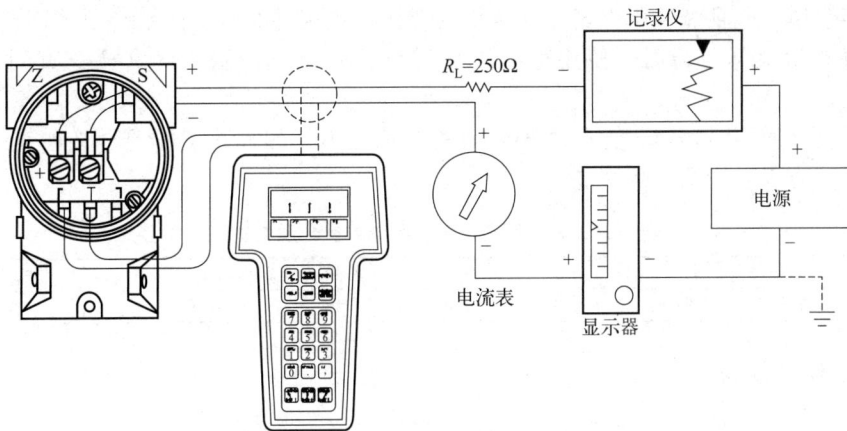

图 1-19　手持通信器的连接示意图

手持通信器能够实现下列功能。

（1）组态　组态可分为两部分。首先，设定变送器的工作参数，包括测量范围、线性或平方根输出、阻尼时间常数、工程单位选择；其次，可向变送器输入信息性数据，以便对变送器进行识别与物理描述，包括给变送器指定工位号、描述符等。

（2）测量范围的变更　当需要更改测量范围时，不需到现场调整。

（3）变送器的校准　包括零点和量程的校准。

（4）自诊断　3051C 型变送器可进行连续自诊断。当出现问题时，变送器将激活用户选定的模拟输出报警。手持通信器可以询问变送器，确定问题所在。变送器向手持通信器输出特定的信息，以识别问题，从而可以快速地进行维修。

知识点六　压力测量仪表的使用

正确地选用和安装压力表是保证压力检测仪表在生产过程中发挥应有作用的重要环节。

一、压力表的选用

压力表的选用应根据工艺生产过程对压力测量的要求，结合其他各方面的情况，加以全面考虑和具体分析。选用压力表和选用其他仪表一样，一般应该考虑以下几个方面的问题。

1. 确定仪表类型

仪表类型的选用必须满足工艺生产的要求。例如是否需要远传、自动记录或报警；被测介质的物理化学性质（如腐蚀性、温度高低、黏度大小、脏污程度、易燃易爆性能等）是否对测量仪表提出特殊要求；现场环境条件（诸如高温、电磁场、振动及现场安装条件等）是否对仪表类型有特殊要求等等。总之，根据工艺要求正确选用仪表类型是保证仪表正常工作及安全生产的重要前提。

例如普通压力表的弹簧管材料多采用铜合金，测量高压的压力表的弹簧管也有采用碳钢的。而氨用压力表弹簧管的材料却都采用碳钢材料，不允许采用铜合金。因为氨气对铜的腐蚀极强，所以普通压力表用于氨气压力测量时很快就会损坏。

氧气压力表与普通压力表在结构和材质上完全相同，只是氧用压力表要严格禁油。因为油进入氧气系统会引起爆炸。所以氧气压力表在校验时，不能像普通压力表那样采用变压器油作为工作介质，并且氧气压力表在存放中要严格避免接触油污。如果必须采用现有的带油污的压力表测量氧气压力时，使用前必须用四氯化碳反复清洗，认真检查直到无油污时为止。

由于所测介质不同，弹簧管压力表外观的颜色也不相同，其色标的含义如表 1-2 所示。在维修更换压力表时注意不允许混用。

表 1-2　弹簧管压力表色标与测量介质的关系

被测介质	氨气	氧气	氢气	氯气	乙炔	其他可燃性气体	其他惰性气体或液体
色标颜色	黄色	天蓝色	绿色	褐色	白色	红色	黑色

2. 确定仪表量程

仪表的测量范围是指该仪表可按规定的精确度对被测量进行测量的范围，它是根据操作中需要测量的参数大小来确定的。

在测量压力时，为了延长仪表使用寿命，避免弹性元件因受力过大而损坏，压力表的上限值应该高于工艺生产中可能的最大压力值。根据化工自控设计技术规定：在测量稳定压力时，最大工作压力不应超过仪表上限值的 2/3；测量脉动压力时，最大工作压力不应超过仪表上限值的 1/2；测量高压压力时，最大工作压力不应超过仪表上限值的 3/5。

为了保证测量值的准确度，所测压力值不能太接近于仪表的下限值，亦即仪表的量程不能选得太大，一般被测压力的最小值不低于仪表满量程的 1/3 为宜。

根据被测参数的最大值和最小值计算出仪表的上、下限后，还不能以此数值直接作为仪表的测量范围。目前中国出厂的压力检测仪表有统一的量程系列，分别是 1kPa、1.6kPa、

2.5kPa、4.0kPa、6.0kPa，以及它们的 10^n 倍数（n 为整数）。因此，在选用仪表量程时，应按要求算出仪表量程后，选取稍大的量程系列。

3. 确定仪表的精度等级

仪表精度是根据工艺生产上所允许的最大测量误差来确定的。一般来说，所选用的仪表越精密，则测量结果越精确、可靠。但不能认为选用的仪表精度越高越好，因为越精密的仪表，一般价格越贵，操作和维护越复杂。因此，在满足工艺要求的前提下，应尽可能选用精度较低、价廉耐用的仪表。

下面通过一个例子来说明压力表的选用。

【例题 1-3】某台往复式压缩机的出口压力范围为 25～29MPa，测量误差不得大于 1MPa。工艺上要求就地观察，并能高低限报警，试正确选用一台压力表，指出型号、精度与测量范围。

解：由于往复式压缩机的出口压力脉动较大，所以选择仪表的上限值应大于

$$p_{max} = 29 \times 2 = 58MPa$$

根据就地观察及能进行高低限报警的要求，由附录一，可查得选用 YX-150 型电接点压力表，测量范围为 0～60MPa。

由于 $25/60 > 1/3$，故被测压力的最小值不低于满量程的 1/3，这是允许的。

另外，根据测量误差的要求，可算得允许误差为

$$\delta = \frac{1}{60} \times 100\% = 1.67\%$$

所以，精度等级为 1.5 级的仪表完全可以满足误差要求。

至此，可以确定，选择的压力表为 YX-150 型电接点压力表，测量范围为 0～60MPa，精度等级为 1.5 级。

二、压力表的安装

压力检测系统是由取压口、导压管、压力表及一些附件组成的，各个部件安装正确与否，直接影响到测量结果的准确性和压力表的使用寿命。

压力计的选用与安装

1. 测压点的选择

所选择的测压点应能反映被测压力的真实大小。为此，具体选择原则如下。

① 要选在被测介质直线流动的管段部分，不要选在管路拐弯、分叉、死角或其他易形成旋涡的地方。

② 测量流动介质的压力时，应使取压点与流动方向垂直，取压管内端面与生产设备连接处的内壁应保持平齐，不应有凸出物或毛刺。

③ 测量液体压力时，取压点应在管道下部，使导压管内不积存气体；测量气体压力时，取压点应在管道上方，使导压管内不积存液体。

2. 导压管敷设

① 导压管粗细要合适，一般内径为 6～10mm，长度应尽可能短，最长不得超过 50m，以减少压力指示的迟缓。如超过 50m，应选用能远距离传送的压力表。

② 导压管水平安装时应保证有 1:10～1:20 的倾斜度，以利于积存液体（或气体）的排出。

③ 当被测介质易冷凝或冻结时，必须加设保温伴热管线。

④ 取压口到压力表之间应装有切断阀，以备检修压力表时使用。切断阀应装设在靠近取压口的地方。

3. 压力表的安装

① 压力表应安装在易观察和检修的地方。

② 安装地点应力求避免振动和高温影响。

③ 测量蒸汽压力时，应加装凝液管，以防止高温蒸汽直接与测压元件接触［见图 1-20（a）］；对于有腐蚀性介质的压力测量，应加装有中性介质的隔离罐，图 1-20（b）表示了被测介质密度 ρ_2 大于和小于隔离液密度 ρ_1 的两种情况；测量黏稠性介质的压力时，应加装隔离器，以防介质堵塞弹簧管。

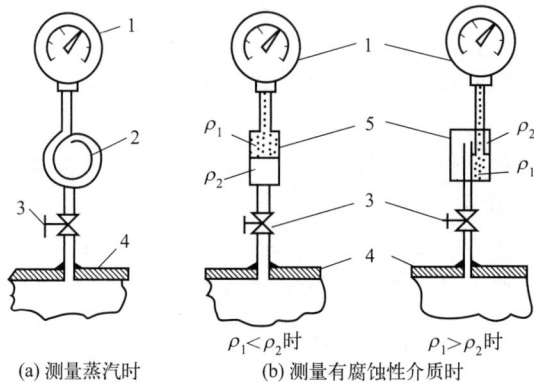

(a) 测量蒸汽时   (b) 测量有腐蚀性介质时

图 1-20　压力计安装示意图

1—压力计；2—切断阀门；3—凝液管；4—取压容器；5—隔离罐

总之，针对被测介质的不同性质（高温、低温、腐蚀、脏污、结晶、沉淀、黏稠等），要采取相应的防热、防腐、防冻、防堵等措施。

④ 压力表的连接处，应根据被测压力的高低和介质性质，选择适当的材料，作为密封垫片，以防泄漏。一般低于 80℃ 及 2MPa 时，用牛皮或橡胶垫片；350～450℃ 及 5MPa 以下，用石棉或铝垫片；温度及压力更高时，可用退火紫铜垫片。测氧气压力时，禁用浸油垫片及有机化合物垫片；测乙炔压力时，禁用铜垫片，否则会引起爆炸。

⑤ 当被测压力较小，而压力表与取压口又不在同一高度时，对由此高度而引起的测量误差应按 $\Delta p = \pm H\rho g$ 进行修正。式中，H 为高度差，ρ 为导压管中介质的密度，g 为重力加速度。

⑥ 为安全起见，测量高压的压力表除选用有通气孔的外，安装时表壳应向墙壁或无人通过之处，以防发生意外。

三、压力表的读数

能将生产过程中各种参数进行指示、记录或累积的压力显示仪表有模拟显示仪表和数字显示仪表。模拟显示仪表如图 1-21 所示，数字显示仪表如图 1-22 所示，数字显示仪表可直接从仪表面板读数，模拟显示仪表的读数原则如下。

① 在压力表读数时，应使眼睛对准表盘刻度，眼睛、指针和刻度三者成垂直于表盘的直线，待压力稳定后读数；

② 若压力不稳，指针摆动，应多读取几次，取算术平均值。

图 1-21　模拟显示仪表

图 1-22　数字显示仪表

知识点七　压力变送器的维护与检修

以下为罗斯蒙特 3051 压阻式压力变送器的维护、检修、投运及其他安全注意事项的具体技术要求和实施程序，其他型号压力变送器亦可参照使用。

一、概述

压阻式压力变送器是新型高精确度的压力变送器。它用半导体压敏元件作为测量压力的敏感元件。采用智能化数据处理器、同时采用专用的编程器（HART）进行数据修改和编程。变送器测得的压力信号转换成 4～20mA 电流信号送入 DCS 系统的现场控制站（DPU），通过该站对信号的采集和处理得到的压力数值，一方面参与过程控制，另一方面通过计算机通信网络由 CRT 画面显示。

现场压力
变送器
检测

二、主要技术指标

使用对象：气体、液体或蒸汽。
测量范围：25Pa 到 27.6MPa。
输出信号：4～20mA。
电源：27V DC。

三、检查校验

1. 检查

（1）外观检查　变送器的铭牌应完整、清晰，应注明名称、型号、规格、测量范围等主要技术指标，高、低压容室应有明显标志，还应标明制造厂的名称或商标、出厂编号、制造年月。

变送器零部件应完整无缺、紧固件不得有松动和损伤现象，可动部分应灵活可靠。

（2）仪表内部检查　新制造的变送器的外壳、零部件表面涂层应光洁、完好、无锈蚀和霉斑，内部不得有切削、残渣等杂物。使用中和修理后的变送器不允许有影响使用和计量性能的缺陷。

（3）仪表与工艺介质连接面检查　应无跑冒滴漏现象。

（4）绝缘检查　在环境温度为 15～21℃，相对湿度为 45％～75％时，变送器各端子之间的绝缘电阻应不小于下列值：

输出端子对接地端子（机壳）：20MΩ。

电源端子对接地端子（机壳）：50MΩ。

电源端子对输出端子（机壳）：50MΩ。

2. 校验

（1）调校准备（仪器、校验图）

校验仪器：稳压电源 27V DC、标准电阻箱、标准电流表、HART 通信器、标准压力表（0.05 级）、标准压力源（活塞式压力计）。

图 1-23 为校验设备接线图。

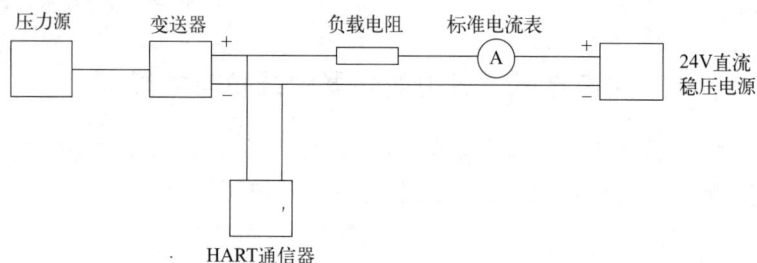

图 1-23　校验设备接线图

（2）校验前确认　对变送器进行清洁处理，对正负压侧的容室进行冲洗，除去污垢。

线性调整：变送器的线性由工厂设定，使变送器具有校准范围内的最佳性能，一般不在现场重新调整。

静压试验和静压误差调整：变送器大修后或新变送器在校验前，应做静压试验。

按要求连接电气设备，在变送器的正、负压接头上，连接同一压力源压力。

变送器通电预热 5min 以上。

将最大额定工作压力同时输入变送器的正、负压侧，稳定 5min，压力指示应保持不变。否则，变送器有渗漏现象，应重新检修调整。

调整变送器的零位输出为 4mA。

输入变送器的额定工作压力，记录变送器输出零位的静压误差。

因变送器的静压误差是系统误差，所以在变送器的量程调校时，应进行变送器量程的静压误差补偿。

① 静压误差为负值时，在进行变送器的静压误差补偿时，应加上静压误差绝对值。

② 静压误差为正值时，在进行变送器的静压误差补偿时，应减去静压误差绝对值。

（3）校验步骤　零点和量程调整步骤：

调整零点和量程输出，使其在允许误差范围内。连续加压，用量程 0％、25％、50％、75％、100％的压力进行校验，当压力稳定后记录标准电流表上显示的电流值并做回程误差校验。如果校验误差超过允许误差范围，应重新调整校验。

四、使用与维护

1. 使用

（1）仪表启用前准备　使用前应查看电源是否符合技术要求；如果是蒸汽介质还要等建

立冷凝液后再投用该表。

(2) 标准化操作 应严格执行标准的投标操作（三阀组标准操作）。

2. 维护

(1) 仪表外观 每月进行一次外部清洁工作。

(2) 定期保养，保持运行环境 每班进行两次巡检（主要针对保温、泄漏）。

(3) 泄漏情况 不得有泄漏和损坏现象。

五、检修

检修周期随大修周期。

? 学习检测

一、选择题

1. 测量稳定压力时，被测介质的最大工作压力不得超过仪表量程的（ ）。

A. 1/2 　　　　 B. 1/3 　　　　 C. 2/3 　　　　 D. 3/5

2. 应变式压力传感器受压时产生的是（ ）信号。

A. 电感 　　　　 B. 电势 　　　　 C. 电容 　　　　 D. 电阻

3. 压力表在现场的安装需要（ ）安装。

A. 垂直 　　　　 B. 倾斜 　　　　 C. 水平 　　　　 D. 任意角度

4. （ ）不是弹性式压力计。

A. 膜片式压力计 　　　　　　　　 B. 波纹管式压力计

C. 弹簧管式压力计 　　　　　　　 D. 应变式压力计

5. 各种仪表在使用一段时间后（不包括损坏的）都应（ ）。

A. 报废 　　　　 B. 校验 　　　　 C. 继续使用 　　　　 D. 不做任何处理

二、填空题

1. 测量液体压力时，取压点应在 ＿＿＿＿＿＿＿＿＿＿；测量气体压力时，取压点应在 ＿＿＿＿＿＿＿。

2. 仪表自动化标准中，气动仪表标准信号范围是 ＿＿＿＿＿＿；电Ⅱ型标准信号范围是 ＿＿＿＿＿＿；电Ⅲ型标准信号范围是 ＿＿＿＿＿＿。

3. 常用的弹性元件主要有弹簧管式弹性元件、薄膜式弹性元件及 ＿＿＿＿＿＿弹性元件。

4. 弹性式压力计是根据弹性元件的 ＿＿＿＿＿＿和所受压力成比例的原理工作的。

5. 表压是以 ＿＿＿＿＿＿为基准的压力。

6. 在国际单位制中，1MPa 等于 ＿＿＿＿＿＿ kPa，可换算为 ＿＿＿＿＿＿ bar，1Pa 为 ＿＿＿＿＿＿ mbar。

三、判断题

（ ）1. 测量氨气压力时，可以用普通的工业用压力表。

（ ）2. 压力表的选择只需要选择合适的量程就行了。

（ ）3. 压力仪表应安装在易观察和检修的地方。

（ ）4. 为了保证测量值的准确性，所测压力值不能太接近于仪表的下限值，亦即仪表的量程不能选得太大。

（ ）5. 测量氢气压力时必须使用合金钢弹簧管。

四、简答题

1. 简述弹簧管压力表的基本组成及工作原理。

2. 常用的弹性元件有哪几种？各有什么特点？

3. 霍尔片式压力传感器的工作原理是什么？

4. 电容式压力传感器的工作原理是什么？

5. 表压、绝对压力、负压之间有何关系？

6. 有一台测量仪表，如图1-24所示。

（1）写出用该测量仪表记录的测量工艺参数。

（2）写出该测量仪表的名称。

（3）写出你从数字盘读取的三个其他信息。

图1-24 测量仪表

五、计算题

1. 有一台DDZ-Ⅲ型差压变送器测量范围为0～100Pa，当所测差压为60Pa时，其输出电流是多少？

2. 如果某反应器最大压力为800kPa，允许最大绝对误差为10kPa。现用一台测量范围为0～1600kPa，精度等级为1级的压力表来进行测量，问能否符合工艺上的误差要求？若采用一台测量范围为0～1000kPa，精度为1级的压力表，问能符合误差要求吗？试说明其理由。

六、请正确读取并记录压力表的示数

读数为_____；_____Pa

读数是_____；_____Pa

单元三　测量并记录温度数值

学习目标

知识目标：1. 熟悉温标及其种类；

2. 掌握温度测量仪表的种类、结构及工作原理；

3. 掌握温度测量仪表的选用原则与安装规范。

能力目标：1. 能说出常用温度测量仪表的工作原理；

2. 能根据工艺条件正确选用并规范安装温度测量仪表；

3. 能正确使用温度测量仪表测量温度。

素养目标：1. 培养节能减排降耗以及绿色环保意识；

2. 培养自主学习意识。

学习导入

1. 你用过哪些温度测量仪表，试说出其工作原理。
2. 在化工生产过程中为什么要测量温度。

知识链接

知识点一 温度测量基础知识的认知

在化工生产过程中，温度的测量与控制至关重要。众所周知，很多化学反应或物理变化都必须在规定的温度下才能正常进行，否则将得不到合格的产品，甚至会造成生产事故。因此可以说温度的检测和控制是保证产品质量、降低生产成本、确保安全生产的重要手段。

一、温标

温度是表征物体冷热程度的物理量，它反映了物体内部分子做无规则运动的剧烈程度。温度不能直接测量，只能借助于冷热不同物体之间的热交换，以及物体的某些物理性质随冷热程度不同而变化的特性来加以间接测量。

为了保证温度量值的统一和准确，应该建立一个用来衡量温度的标准尺度，简称为温标。它规定了温度的读数起点（零点）和测量温度的基本单位，各种温度计的刻度数值均由温标确定。目前国际上采用较多的温标有摄氏温标和国际温标。我国法定测量单位也采用这两种温标。同时，也有一些国家采用华氏温标和热力学温标。

（1）摄氏温标　摄氏温标是瑞典天文学家摄西阿斯制成的温度计。将标准大气压下水的冰点定为 0 摄氏度，水的沸点定为 100 摄氏度，在 0～100 之间划分 100 等份，每一等份为 1 摄氏度，单位记为℃。

（2）华氏温标　华氏温标规定在标准大气压下，纯水的冰点为 32 华氏度，沸点为 212 华氏度，中间划分 180 等份，每一等份为 1 华氏度，用符号℉表示。摄氏温度值与华氏温度值的关系为

$$t_F = (1.8t_C + 32)℉ \tag{1-13}$$

式中　t_C，t_F——摄氏和华氏的温度值。

（3）热力学温标　热力学温标又称开氏温标。它规定理想气体分子运动停止时的温度为绝对零度，或称最低理论温度，取水的三相点（冰、水、蒸汽共存的状态）为参考，定义该点温度为 273.16K。热力学温标是一种纯理论性温标，但实际上是不可能实现的，必须由其他温标来复现。

（4）国际温标　国际温标是用来复现热力学温标的，是一个国际协议性温标。选择了一些纯物质的平衡温度作为温标的基准点，规定了不同温度范围内的标准仪器，如铂电阻、铂铑-铂热电偶和光学温度计等。建立了标准仪器的示值与国际温标关系的补差公式，应用这些公式可求出任何两个相邻基准点温度之间的温度值。国际温标以下列三个条件为基础：

① 要求尽可能接近热力学温标；

② 要求复现准确度高，世界各国均能以很高的准确度加以复现，以确保温度值的统一；

③ 用于复现温标的标准温度计使用方便，性能稳定。

根据国际温标规定，热力学温度是基本温度，用符号 T 表示，单位是开尔文，符号为K。它规定水的三相点热力学温度（固态、液态、气态三相共存时的平衡温度）为

273.16K，定义1K（开尔文1度）等于水的三相点热力学温度的1/273.16。通常将比水的三相点温度低0.01K的温度值规定为摄氏0℃，它与摄氏温度之间的关系为

$$t = T - 273.15 \tag{1-14}$$

式中　T——热力学温度，K；

　　　t——摄氏温度，℃。

二、温度测量仪表的种类

温度测量范围甚广，有的处于接近绝对零度的低温，有的则为几千摄氏度的高温，这样宽的测量范围，需要用各种不同的测温方法和测温仪表。若按使用的测量范围分，常把测量600℃以上的测温仪表称为高温计，把测量600℃以下的测温仪表称为温度计。

目前化工生产中常用的测温仪表按检测方法不同可分为接触式测温和非接触式测温两大类，测温仪表的分类及性能比较见表1-3。

1. 接触式测温

测温元件直接与被测介质接触，这样可以使被测介质与测温元件充分地进行热交换，从而达到测温目的。

2. 非接触式测温

测温元件与被测介质不相接触，通过辐射或对流实现热交换来达到测温的目的。辐射式高温计是基于物体热辐射作用来测量温度的仪表。

表1-3　测温仪表的分类及性能比较

测温方式	温度计种类	简单原理	优点	缺点	测温范围
接触式	玻璃温度计	液体受热时体积膨胀	价廉、准确度较高、稳定性好	易破损，只能安装在易观察的地方，不能远传	−100～600℃
	双金属温度计	金属受热时线性膨胀	示值清楚、机械强度较好	准确度较低	−50～600℃
	压力式温度计	温包内的气体或液体因受热而改变压力	价廉、最易就地集中检测	毛细管机械强度差，损坏后不易修复	−50～600℃
	热电阻温度计 热敏电阻温度计	导体或半导体的电阻值随温度而改变	测量准确，可用于低温或低温差测量	不能测高温，需注意环境温度的影响	−200～600℃
	热电偶温度计	两种不同金属导体接点受热产生热电动势	测量准确，和热电阻相比，安装、维护方便，不易损坏	需冷端温度补偿，在低温段测量准确度较低	−50～1600℃
非接触式	光学高温计	加热体的亮度随温度高低而变化	测温范围广，携带使用方便，价格便宜	只能目测，必须熟练才能测得比较准确的数据	700～3200℃
	光电高温计	与光学高温计相同	反应速度快，可实现自动测量	构造复杂，价格高	50～2000℃
	辐射高温计	加热体的辐射能量随温度高低而变化	反应速度快	误差较大	50～2000℃

知识点二　膨胀式温度计

膨胀式温度计是基于物体受热时体积膨胀的性质而制成的，包括液体膨胀式温度计和固体膨胀式温度计两大类。

一、液体膨胀式温度计（又称玻璃液体温度计）

1. 结构

玻璃液体温度计由玻璃温包、工作液体、毛细管、刻度标尺、膨胀室组成，图 1-25 为其实物图。

2. 工作原理

当被测温度升高时，温包里的工作液体因膨胀而沿毛细管上升，根据刻度标尺可以读出被测介质的实际温度。为了防止温度过高时液体膨胀损坏温度计，在毛细管顶部留有一膨胀室。

图 1-25　液体膨胀式温度计实物图

3. 特点

玻璃液体温度计读数直观、测量准确、结构简单、价格低廉，其缺点是机械强度低，碰撞和震动易断裂、信号无法远传，因此一般应用于实验室。

二、固体膨胀式温度计

基于固体的热胀冷缩性质制造的温度计称为固体膨胀式温度计，工业上使用最多的是双金属温度计。

1. 双金属温度计的结构及工作原理

双金属温度计的感温元件是用两片线胀系数不同的金属片叠焊在一起而制成的，其实物如图 1-26 所示。双金属片受热后，由于两金属片的膨胀长度不同而产生弯曲，如图 1-27 所示。温度越高产生的线胀长度差就越大，因而引起弯曲的角度就越大，双金属温度计就是基于这一原理而制成的，它是用双金属片制成螺旋形感温元件，外加金属保护套管，当温度变化时，螺旋的自由端便围绕着中心轴旋转，同时带动指针在刻度盘上指示出相应的温度数值。

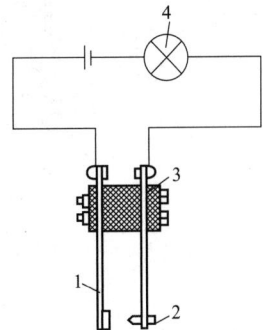

图 1-28 是一种双金属温度信号器的示意图。当温度变化时，双金属片 1 产生弯曲，且与调节螺钉相接触，使电路接通，信号灯 4 便发亮。如以继电器代替信号灯便可以用来控制热源（如电热丝）而成为两位式温度控制器。温度的控制范围可通过改变调节螺钉 2 与双金属片 1 之间的距离来调整。若以电铃代替信号灯便可以作为另一种双金属温度信号报警器。

图 1-26　双金属温度计实物图　　　　图 1-27　双金属片　　　　图 1-28　双金属温度信号器
1—双金属片；2—调节螺钉；
3—绝缘子；4—信号灯

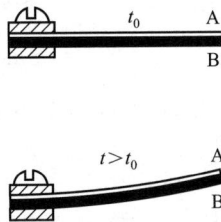

2. 双金属温度计的特点

双金属温度计结构简单、抗振抗冲击性能好、使用方便、维护容易、价格低廉，适用于振动较大场合的温度测量。

知识点三　压力式温度计

一、工作原理

应用压力随温度的变化来测温的仪表叫压力式温度计。它是根据在封闭系统中的液体、气体或低沸点液体的饱和蒸汽受热后体积膨胀或压力变化这一原理而制成的，并用压力表来测量这种变化，从而测得温度。

二、结构

压力式温度计主要由温包、毛细管、弹簧管组成。图 1-29（a）为压力式温度计结构原理图，图 1-29（b）为压力式温度计实物图。

（1）温包　是直接与被测介质相接触来感受温度变化的元件，因此要求它具有高的强度，小的膨胀系数，高的热导率以及抗腐蚀等性能。根据所充工作物质和被测介质的不同，温包可用铜合金、钢或不锈钢来制造。

（2）毛细管　它是用铜或钢等材料冷拉成的无缝圆管，用来传递压力的变化。其外径为 1.2～5mm，内径为 0.15～0.5mm。如果它的直径越细，长度越长，则传递压力的滞后现象就越严重。也就是说，温度计对被测温度的反应越迟钝。然而，在同样的长度下毛细管越细，仪表的精度就越高，也越容易被破坏、折断，因此，必须加以保护。对不经常弯曲的毛细管可用金属软管做保护套管。

（3）弹簧管（或波登管）　它是一般压力表用的弹性元件。

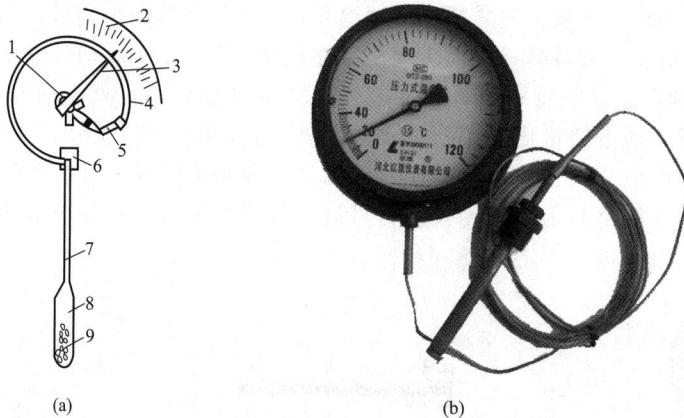

图 1-29　压力式温度计示意图

1—传动机构；2—刻度盘；3—指针；4—弹簧管；5—连杆；6—接头；7—毛细管；8—温包；9—工作物质

知识点四　热电偶温度计

一、热电偶温度计的结构

热电偶温度计由热电偶（感温元件）、检测仪表（毫伏计或电位差计）、连接热电偶和检测仪表的导线（补偿导线及铜导线）三部分组成。图 1-30 是热电偶温度计最简单测温系统的示意图。

热电偶是工业上最常用的一种测温元件（感温元件）。它是由两种不同材料的导体 A 和 B 焊接而成，如图 1-31 所示。焊接的一端插入被测介质中，感受到被测温度，称为热电偶的工作端或热端，另一端与导线连接，称为冷端或自由端。导体 A、B 称为热电极。

热电偶温度计

二、测温原理

热电偶温度计是以热电效应为基础的测温仪表。

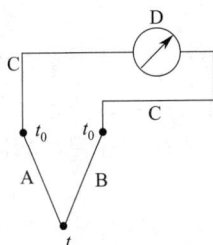

图 1-30　热电偶温度计测温系统示意图

A、B—热电极；C—导线；D—检测仪表

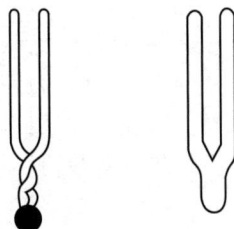

图 1-31　热电偶示意图

图 1-30 所示的热电偶温度计测温系统，在使用时，将热电偶的热端插入需要测量温度的生产设备中，冷端置于生产设备外面。当两端所处的温度不同时，在热电偶的闭合回路中就会产生热电势，这种现象称为热电效应。设热端温度为 t，冷端温度为 t_0，则在两金属 A 和 B 接触点处的接触电势分别为 $e_{AB}(t)$ 和 $e_{AB}(t_0)$，闭合回路中的总的热电势 $E_{AB}(t，t_0)$ 为两个接触电动势之差，即

$$E_{AB}(t，t_0)=e_{AB}(t)-e_{AB}(t_0) \tag{1-15}$$

理论和实验证明，热电偶的热电势大小只与热电极 A、B 的材料、冷端和热端的温度有关，而与导体的粗细、长短及导体的接触面积无关。当冷端温度不变时，热电偶回路的热电势就是热端温度的单值函数。这样，只要测出热电势的大小，就能判断测温度的高低。

必须注意，如果组成热电偶回路的两种导体材料相同，则无论两接点温度如何，闭合回路的总热电势为零；如果热电偶两接点温度相同，尽管两导体材料不同，闭合回路的总热电势也为零；热电偶产生的热电势除了与两接点处的温度有关外，还与热电极的材料有关。也就是说不同热电极材料制成的热电偶在相同温度下产生的热电势是不同的，可以从附录一至附录三中查到。

由于热电偶一般都是在自由端温度为 0℃ 时进行分度的，因此，若自由端温度不为 0℃ 而为 t_0 时，则热电势与温度之间的关系可用式(1-16)进行计算

$$E_{AB}(t，t_0)=E_{AB}(t，0)-E_{AB}(t_0，0) \tag{1-16}$$

三、插入第三种导线的问题

利用热电偶测量温度时，必须要用某些仪表来测量热电势的数值，如图 1-32 所示。而测量仪表往往要远离测温点，这就要接入连接导线 C，这样就在 AB 所组成的热电偶回路中加入了第三种导线，而第三种导线的接入又构成了新的接点，如图 1-32 中点 2 和点 3。引入第三种导线会不会影响热电势呢？以图 1-32 为例，来分析电路，2、3 接点温度相同（等于 t_0），因而总的热电势为

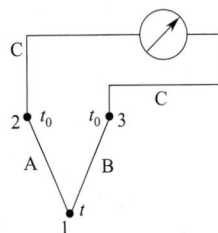

图 1-32　热电偶测温系统连接图

$$E_{AB}(t,t_0) = e_{AB}(t) + e_{BC}(t_0) + e_{CA}(t_0) \qquad (1\text{-}17)$$

由多种金属组成的闭合回路中，尽管它们的材料不同，但只要各接点温度相同，则闭合回路中的总热电势等于零。若将 A、B、C 三种金属丝组成一个闭合回路，各接点温度都为 t_0，则闭合回路总的热电势等于零，即

$$e_{AB}(t_0) + e_{BC}(t_0) + e_{CA}(t_0) = 0 \qquad (1\text{-}18)$$

或 $$-e_{AB}(t_0) = e_{BC}(t_0) + e_{CA}(t_0) \qquad (1\text{-}19)$$

将式(1-19)带入式(1-17)中，得

$$E_{AB}(t,t_0) = e_{AB}(t) - e_{AB}(t_0) \qquad (1\text{-}20)$$

这和式(1-15)相同，可见总的热电势与没有接入第三种导线一样。这就说明在热电偶回路中接入第三种金属导线对原热电偶所产生的热电势数值并无影响。不过必须保证引入线两端的温度相同。同理，如果回路中串入更多种导线，只要引入线两端温度相同，就不会影响热电偶所产生的热电势数值。

四、常用热电偶的种类

理论上任意两种金属材料都可以组成热电偶。但实际情况并非如此，对它们还必须进行严格的选择。工业上对热电极材料提出以下要求：

① 温度每增加 1℃时所能产生的热电势要大；

② 热电势与温度应尽可能成线性关系；

③ 物理、化学稳定性要高，即在测温范围内其热电性质不随时间而变化，在高温下不被氧化和腐蚀；

④ 材料组织要均匀，要有韧性，便于加工成丝；

⑤ 复现性好（用同种成分材料制成的热电偶，其热电特性均相同的性质称复现性），这样便于成批生产，而且在应用上也可保证良好的互换性。

要完全满足以上要求是有困难的。目前在国际上被公认的比较好的热电极材料只有几种，这些材料是经过精选而且标准化了的，它们分别被应用在各温度范围内，测量效果良好。

现把工业上最常用的（已标准化）几种热电偶介绍如下。

（1）铂铑$_{10}$-铂热电偶（分度号为 S） 铂铑$_{10}$-铂热电偶，正极为铂铑合金，其中铂占 90%，铑占 10%，负极为纯铂丝。可以长期测量 1300℃以下的温度，在良好的使用环境下可短期测量 1600℃。其优点是耐高温，不易氧化，有较好的化学稳定性，测量精度高，使用寿命长，在氧化性和中性介质中具有较高的物理、化学稳定性，可用于精密温度测量和作基准热电偶。缺点是热电势小。

（2）铂铑$_{30}$-铂铑$_6$热电偶（分度号为 B） 此热电偶正极为铂铑合金，其中铂占 70%，铑占 30%，负极亦为铂铑合金，其中铂占 94%，铑占 6%。可以长期测量的温度范围为 300～1600℃，短期可测量 1800℃。其热电特性在高温下更为稳定，具有和 S 型相似的特点。但它产生的热电势小；价格贵。在低温时热电势极小，因此当冷端温度在 40℃以下范围使用时，一般可不需要进行冷端温度修正。

（3）镍铬-镍硅热电偶（分度号为 K） 是目前使用最广泛的廉价金属热电偶。该热电偶正极为镍铬合金，负极为镍硅合金。具有线性度好，热电势大，稳定性和均匀性较好，价格便宜等优点，适用于氧化性或惰性介质的温度测量，在 500℃以下低温范围内，也可用于还原性介质温度的测量。

（4）镍铬-铜镍热电偶（分度号为 E） 镍铬-铜镍热电偶为廉价金属热电偶。产生的热

电势在所有标准化热电偶中最大，可测量微小的温度变化，稳定性好，适用于湿度较高、氧化性、惰性介质环境。但不能用于还原性介质中。

（5）铁-铜镍热电偶（分度号为 J）　铁-铜镍热电偶为廉价金属热电偶，具有线性度好、热电势较大、灵敏度较高、稳定性和均匀性较好、价格便宜等优点，能用于还原性和惰性环境，氧化环境对使用寿命有影响。

（6）铜-铜镍热电偶（分度号为 T）　铜-铜镍热电偶是一种最佳的测量低温的廉价金属热电偶，具有线性度好、热电势大、稳定性高等优点，特别是在 $-200\sim0℃$ 温区内使用，稳定性更好。

各种热电偶的热电势与温度的一一对应关系都可以从标准数据表中查到，这种表称为热电偶的分度表。附录一、二、三就是几种常用热电偶的分度表，根据标准规定，热电偶的分度表是以 $t_0=0℃$ 为基准进行分度的。

五、补偿导线与热电偶冷端温度补偿

由热电偶测温原理知道，只有当热电偶冷端温度保持不变时，热电势才是被测温度的单值函数。同时，热电偶分度表和根据分度表刻度的显示仪表又都要求冷端温度恒定为 0℃，否则将产生测量误差。然而，在实际使用中，热电偶的冷端是暴露在装置外的，受环境温度波动的影响，不可能保持恒定，更不可能保持在 0℃。因此，必须采取措施，对热电偶冷端温度的影响进行补偿。

1. 补偿导线

在实际应用时，由于热电偶的价格和安装等因素，其长度非常有限，所以热电偶的冷端离热源很近，冷端的温度极易受被测介质温度的影响，还会受到周围环境温度的影响，使冷端温度难以保持恒定。因此，首先要把冷端引到温度恒定的地方。利用补偿导线，可以部分地解决冷端温度恒定的问题。

补偿导线一般用廉价的金属材料做成，不同分度号的热电偶所配的补偿导线也不同。例如，镍铬-镍铝热电偶的补偿导线用铜（正极）和铜镍（负极），它的热电特性在 $0\sim100℃$ 范围内和对应的热电偶几乎完全一样。使用补偿导线构成的测温系统接线如图 1-33 所示。这样就使得热电偶的冷端从原来很不稳定的温度 t_1 处移到了温度比较稳定的 t_0 处。

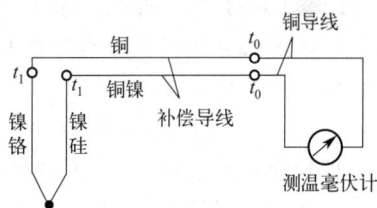

图 1-33　补偿导线接线图

使用补偿导线的注意事项：不同热电偶所用的补偿导线也不同，在使用热电偶补偿导线时，要注意型号相配，各种型号热电偶所配用的补偿导线的材料，列于表 1-4 中；补偿导线连接时，注意，极性不能接错，热电偶的正、负极分别与补偿导线的正、负极相接；热电偶与补偿导线连接端所处的温度不应超过 100℃。

表 1-4　常用标准热电偶及其补偿导线

热电偶名称	分度号	热电极材料		测温范围/℃		常用补偿导线(绝缘层颜色)	
		正极	负极	长期	短期	正极材料	负极材料
铂铑$_{10}$-铂	S	铂铑合金	纯铂	$0\sim1300$	1600	铜(红)	铜镍(绿)
铂铑$_{30}$-铂铑$_6$	B	铂铑合金	铂铑合金	$0\sim1600$	1800	铜(红)	铜(灰)
镍铬-镍硅	K	镍铬合金	镍硅合金	$-50\sim1000$	1300	镍铬(红)	镍硅(黑)
镍铬-铜镍	E	镍铬合金	铜镍合金	$-40\sim800$	900	镍铬(红)	铜镍(棕)
铁-铜镍	J	铁	铜镍合金	$0\sim750$	1200	铁(红)	铜镍(紫)
铜-铜镍	T	铜	铜镍合金	$-200\sim300$	350	铁(红)	铜镍(白)

2. 热电偶冷端温度补偿

接入补偿导线后，把热电偶的冷端从温度较高和不稳定的地方，延伸到温度较低和比较稳定的环境，但冷端温度仍然达不到 0℃。而工业上常用的各种热电偶的温度-热电势关系曲线是在冷端温度保持为 0℃ 的情况下得到的，与它配套使用的仪表也是根据这一关系曲线进行刻度的，所以还要采取措施对冷端温度的影响做进一步的补偿。常用的补偿方法有冰浴法、查表修正法、校正仪表零点法和补偿电桥法等。

(1) 冰浴法　如图 1-34 所示。把热电偶的两个冷端分别插入盛有绝缘油的试管中，将试管放入装有冰水混合物的容器中，可以使冷端的温度保持为 0℃，又称"冰浴法"。这种方法多用在实验室中。

(2) 公式修正法　根据式(1-15)，把测得的热电势 $E_{AB}(t, t_0)$，加上查对应的分度表所得的热电势 $E_{AB}(t_0, 0)$，才能得到实际温度下的热电势 $E_{AB}(t, 0)$。再次查找分度表，便可求出被测温度，可消除冷端温度为恒定值时对测温的影响。该方法只适用于实验室或临时测温，在连续测量中显然是不实用的。

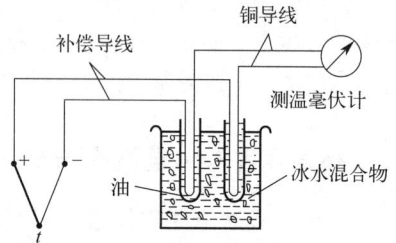

图 1-34　热电偶冷端温度
保持 0℃ 的方法

【例题 1-4】用镍铬-镍硅热电偶测量某加热炉的温度。测得的热电势 $E_{AB}(t, t_0) = 38618\mu V$，而自由端的温度 $t_0 = 30℃$，求被测的实际温度。

解：由附录三可以查得

$$E_{AB}(30, 0) = 1.203(mV)$$

则 $E_{AB}(t, 0) = E_{AB}(t, t_0) + E_{AB}(t_0, 0) = 38.618 + 1.203 = 39.821(mV)$

再查附录三可以查得 39.821mV 对应的温度为 963℃。

【例题 1-5】有一铂铑$_{10}$-铂热电偶在工作时，已知自由端温度 $t_0 = 30℃$，工作端温度 $t = 1180℃$，求热电偶产生的热电势 $E_{AB}(1180, 30)$。

解：查附录二可知

$$E_{AB}(1180, 0) = 11.707(mV) \qquad E_{AB}(30, 0) = 0.173(mV)$$

根据公式 $E_{AB}(t, t_0) = E_{AB}(t, 0) - E_{AB}(t_0, 0)$

可知 $E_{AB}(1180, 30) = E_{AB}(1180, 0) - E_{AB}(30, 0)$

$$= 11.707 - 0.173 = 11.534(mV)$$

(3) 校正仪表零点法　一般显示仪表未工作时指针应指在零位上，即机械零点。当所采用测温元件为热电偶，并且冷端温度 t_0 较为恒定时，可在测温前，断开测量电路，将仪表指针调整到相当于室温的数值上，这相当于把热电势修正值预先加在显示仪表上。当开始测温时，显示仪表的指示值即为实际被测温度。该方法比较简单，故在工业上也经常应用。但必须明确指出，这种方法由于室温也在经常变化，所以只能在测温要求不太高的场合下应用。

(4) 补偿电桥法　补偿电桥法是利用不平衡电桥产生的电势，来补偿热电偶因冷端温度变化而引起的热电势变化。当热电偶冷端温度波动较大时，可在补偿导线后面接上补偿电桥，使其产生一个不平衡电压，来自动补偿热电偶因冷端温度变化而引起的热电势变化。

(5) 补偿热电偶法　在实际生产中，为了节省补偿导线和投资费用，常用多支热电偶配用一台测温仪表，利用转换开关（切换开关）用来实现多点间歇测量。补偿热电偶是为了将冷端温度保持恒定而设置的，为达到此目的，将它的工作端插入 2～3m 深的地下或放在其他恒温器中，使其温度恒定为 t_0，而它的冷端与多支热电偶的冷端都接在温度为 t_1 的同一个接线盒中。补偿热电偶的材料可以与测量热电偶的材料相同，也可以是测量热电偶的补偿导线。这样，测温仪表的显示值则为 E_{AB}(t，t_0) 所对应的温度，而不受接线盒处温度 t_1 变化的影响。

六、热电偶的结构形式及分类

热电偶广泛地应用于各种条件下的温度测量。根据它的用途和安装位置不同，各种热电偶的外形是极不相同的。

1. 热电偶的基本组成

热电偶基本上由热电极、绝缘管、保护套管和接线盒等几部分组成。如图 1-35 所示。

（1）**热电极** 是组成热电偶的两根热偶丝，是热电偶温度传感器的核心部分。热电极的直径由材料的价格、机械强度、电导率以及热电偶的用途和测量范围等决定。贵金属的热电极大多采用直径为 0.3～0.65mm 的细丝，普通金属电极丝的直径一般为 0.5～3.2mm。其长度由安装条件及插入深度而定，一般为 350～2000mm。

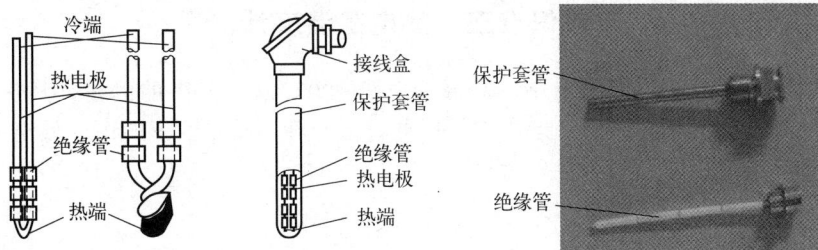

图 1-35 热电偶的结构

（2）**绝缘管** 又称绝缘子，用于防止两根热电极相互接触而发生短路。材料的选用由使用温度范围而定，常用绝缘子材料见表 1-5。

（3）**保护套管** 套在热电极、绝缘子的外边，其作用是保护热电极不受化学腐蚀和机械损伤。保护套管材料的选择一般根据测温范围、插入深度以及测温的时间常数等因素来决定。常用保护套管的材料见表 1-6。

<table>
<tr><td colspan="2">表 1-5 常用绝缘子材料</td></tr>
<tr><th>材料</th><th>工作温度/℃</th></tr>
<tr><td>橡胶、绝缘漆</td><td>80</td></tr>
<tr><td>珐琅</td><td>150</td></tr>
<tr><td>玻璃管</td><td>500</td></tr>
<tr><td>石英管</td><td>1200</td></tr>
<tr><td>瓷管</td><td>1400</td></tr>
<tr><td>纯氧化铝管</td><td>1700</td></tr>
</table>

<table>
<tr><td colspan="2">表 1-6 常用保护套管</td></tr>
<tr><th>材料</th><th>工作温度/℃</th></tr>
<tr><td>无缝钢管</td><td>600</td></tr>
<tr><td>不锈钢管</td><td>1000</td></tr>
<tr><td>石英管</td><td>1200</td></tr>
<tr><td>瓷管</td><td>1400</td></tr>
<tr><td>Al_2O_3 陶瓷管</td><td>1900 以上</td></tr>
</table>

（4）**接线盒** 是用来连接热电极和补偿导线的。它通常用铝合金制成，一般分为普通式和密封式两种。为了防止灰尘和有害气体进入热电偶保护套管内，接线盒的出线孔和盖子均用垫片和垫圈加以密封。接线盒内用于连接热电极和补偿导线的螺栓必须紧固，以免产生较大的接触电阻而影响测量的准确度。

2. 热电偶按结构形式的分类

按结构形式分为普通型、铠装型、表面型和快速型四种。

（1）普通型　普通型热电偶在测量时将测量端插入被测对象内部，主要用于测量容器或管道内部气体、液体等流体介质的温度。

（2）铠装热电偶　是由热电极、绝缘材料（氧化镁粉）、金属保护套管一起经过复合拉伸成型的，然后将端部偶丝焊接成光滑球状结构。其外径为 $1\sim8mm$，还可小到 $0.2mm$，长度可为 $50m$。

铠装热电偶具有体积小、精度高、响应速度快、使用方便、可弯曲、气密性好、耐振、耐高压等优点，已得到越来越广泛的应用。

（3）表面型热电偶　常用的结构形式是利用真空镀膜法将两电极材料蒸镀在绝缘基板上，专门用来测量物体表面温度的一种特殊热电偶。其特点是：尺寸小、反应速度极快、热惯性极小。

（4）快速热电偶　它是用于测量高温熔融物体的一种专用热电偶，整个热偶元件的尺寸很小，只能一次性使用，因此又称为消耗式热电偶。

知识点五　热电阻温度计

热电偶温度计一般适用于测量中、高温，对于 300℃ 以下温度的测量，其热电势较小，测量的灵敏度和精确度都会受到一定影响。因此，对于在 500℃ 以下的中、低温，一般是使用热电阻温度计来进行温度的测量较为适宜。

一、热电阻温度计的结构

热电阻温度计由热电阻、显示仪表以及连接导线所组成。值得注意的是，热电阻温度计的连接导线采用三线制接法。图 1-36 为热电阻温度计的实物图。

图 1-36　热电阻温度计实物图

二、热电阻温度计的测温原理

热电阻温度计是利用金属导体的电阻值随温度变化而变化的特性（电阻温度效应）来进行温度测量的。对于呈线性特性的电阻来说

$$R_t = R_0 [1+\alpha(t-t_0)] \tag{1-21}$$

$$\Delta R_t = \alpha R_0 \Delta t \tag{1-22}$$

式中　R_t——温度为 t℃时的电阻值；

R_0——温度为 t_0℃（通常为 0℃）时的电阻值；

α——电阻温度系数；

Δt——温度的变化值；

ΔR_t——温度改变 Δt 时的电阻变化量。

由公式可知：温度的变化，导致了金属导体电阻的变化。这样只要设法测出电阻值的变化，就可达到温度测量的目的。

由此可知，热电阻温度计与热电偶温度计的测量原理是不相同的。热电阻温度计是把温度的变化通过测温元件——热电阻转换为电阻值的变化来测量温度的；而热电偶温度计则把温度的变化通过测温元件——热电偶转化为热电势的变化来测量温度的。

三、常用热电阻的种类

虽然大多数金属导体的电阻值随温度的变化而变化，但是它们并不都能作为测温用的热电阻。热电阻的材料一般要满足以下要求：电阻温度系数、电阻率要大；热容量要小；在整个测温范围内，应具有稳定的物理、化学性质和良好的复制性；电阻值随温度的变化关系，最好呈线性。

根据热电阻对材料的要求，目前工业上应用最广泛的热电阻是铂电阻和铜电阻。

1. 铂电阻

金属铂易于提纯，在氧化性介质中，甚至在高温条件下其物理、化学性质都非常稳定。但在还原性介质中，特别是在高温下很容易被沾污，使铂丝变脆，并改变了其电阻与温度间的关系，铂的价格也比较贵。因此，要特别注意保护。

工业上常用的铂电阻有两种，一种是 $R_0 = 10\Omega$，对应的分度号为 Pt10。另一种 $R_0 = 100\Omega$，对应的分度号为 Pt100（见附录六）。

2. 铜电阻

金属铜易加工提纯，价格便宜；它的电阻温度系数很大，且电阻与温度成线性关系；在测温范围（$-50\sim+150℃$）内，具有很好的稳定性。其缺点是温度超过 $150℃$ 后易被氧化，氧化后失去良好的线性特性；另外，由于铜的电阻率小，为了绕得一定的电阻值，铜电阻丝必须较细，长度也要较长，这样铜电阻体就较大，机械强度也降低。

工业上用的铜电阻有两种，一种是 $R_0 = 50\Omega$，对应的分度号为 Cu50（见附录五）。另一种是 $R_0 = 100\Omega$，对应的分度号为 Cu100。

四、热电阻温度计的特点

热电阻温度计输出信号大，测量准确，适用于测量 $-200\sim+500℃$ 范围内液体、气体、蒸汽及固体表面的温度。它与热电偶温度计一样，也具有远传、自动记录和实现多点测量等优点。

五、热电阻的结构形式

热电阻的结构形式有普通型热电阻、铠装热电阻和薄膜热电阻三种。

1. 普通型热电阻

普通型热电阻主要由电阻体、保护套管和接线盒等主要部件所组成。其中保护套管和接线盒与热电偶的基本相同。电阻体是将电阻丝绕制在具有固定形状的支架上，用来绕制电阻丝的支架一般有平板形、圆柱形和螺旋形三种。一般来说，平板形支架作为铂电阻体的支架，圆柱形支架作为铜电阻体的支架，而螺旋形支架是作为标准或实验室用的铂电阻体的支架。对电阻体的要求：做得体积小，而且受热膨胀时，电阻丝不应产生附加应力。

2. 铠装热电阻

铠装热电阻将电阻体预先拉制成型并与绝缘材料和保护套管连成一体。这种热电阻体积小、抗振性强、可弯曲、热惯性小、使用寿命长。

3. 薄膜热电阻

薄膜热电阻是将热电阻材料通过真空镀膜法，直接蒸镀到绝缘基底上。这种热电阻的体积很小、热惯性也小、灵敏度高。

对于一些特殊的场合，还可以选用一些专业型热电阻。如，测量固体表面温度可以选用端面热电阻；在易燃易爆场合可以选用防爆型热电阻；测量振动设备上的温度可以选用带有防振结构的热电阻。

【例题 1-6】 在一反应器中用 Pt100 测量传感器测量温度。

1. 请写出 Pt100 的意义。

2. 测得的温度为 $t=75.0℃$。请计算温度传感器测量的电阻 R_t。已知 $\alpha=0.00381\text{K}^{-1}$。

解：1. Pt100 是铂热电阻的分度号，表示该热电阻在 0℃ 时的电阻值 $R_0=100\Omega$。

2. 已知 $R_0=100\Omega$，$\alpha=0.00381\text{K}^{-1}$，

$t=75.0℃=75.0+273.15=348.15(\text{K})$，$t_0=0℃=273.15\text{K}$

根据公式 $$R_t=R_0[1+\alpha(t-t_0)]$$

可知 $$R_t=100\times[1+0.00381\times(348.15-273.15)]=128.575(\Omega)$$

知识点六　辐射式温度计

辐射式温度计是利用热辐射原理进行温度测量的。在使用时只需要把温度计对准被测对象，而不必与被测对象直接接触，因此不会破坏被测对象的温度场。辐射式温度计有光学温度计、全辐射温度计和红外温度计。目前，辐射式温度计被广泛地用来测量高于 800℃ 的温度。

一、光学温度计

光学温度计是基于物体在高温状态下会发光来测量温度的仪表。物体高温状态下发光也就具有一定的光亮度，物体的波长为 λ 的光亮度为 B_λ 和它辐射强度 E_λ 成正比，即

$$B_\lambda=CE_\lambda \tag{1-23}$$

式中　C——比例常数。

由于 E_λ 与温度有关，因此受热物体的亮度大小反映了物体温度的高低。所以可以通过测量物体的亮度大小来确定被测物体温度的高低。光学温度计的准确度要比热电偶热电阻低，且结构复杂，价格贵，因此在使用上受到限制。

二、全辐射温度计

全辐射温度计是根据物体的热辐射效应测量物体表面温度的仪器。物体受热后会发出各种波长的辐射能，其中有许多是我们眼睛看不到的，譬如铁块在未烧红前并不发出"亮"光来，也就无法使用光学温度计来测量它的温度。虽然物体辐射出来的能量看不见，但可以把它辐射出来的所有能量集中于一个感温元件上，例如热电偶上。热电偶的工作端感受到这些热能后，就有热电势输出，并配以自动平衡电位差计显示仪表就可测出物体表面温度。

三、红外温度计

红外温度计也是利用热辐射原理来测量温度的。任何物体只要其温度大于绝对零度，均会因分子热运动而发射红外线。物体发射的红外辐射能量与其温度有关。红外温度计根据这

一特性，通过测定物体的红外辐射能量的大小便可确定被测物体温度的高低。

知识点七 温度测量仪表的使用

热电阻现场
检修、安装
及校对

一、温度测量仪表的选用

1. 精确度等级的选择

一般工业用温度计选用 1.5 级或 1 级；精密测量用温度计选用 0.5 级或 0.25 级。

2. 测量范围的选择

最高测量值不应大于仪表测量范围上限值的 90%，正常测量值一般为仪表全量程的 30%～70%。

3. 仪表类型的选用

双金属温度计一般用于温度信号的就地检测和指示，测量准确度不高；压力式温度计适用于 -80℃ 以下低温、无法近距离观察、有振动及精确度要求不高的就地显示或就地仪表盘显示；玻璃液体温度计仅用于测量精确度较高、振动较小、无机械损伤、观察方便的特殊场合；热电阻、热电偶和辐射式温度计可用于温度信号的远传显示，其中热电偶和热电阻是工业上最常用的两种接触式测温仪表，热电阻适用于测量 500℃ 以下的中低温度，热电偶更适用于测量 500～1800℃ 范围的中高温，在选用时还应根据工艺条件选用适当的规格、连接方式、补偿导线、保护套管与插入深度等；辐射式温度计一般用于 2000℃ 以上的高温测量，在使用时，应考虑现场环境条件，如受水蒸气、烟雾、臭氧、反射光等影响，并应采取相应措施，防止干扰。

二、温度测量仪表的安装

接触式测温仪表所测得的温度都是由测温（感温）元件来决定的。在正确选择测温元件和二次仪表之后，如测温元件的安装不符合要求，那么，测量精度往往得不到保证，因此，测温元件必须按照规定要求正确安装。

1. 测温元件的安装要求

（1）正确选择测温点 由于接触式温度计的感温元件是与被测介质进行热交换来测量温度的，因此，必须使感温元件与被测介质能进行充分的热交换，感温元件放置的方式与位置应有利于热交换的进行，不应把感温元件插至被测介质的死角区域。

（2）测温元件的安装 在测量管道温度时，应保证测温元件与流体充分接触，以减少测量误差。因此，要求安装时测温元件应迎着被测介质流向插入，至少须与被测介质正交（成 90°），切勿与被测介质形成顺流，如图 1-37 所示。

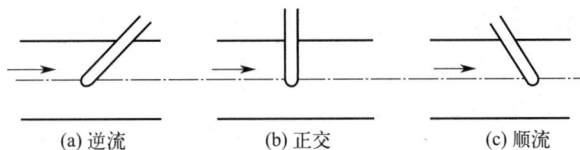

(a) 逆流　　　　　(b) 正交　　　　　(c) 顺流

图 1-37　测温元件安装示意图之一

测温元件的感温点应处于管道中流速最大处。一般来说，热电偶、铂电阻、铜电阻保护套管的末端应分别越过流束中心线 5～10mm、50～70mm、25～30mm。

测温元件应有足够的插入深度，以减小测量误差。为此，测温元件应斜插安装或在弯头处安装，如图 1-38 所示。

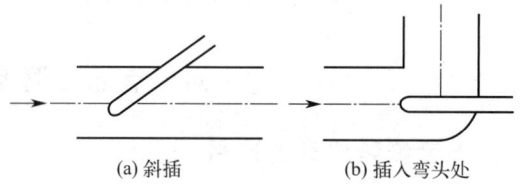

(a) 斜插　　　　　(b) 插入弯头处

图 1-38　测温元件安装示意图之二

若工艺管道过小（直径小于 80mm），安装测温元件处应加装扩大管，如图 1-39 所示。

热电偶、热电阻的接线盒面盖应向上，以避免雨水或其他液体、脏物进入接线盒中影响测量，如图 1-40 所示。

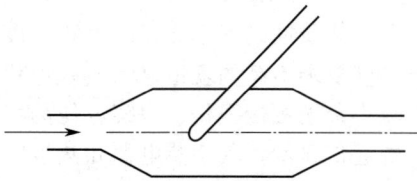

图 1-39　小工艺管道上测温元件安装示意图

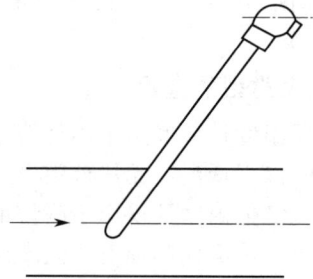

图 1-40　热电偶或热电阻安装示意图

为了防止热量散失，测温元件应插在有保温层的管道或设备处。

测温元件安装在负压管道中时，必须保证其密封性，以防外界冷空气进入，使读数降低。

2. 布线要求

按照规定的型号配用热电偶的补偿导线，注意热电偶的正、负极与补偿导线的正、负极相连接，不要接错。

热电阻的线路电阻一定要符合所配二次仪表的要求。

为了保护连接导线与补偿导线不受外来的机械损伤，应把连接导线或补偿导线穿入钢管内或走槽板。

导线应尽量避免有接头。应有良好的绝缘。禁止与交流输电线合用一根穿线管，以免引起感应。

导线应尽量避开交流动力电线。

补偿导线不应有中间接头，否则应加装接线盒。另外，最好与其他导线分开敷设。

？ 学习检测

一、选择题

1. 摄氏温度为 60℃，热力学温度为（　　　）。
A. 333K　　　　　　B. 320K　　　　　　C. 315K　　　　　　D. 336K
2. 下列属于膨胀式温度计的是（　　　）。
A. 玻璃管式　　　　B. 热电阻式　　　　C. 热电偶式　　　　D. 红外线式
3. 热电偶输出电压与（　　　）有关。
A. 热电偶两端温度　　　　　　　　　　B. 热电偶热端温度
C. 热电偶冷端温度　　　　　　　　　　D. 热电偶两端温度和电极材料

4. 铂铑$_{10}$-铂热电偶的分度号是（　　）。

A. K　　　　　　　　B. S　　　　　　　　C. E　　　　　　　　D. J

5. 热电阻温度计是根据（　　）原理来测量温度的。

A. 金属导体的电阻值随温度升高而升高的特性

B. 物体受热时体积膨胀的性质

C. 金属导体的热电效应

D. 半导体的电阻值随温度升高而升高的特性

6. 热电偶测量温度的依据是（　　）。

A. 热电势　　　　　B. 电阻　　　　　C. 化学变化　　　　D. 热膨胀

7. 下述传感器中，（　　）在自动化技术中不是作为温度传感器用的。

A. 应变计　　　　　B. 电阻温度计　　　　C. 辐射高温计　　　　D. 双金属片

二、填空题

1. 温度是表征物体及系统_____的物理量。

2. 热电偶的分度表是在参比温度为_____的条件下得到的。

3. 华氏温标与摄氏温标的换算关系是_____。

4. 双金属温度计的双金属片受热温度升高时，向_____的一侧弯曲。

5. 温度测量仪表有_____和_____两类测温方式。

三、判断题

（　　）1. 测温仪表补偿导线连接可以任意接。

（　　）2. 热电阻温度计由热电阻、显示仪表以及连接导线所组成，其连接导线采用三线制接法。

（　　）3. 一般在高温段用热电偶传感器进行检测，在低温段用热电阻传感器进行检测。

（　　）4. 常用的温标有摄氏、华氏和开氏温标三种，即℃、℉和K。

（　　）5. 因为有玻璃隔开，因此水银温度计属于非接触式温度计。

四、简答题

1. 温度测量仪表的种类有哪些？它们的工作原理是什么？

2. 热电偶的测温原理是什么？常用的热电偶有哪几种？

3. 热电偶测温时，为什么要使用补偿导线？使用补偿导线时应注意哪几点？

4. 热电偶测温时，为什么要进行冷端温度补偿？冷端温度补偿的方法有哪几种？

5. 热电阻的测温原理是什么？常用的热电阻有哪几类？

6. 简述测温元件的安装和布线的要求。

五、计算题

1. 用镍铬-镍硅热电偶测量加热炉的温度，热电偶的工作温度为30℃，此时测得的热电势为29.84mV，求加热炉的实际温度。

2. 现用Pt100温度传感器测量一反应器的温度。

（1）请写出Pt100的意义。

（2）测得的温度为$t = 90.0$℃。请计算传感器的测量电阻R_t。已知$\alpha = 0.00381 \mathrm{K}^{-1}$。

3. 已知S型热电偶热端温度为350℃，冷端温度为30℃，求该热电偶回路内所产生的电动势。

单元四　测量并记录流量数值

学习目标

知识目标：1. 掌握流量测量仪表的种类、结构及工作原理；

　　　　　　2. 熟悉流量测量仪表的常见故障及处理方法；

　　　　　　3. 掌握流量测量仪表的选用原则和安装规范。

能力目标：1. 能够找出实训装置上的流量测量仪表；

　　　　　　2. 能够识别并处理流量测量仪表的常见故障；

　　　　　　3. 能正确读取并记录流量数值。

素养目标：1. 提高分析问题、解决问题的能力；

　　　　　　2. 培养执着专注、严谨认真的工匠精神。

学习导入

1. 你见过的流量测量仪表有哪些。

2. 为什么要对流量进行测量。

知识链接

测量生产过程中各种介质的流量，以便为生产操作和控制提供依据。同时，为了进行经济核算，也需要知道在一段时间内流过的介质总量。根据不同的工艺条件，选择一台合适的流量测量仪表，并能进行正确的安装和维护。

知识点一　流量测量基础知识的认知

流量是指单位时间内流过管道某一横截面的流体数量。流量包括瞬时流量和总量（累积流量）。瞬时流量是指单位时间内流过管道某一截面的流体流量的大小；而在某一段时间内流过管道的流体流量的总和，即某段时间内瞬时流量的累加值，称为总量。

流量可以用体积表示，也可以用质量来表示，单位时间内流过的流体以体积表示的称为体积流量，常用符号 Q 表示；以质量表示的称为质量流量，常用符号 M 表示。若流体的密度是 ρ，则体积流量和质量流量之间的关系是

$$M = Q\rho \quad \text{或} \quad Q = \frac{M}{\rho}$$

如以 t 表示时间，则流量和总量之间的关系是

$$M_{总} = \int_0^t M \mathrm{d}t \quad , \quad Q_{总} = \int_0^t Q \mathrm{d}t$$

一般用来测量瞬时流量的仪表称为流量计；测量流体总量的仪表称为计量表。两者不是截然划分的，在流量计上配以累积机构也可以读出总量。

常用的瞬时流量单位有 m^3/h（米^3/小时）、L/h（升/小时）、t/h（吨/小时）、kg/h（千克/小时）等；总量常用单位有 t、m^3。

测量流量的方法很多，其测量原理和所应用的仪表结构形式各不相同。常用的流量测量的分类方法如下。

1. 速度式流量计

速度式流量计是一种以测量流体在管道内的流速作为测量依据来计算流量的仪表。例如差压式流量计、转子流量计、电磁流量计、涡轮流量计、堰式流量计等。

2. 容积式流量计

容积式流量计是一种以单位时间内所排出流体的固定容积的数目作为测量依据来计算流量的仪表，例如椭圆齿轮流量计、活塞式流量计等。

3. 质量式流量计

质量式流量计是一种以测量流过的质量 M 为依据的流量计，例如惯性力式质量流量计、补偿式质量流量计等。它具有被测流量的数值不受流体的温度、压力、黏度等变化的影响的优点，是一种在发展中的流量测量仪表。

知识点二　差压式流量计

差压式
流量计

差压式流量计又称节流式流量计，是目前工业生产中用来测量气体、液体和蒸气流量最常用的一种流量检测仪表。

一、基本结构

差压式流量计主要由节流装置、信号管路、差压变送器和显示仪表组成。节流装置将被测流体的流量转换成压差信号，信号管路把压差信号传输到差压变送器或差压计。差压计对差压信号进行测量并显示出来，差压变送器将差压信号转换为与流量相对应的标准电信号或气信号，通过显示仪表进行显示、记录与控制。图 1-41 为孔板流量计，图 1-42 为文丘里管流量计。

图 1-41　孔板流量计

图 1-42　文丘里管流量计

二、工作原理

差压式流量计是基于流体流动的节流原理，利用流体流经节流装置时产生的压力差来实现流量测量的。

1. 节流现象

流体在有节流装置的管道中流动时，在节流装置前后的管壁处，流体的静压力产生差异的现象称为节流现象，如图 1-43 所示。

节流装置就是在管道中放置的一个局部收缩元件，应用最广泛的是孔板，其次是喷嘴、文丘里管，如图 1-44 所示。下面以孔板为例说明节流装置的节流现象。

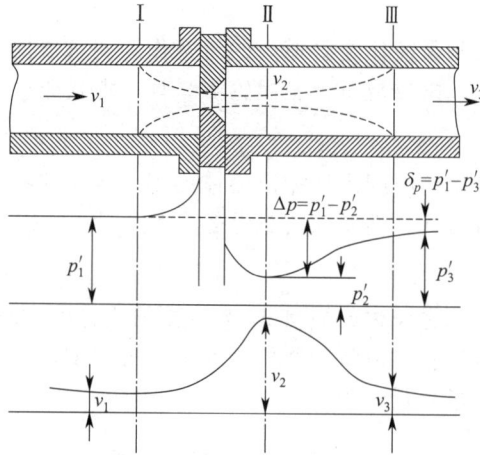

图 1-43 孔板装置及压力、流速分布图

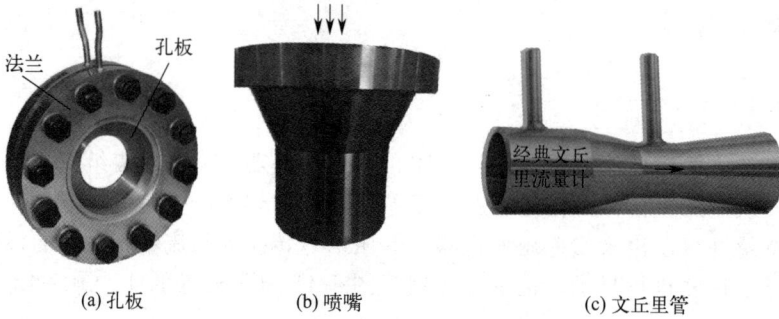

(a) 孔板   (b) 喷嘴   (c) 文丘里管

图 1-44 节流装置外形图

具有一定能量的流体，才可能在管道中形成流动状态。流动流体的能量有两种形式，即静压能和动能。根据能量守恒定律，流体所具有的静压能和动能在一定条件下是可以相互转化的，再加上克服流动阻力的能量损失，其总和是不变的。图 1-43 表示在孔板前后流体的流速与压力的分布情况。流体在管道截面 I 前，以一定的流速 v_1 流动。此时静压力为 p_1'。在接近节流装置时，由于遇到节流装置的阻挡，靠近管壁处的流体受到节流装置的阻挡作用最大，因而使一部分动能转化为静压能，出现了节流装置入口端面靠近管壁处的流体静压力升高，并且比管道中心处的压力要大，即在节流装置入口端面处产生一径向压差。这一径向压差使流体产生径向附加速度，从而使靠近管壁处的流体质点的流向就与管道中心轴线相倾斜，形成了流束的收缩运动。由于惯性作用，流束的最小截面并不在孔板的孔处，而是经过孔板后仍继续收缩，到达截面 II 处达到最小，这时流速最大，达到 v_2，随后流束又逐渐扩大，至截面 III 后完全复原，流速便降低到原来的数值，即 $v_3 = v_1$。

由于节流装置使流束产生局部收缩，流体的流速发生变化，即动能发生变化。与此同时，表征流体静压能的静压力也要发生变化。在截面 I，流体具有静压力 p_1'。到达截面 II，流速增加到最大值，静压力就降低到最小值 p_2'，而后又随着流束的恢复而逐渐恢复。由于在孔板端面处，流通截面突然缩小与扩大，使流体形成局部涡流，要消耗一部分能量，同时流体流经孔板时，要克服摩擦力，也要损失掉一部分能量，所以流体的静压力不能恢复到原来的数值 p_1'，而产生了压力损失 $\delta p = p_1' - p_3'$。

节流装置前流体压力较高，称为正压，常以"＋"标志；节流装置后流体压力较低，称为负压，常以"—"标志。节流装置前后压差的大小与流量有关。管道中流动的流体流量越大，在节流装置前后产生的压差也越大，我们只要测出孔板前后侧压差的大小，即可表示流量的大小，这就是节流装置测量流量的基本原理。

注意：要准确地测量出截面Ⅰ与截面Ⅱ处的压力 p_1'、p_2' 是有困难的，这是因为产生最低静压力 p_2' 的截面Ⅱ的位置是随着流速的不同而改变的，事先根本无法确定。实际上是在孔板前后的管壁上选择两个固定的取压点，来测量流体在节流装置前后的压力变化的。因而所测得的压差与流量之间的关系，与测压点及测压方式的选择是紧密相关的。

2. 流量基本方程

流量基本方程式阐明了流量与压差之间的定量关系。它是根据流体力学中的伯努利方程式和连续性方程式推导而得的，即

$$Q = \alpha\varepsilon F_0 \sqrt{\frac{2}{\rho}\Delta p} \tag{1-24}$$

$$M = \alpha\varepsilon F_0 \sqrt{2\rho\Delta p} \tag{1-25}$$

式中　α——流量系数。它与节流装置的结构形式、取压方式、孔口截面积与管道截面积之比 m、雷诺数 Re、孔口边缘锐度、管壁粗糙度等因素有关；

　　　ε——膨胀校正系数，它与孔板前后压力的相对变化量、介质的等熵指数、孔口截面积与管道截面积之比等因素有关，常取 $\varepsilon = 1$；

　　　F_0——节流装置的开孔截面积；

　　　Δp——节流装置前后实际测得的压力差；

　　　ρ——节流装置前的流体密度。

由流量基本方程式还可以看出，流量与压力差 Δp 的平方根成正比。所以，用这种流量计测量流量时，如果不加开方器，流量标尺刻度是不均匀的。因此，在用差压法测量流量时，被测流量值不应接近于仪表的下限值，否则误差将会很大。

3. 标准节流装置

标准节流装置的结构形式、尺寸要求、取压方式、使用条件等均有统一规定。因此，若使用标准节流装置，则只有符合其规定的技术条件和要求时，才能保证有足够的流量测量精度。

常用的标准节流元件包括标准孔板、标准喷嘴和标准文丘里管。如图 1-45 所示。

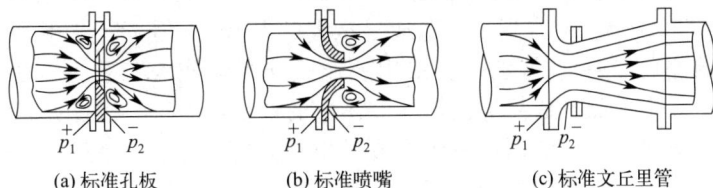

(a)标准孔板　　　　　　(b)标准喷嘴　　　　　　(c)标准文丘里管

图 1-45　标准节流装置

4. 标准节流装置的选用

标准节流装置的选用，应根据被测介质流量测量的条件和要求，结合各种标准节流装置的特点，从测量精度要求、允许的压力损失大小、可能给出的直管段长度、被测介质的物理化学性质（如腐蚀、脏污等）、结构的复杂程度和价格的高低、安装是否方便等几方面综合考虑。一般来说，可归纳为如下几点。

① 被测介质是高温、高压的，则可选用孔板和喷嘴。文丘里管只适用于低压的流体介质。

② 当要求压力损失较小时，可采用喷嘴、文丘里管等。

③ 在测量某些易使节流装置腐蚀、沾污、磨损、变形的介质流量时，采用喷嘴较采用孔板更好。

④ 在流量值与压差值都相同的条件下，使用喷嘴有较高的测量精度，而且所需的直管长度也较短。

⑤ 在加工制造和安装方面，以孔板为最简单，喷嘴次之，文丘里管最复杂。造价高低也与此相对应。实际上，在一般场合下，以采用孔板为最多。

5. 标准节流装置的使用条件

① 在节流装置的上、下游必须配置一定长度的直管。

② 在节流装置前后长度为两倍于管径的一段管道内壁上，不应有凸出物和明显垂直的粗糙或不平现象。

③ 必须保证节流装置的开孔和管道的轴线同心，并使节流装置端面与管道的轴线垂直。

④ 标准节流装置（孔板、喷嘴），一般都用于直径 $D>50m$ 的管道中。

⑤ 被测介质应充满全部管道并且连续流动。

⑥ 管道内的流束的流动状态应该是稳定的。

⑦ 被测介质在通过节流装置时不应发生相变。例如：流体不蒸发和析出气体，气体不冷凝等。当流过节流装置的流体出现气液混相时，将会使测量出现很大误差。

三、特点

应用范围广，适应性强，性能稳定可靠，但安装要求较高，前后需要一定的直管段。

四、适用场合

差压式流量计可以用于液体、蒸汽和气体流量的测量。

五、差压式流量计的测量误差

差压式流量计的应用非常广泛，但是在现场实际应用时，往往具有比较大的测量误差，有的甚至高达 $10\%\sim20\%$（应当指出，造成这么大的误差实际上完全是由使用不当引起的，而不是仪表本身的测量误差），特别是在采用差压式流量计作为工艺生产过程中物料（水、蒸汽以及各种原料、半成品、成品等液体和气体）的计量，进行经济核算和测取物料衡算数据时，这一矛盾更显得突出。然而在只要求流量相对值的场合下，流量指示值与实际值之间的偏差往往不被注意，但是事实上误差却是客观存在的，因此必须引起注意的是：不仅需要合理的选型、准确的设计计算和加工制造，更要注意正确的安装、维护和符合使用条件等，才能保证差压式流量计有足够的实际测量精度。

下面列举一些造成测量误差的原因，以便在应用中注意，并予以适当处理。

1. 被测流体工作状态的变动

如果实际使用时被测流体的工作状态（温度、压力、湿度）以及相应的流体密度、黏度等参数数值，与设计计算时有所变动时，将与流过节流装置的被测介质的实际流量值之间产生误差。为了消除这个误差，必须按新的工艺条件重新进行设计计算，或者将所测的数值加以必要的修正。

2. 节流装置安装不正确

例如，孔板的尖锐一侧迎着流向，为入口端，而其呈喇叭形一侧为出口端，即孔板具有方向性，不能装反。除此之外，由安装不正确而引起的测量误差，往往是由孔板开孔中心和管道中心线不同心所造成的，因此在结构设计、加工制造和安装中，必须十分注意。管道实际内径和计算时使用的管道内径之间的差别，以及垫片等凸出物的出现、引压管路上的毛病等，也是引起测量误差的原因。

3. 孔板入口边缘的磨损

节流装置使用日久，特别是在被测介质夹杂有固体颗粒等机械物情况下，或者由于化学腐蚀，都会造成节流装置的几何形状和尺寸的变化。对于使用广泛的孔板来讲，它的入口边缘的尖锐度会由于受到冲击、磨损和腐蚀而变钝。这样，在相等数量的流体经过时所产生的压差 Δp 将变小，从而引起仪表指示值偏低，故应注意检查、维修，必要时应更换新的孔板。

4. 节流装置内表面的结垢和流通截面积的变化

在现场使用中，孔板等表面可能会沾结上一层污垢，或者在孔板前后角落处由于日久而沉积有沉淀物，或者强腐蚀作用都会使管道的流体截面积发生渐变，以及引压管管路的泄漏和脏污，都会造成流量测量误差，所以，在使用中，要保持节流装置的清洁。如在节流装置处有沉淀、结焦、堵塞等现象，也会引起较大的测量误差，必须及时清洗。

5. 差压变送器安装或使用不正确

节流装置前后差压由引压管接至差压变送器前，必须安装切断阀和平衡阀，构成三阀组，如图 1-46 所示。差压变送器是用来测量差压的，如果不能保证两个切断阀同时开闭，就会造成差压变送器单向承受过大的静压力，产生附加误差，甚至损坏仪表。三阀组的使用方法是：差压变送器投入使用时，应先打开平衡阀，使正、负压室连通，再打开切断阀，最后关闭平衡阀；差压变送器停止使用时，应先打开平衡阀，再关闭切断阀。

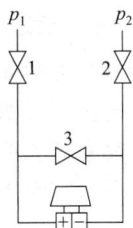

图 1-46 三阀组安装
1，2—切断阀；3—平衡阀

如果使用过程发现流量显示不准确，可对差压变送器进行零点校验，方法是将 2 个切断阀关闭，打开平衡阀。

知识点三 转子流量计

在化工企业中经常会遇到小流量的测量，由于小流量介质的流速低，相应的测量仪表必须具有较高的灵敏度，才能保证一定的测量精度。节流装置用于管径小于 50mm、低雷诺数流体的流量测量时，测量误差较大。而转子流量计特别适宜于测量管径 50mm 以下管道内的流体流量。

转子流量计有玻璃管转子流量计和金属管转子流量计两种形式，如图 1-47 所示，前者是就地指示型，后者可制成流量变送器用于信号远传。

转子流量计（视频）

转子流量计（动画）

一、基本结构

如图 1-48 所示，转子流量计基本上由两部分构成：一个是由下而上逐渐扩大的锥形管，

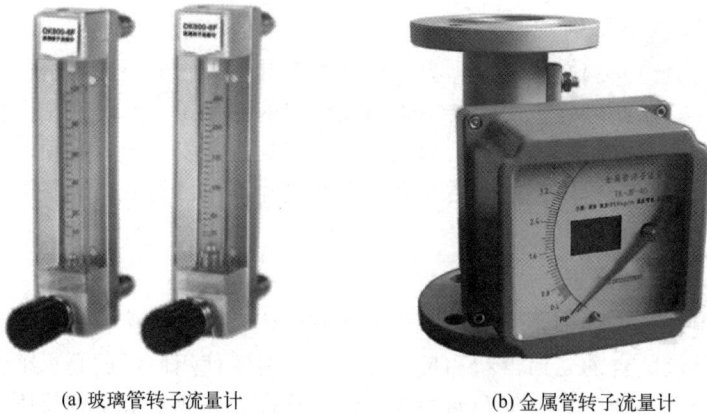

(a) 玻璃管转子流量计　　　　(b) 金属管转子流量计

图 1-47　转子流量计

该锥形管通常用玻璃制作，锥度在 $40'\sim3°$ 之间；另一个是放在锥形管内可自由运动的转子。

电远传转子流量计除锥形管和转子外，还包括连动杆、铁芯、差动变压器等部分。

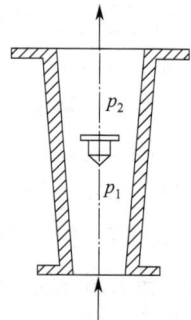

图 1-48　转子流量计
的工作原理图

二、工作原理

1. 转子流量计工作原理

前面所讲的差压式流量计是在节流面积不变的条件下，以差压的变化来反映流量的大小的。而转子流量计采用压降保持不变，改变节流面积的方法来测量流量。

转子的密度大于被测介质密度，且能随被测介质流量大小上下浮动。当流体自下而上流经锥形管时，转子受到流体的冲击作用而向上运动。随着转子的上移，转子与锥形管间的环形流通面积增大，流体流速减小，冲击作用减弱，直到转子在流体中的重力与流体作用在转子上的推力相等时，转子停留在锥形管中某一高度上，这时作用在转子上的向上和向下的两个力达到平衡。当流体的流量由小变大时，作用在转子上的向上的力就变大，由于转子在流体中所受的重力是不变的，即作用在转子上的向下的力是不变的，所以转子就上升。由于转子在锥形管中位置的升高，造成转子与锥形管间的环隙增大，即流通面积增大。随着环隙的增大，流过此环隙的流体流速变慢，因而，流体作用在转子上的向上力也就变小。当流体作用在转子上的力等于转子的重力时，转子又稳定在一个新的高度上。这样，转子在锥形管中的平衡位置的高低与被测介质的流量大小相对应。如果在锥形管上沿着其高度刻上对应的流量值，那么就可以根据转子平衡时的高度，直接读出流量的大小。这就是转子流量计测量流量的基本原理。

转子流量计中转子的平衡条件是：转子在流体中的重力等于流体因流动对转子所产生的作用力，即

$$V(\rho_t-\rho_f)g=(p_1-p_2)A \tag{1-26}$$

式中　V——转子的体积；

　　ρ_t，ρ_f——转子材料和被测流体的密度；

p_1，p_2——转子前后流体作用在转子上的作用力；

　　A——转子的最大横截面积；

　　g——重力加速度。

由于在测量过程中，V、ρ_t、ρ_f、A、g 均为常数，所以由式(1-26)可知，(p_1-p_2) 也应为常数。这就是说，在转子流量计中，流体的压降是固定不变的。所以，转子流量计是以定压降变节流面积的方法测量流量的。这正好与差压法测量流量的情况相反，差压法测量流量时，压差是变化的，而节流面积却是不变的。由式(1-26)可得

$$\Delta p = p_1 - p_2 = \frac{V(\rho_t-\rho_f)g}{A} \tag{1-27}$$

在 Δp 一定的情况下，流过转子流量计的流量和转子与锥形管间环隙面积 F_0 有关。由于锥形管由下向上逐渐扩大，所以 F_0 是与转子浮起的高度有关的。这样，根据转子浮起的高度就可以判断被测介质的流量大小，可用下式表示

$$M = \Phi h \sqrt{2\rho_f \Delta p} \tag{1-28}$$

或

$$Q = \Phi h \sqrt{\frac{2}{\rho_f} \Delta p} \tag{1-29}$$

式中　Φ——仪表常数；

　　h——转子浮起的高度。

将式(1-28)分别代入以上两式，分别得到

$$M = \Phi h \sqrt{\frac{2gV(\rho_t-\rho_f)\rho_f}{A}} \tag{1-30}$$

$$Q = \Phi h \sqrt{\frac{2gV(\rho_t-\rho_f)}{\rho_f A}} \tag{1-31}$$

2. 电远传转子流量计工作原理

上面介绍的指示式转子流量计，只能进行就地指示。而配有电远传装置的转子流量计，可以将反映流量大小的转子高度转换为电信号，传送到其他仪表进行指示、记录和控制。结构如图1-49所示。

当流体流量变化使转子转动，磁钢1和2通过带动杠杆3及连杆机构6使指针9在标尺8上就地指示流量。与此同时，差动变压器检测出转子的位移，产生差动电势通过放大和转换后输出电信号，通过显示仪表显示，也通过控制仪表对其进行调节。

转子流量计是一种非标准化仪表，为了便于批量生产，仪表生产厂家是在标准状态下用水或

图1-49　电远传式转子流量计的工作原理图
1，2—磁钢；3—杠杆；4—平衡锤；5—阻尼器；
6，7—连杆机构；8—标尺；9—指针；
10—铁芯；11—差动变压器

空气进行刻度标定的，即转子流量计的流量标尺上的刻度值，对于测量液体来讲是代表20℃时水的流量值，对于测量气体来讲则是代表20℃、0.10133MPa压力下空气的流量值。所以，在实际使用时，如果被测介质的密度和工作状态不同，必须根据实际被测介质的密

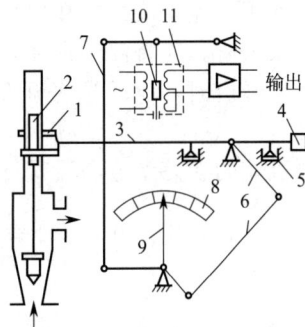

度、温度、压力等参数的具体情况，对流量指示值进行修正。

三、特点

转子流量计具有结构简单，使用维护方便，对仪表前后直管段长度要求不高，压力损失小且恒定，测量范围比较宽，工作可靠且刻度呈线性，适用性广等特点，但使用流体与工厂标定流体不同时，要做流量示值修正。流量计的测量准确度受被测介质密度、黏度、温度、压力、安装质量等因素的影响，其准确度较低（一般在 1.5～2.5 级），主要用作直观流动指示或测量准确度要求不高的现场指示用仪表。

四、适用场合

转子流量计主要适用于检测中小管径、较低雷诺数、低流速的中小流量。可用于液体、气体流量的测量。

五、安装

安装转子
流量计

转子流量计必须垂直安装，流体自下而上流过仪表。仪表对上游直管段长度无严格要求。

安装时应保持转子和锥形管的清洁，特别对小口径流量计，锥形管、转子结垢，会明显影响测量准确度。必要时，需在流量计前加装滤清器。

对于金属流量计，如果被测介质中含有铁磁性物质时，为了防止铁磁性颗粒黏附于磁钢而影响测量，应在流量计前安装磁性过滤器。为了便于维护和清洗，又不影响生产，安装时应加旁路管。

六、转子流量计的使用

流量计正常流量值最好在仪表上限刻度的 1/3～2/3 范围内。

搬动仪表时，应将浮子顶住，以免浮子将玻璃打碎。

流量计开启时，应缓慢打开流量计前、后切断阀，防止急开、急关造成水击，损坏玻璃管。

被测流体的状态参数与流量计标定时的状态不同时，必须对刻度示值进行修正。

知识点四 涡轮流量计

在流体流动的管道内，安装一个可以自由转动的叶轮，当流体通过叶轮时，流体的动能使叶轮旋转。流体的流速越高，动能就越大，叶轮转速也就越高。玩具小风车就是这个原理。在规定的流量范围和一定的流体黏度下，转速与流速成线性关系。因此，测出叶轮的转速或转数，就可确定流过管道的流体流量或总量。日常生活中使用的某些自来水表、油量计等，都是利用这种原理制成的，这种仪表称为速度式仪表。涡轮流量计正是利用相同的原理，在结构上加以改进后制成的。

一、涡轮流量计的结构

图 1-50 是涡轮流量计的实物图和结构示意图，它主要由下列几部分组成。

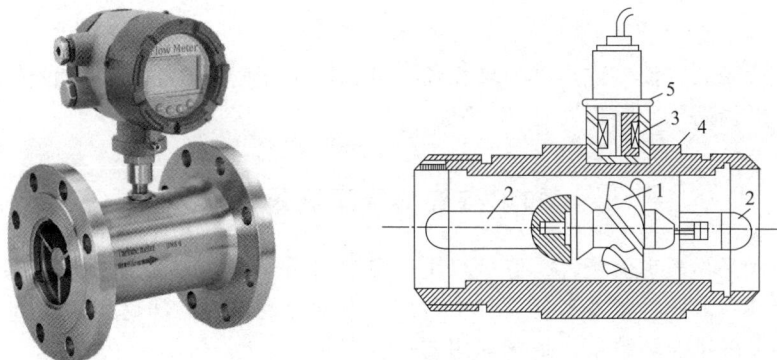

图 1-50　涡轮流量计
1—涡轮；2—导流器；3—磁电感应转换器；4—外壳；5—前置放大器

涡轮，是用高磁导率的不锈钢材料制成的，叶轮芯上装有螺旋形叶片，流体作用于叶片上使之转动。

导流器，用以稳定流体的流向和支撑叶轮。

磁电感应转换器，由线圈和磁钢组成，用以将叶轮的转速转换成相应的电信号，以供给前置放大器进行放大整形。

外壳，是由非导磁的不锈钢制成，两端与流体管道相连接，整个涡轮流量计安装在外壳上。

二、工作原理

涡轮流量计的工作过程：当流体通过涡轮叶片与管道之间的间隙时，由于叶片前后的压差产生的力推动叶片，使涡轮旋转。在涡轮旋转的同时，高磁导率的涡轮叶片周期性地扫过磁钢，使磁电感应线圈中磁路的磁阻发生周期性的变化，线圈中的磁通量也跟着发生周期性的变化，线圈中便感应出交流电信号。交流电信号的频率与涡轮的转速成正比，也即与流量成正比。这个电信号经前置放大器放大整形后，送往电子计数器或电子频率计，以累积或指示流量。

三、特点

由于涡轮流量计的测量基于磁电感应转换原理，故反应快，可测脉动流量。输出信号为电频率信号，便于远传，不受干扰。

涡轮流量计的涡轮容易磨损，被测介质中不应带机械杂质，否则会影响测量精度和损坏机件。因此，一般涡轮流量计前要加过滤器，安装时，必须保证前后有一定的直管段，以使流向比较稳定。一般入口直管段的长度取管道内径的 10 倍以上，出口取 5 倍以上。流量计的转换系数一般是在常温下用水标定的，当介质的密度和黏度发生变化时，需重新标定或进行补偿。涡轮流量计量程比一般为 10∶1，准确度可达 0.5 级以上。

四、适用场合

可测基本洁净的液体、气体的流量与总量。

五、安装

涡轮流量计安装方便，磁电感应转换器与叶片间不需密封，也无需齿轮传动机构，因而测量精度高，可耐高压，静压可达 50MPa。

<h2 style="text-align:center">知识点五　旋涡流量计</h2>

旋涡流量计又称涡街流量计。它可以用来测量各种管道中的液体、气体和蒸汽的流量，是目前工业控制、能源计量及节能管理中常用的新型流量仪表。涡街流量计属于最新的一类流量计，但其发展迅速，目前已成为通用的一类流量计。

一、基本结构及工作原理

流量测量
仪表

旋涡流量计是利用有规则的旋涡剥离现象来测量流体流量的仪表，其外观如图 1-51 所示。在流体中垂直插入一个非流线形的柱状物（圆柱或三棱柱）作为旋涡发生体，如图 1-52(a) 所示。当雷诺数达到一定的数值时，会在柱状物的下游处产生两列平行状并且有规律交替出现的旋涡，因为这些旋涡有如街道旁的路灯，故有"涡街"之称，又因此现象首先被卡曼（Karman）发现，也称作"卡曼涡街"。由于旋涡之间相互影响，旋涡列一般是不稳定的。实验证明，当两列旋涡之间的距离 h 和同列的两旋涡之间的距离 L 之比能满足 $h/L = 0.281$ 时所产生的旋涡是稳定的。

图 1-51　涡街流量计实物图

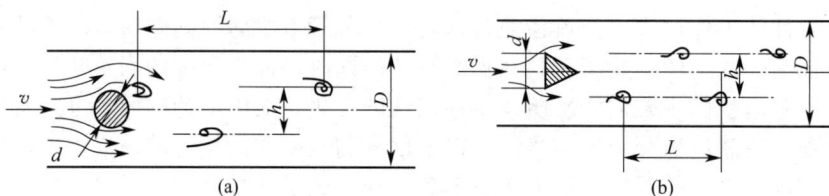

图 1-52　卡曼涡街

由圆柱旋涡发生体形成的卡曼旋涡，其单列旋涡产生的频率为

$$f = Sr \frac{v}{d} \tag{1-32}$$

式中　f——单侧旋涡产生的频率，Hz；

　　　v——流体平均流速，m/s；

　　　d——圆柱直径，m；

　　　Sr——施特鲁哈尔（Strouhal）系数（当雷诺数 $Re = 5 \times 10^2 \sim 15 \times 10^4$ 时，$Sr = 0.2$）。

由上式可知，当 S_f 近似为常数时，旋涡产生的频率 f 与流体的平均流速成正比，测得 f 即可求得体积流量 Q。

旋涡频率的检测方法有许多种，例如热学检测法、电容检测法、应力检测法、超声检测法等，这些方法无非是利用旋涡的局部压力、密度、流速等的变化作用于敏感元件，产生周期性电信号，再经放大整形，得到方波脉冲。

图 1-53 所示的是一种热敏检测法。它采用铂电阻丝作为旋涡频率的转换元件。在圆柱

形发生体上有一段空腔（检测器），被隔墙分成两部分。在隔墙中央有一小孔，小孔上装有一根被加热了的细铂丝。在产生旋涡的一侧，流速降低，静压升高，于是在有旋涡的一侧和无旋涡的一侧之间产生静压差。流体从空腔上的导压孔进入，向未产生旋涡的一侧流出，流体在空腔内流动时将铂丝上的热量带走，铂丝温度下降，导致其电阻值减小。由于旋涡交替地出现在柱状物的两侧，所以热电阻丝阻值的变化也是交替的，且阻值变化的频率与旋涡产生的频率相对应，故可通过测量铂丝阻值变化的频率来推算流量。

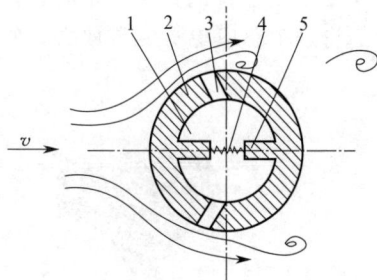

图 1-53　圆柱检出器原理图
1—空腔；2—圆柱棒；3—导压孔；
4—铂电阻丝；5—隔墙

铂丝阻值的变化频率，采用一个不平衡电桥进行转换、放大和整形，再变换成 0～10mA 或 4～20mA 直流电流信号输出，供显示、累积流量或进行自动控制。

二、特点

旋涡流量计的特点是精确度高（约为 ±0.5%～±1.0%）、测量范围宽（量程比一般为20：1）、没有运动部件、无机械磨损、维护方便、压力损失小、节能效果明显。

三、适用场合

旋涡流量计可测各种液体、气体、蒸汽的流量，不适用于低雷诺数的情况，对高黏度、低流速、小口径的使用有限制。

四、安装

流量计安装时要有足够的直管段长度，上下游的直管段长度分别不小于 20D 和 5D，而且，应尽量避免振动。

知识点六　电磁流量计

在流量测量中，当被测介质是具有导电性的液体介质时，可以应用电磁感应的方法来测量流量。电磁流量计的特点是能够测量酸、碱、盐溶液以及含有固体颗粒（例如泥浆）或纤维液体的流量，其外观如图 1-54 所示。

一、基本结构

电磁流量计通常由两部分组成：变送器和转换器。被测介质的流量经变送器变换成感应电势后，再经转换器输出，以便进行指示、记录或与电动单元组合仪表配套使用。

二、工作原理

电磁流量计变送部分的原理图如图 1-55 所示。在一段用非导磁材料制成的管道外面，安装有一对磁极 N 和 S，用以产生磁场。当导电液体流过管道时，因流体切割磁力线而产生了感应电势（根据发电机原理）。此感应电势由与磁极成垂直方向的两个电极引出。当磁感应强度不变，管道直径一定时，这个感应电势的大小仅与流体的流速有关，而与其他因素无关。将这个感应电势经过放大、转换、传送给显示仪表，就能在显示仪表上读出流量来。

图 1-54　电磁流量计实物图

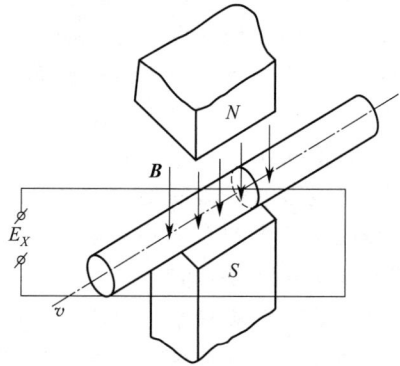

图 1-55　电磁流量计原理

感应电势的方向由右手定则判断，其大小由式(1-33) 决定

$$E_X = K'BDv \qquad (1-33)$$

式中　E_X——感应电势；

$\quad\quad K'$——比例系数；

$\quad\quad B$——磁感应强度；

$\quad\quad D$——管道直径，即垂直切割磁力线的导体长度；

$\quad\quad v$——垂直于磁力线方向的液体速度。

体积流量 Q 与流速 v 的关系为

$$Q = \frac{1}{4}\pi D^2 v \qquad (1-34)$$

将式(1-35) 代入式(1-34)，便得

$$E_X = \frac{4K'BQ}{\pi D} = KQ \qquad (1-35)$$

K 称为仪表常数，在磁感应强度 B、管道直径 D 确定不变后，K 就是一个常数，这时感应电势的大小与体积流量之间具有线性关系，因而仪表具有均匀刻度。

为了避免磁力线被测量导管的管壁短路，并使测量导管在磁场中尽可能地降低涡流损耗，测量导管应由非导磁的高阻材料制成。

三、特点

电磁流量计的测量导管内无可动部件或突出于管内的部件，因而压力损失很小。在采取防腐衬里的条件下，可以用于测量各种腐蚀性液体的流量，也可以用来测量含有颗粒、悬浮物等液体的流量。此外，其输出信号与流量之间的关系不受液体的物理性质（例如温度、压力、黏度等）变化和流动状态的影响。

四、适用场合

电磁流量计只能用来测量导电液体的流量，且电导率要求不小于水的电导率，不能测量气体、蒸汽及石油制品等的流量。电磁流量计对流量变化反应速度快，因而可用来测量脉动流量。

五、安装维护

由于液体中所感应出的电势数值很小，要引入高放大倍数的放大器，会造成测量系统很复杂、成本高，并且易受外界电磁场的干扰，在使用不恰当时会大大地影响仪表的精度。使用中要注意维护，防止电极与管道间绝缘的破坏。安装时要远离一切磁源，且不能有振动。

知识点七　超声波流量计

超声波流量计是通过检测流体流动时对超声波的作用来测量流体流量的一种速度式流量检测仪表。近十几年来，随着集成电路技术的进步，超声波流量计得到快速发展，一些在天然气计量中的疑难问题得到了解决，特别是多声道气体超声流量计已被气体界接受，气体超声流量计在国外天然气工业中的贸易计量方面已得到了广泛的采用。

超声波流量计测量流量的方法有很多种，根据测量的物理量的不同，超声波速度差法可以分为时差法，即测量顺、逆流传播时由超声波传播速度不同而引起的时间差；相差法，即测量超声波在顺、逆流中传播的相位差；频差法，即测量顺、逆流情况下超声脉冲的循环频率差等。下面主要介绍时差式超声波流量计。

一、基本结构

超声波流量计由超声波换能器、电子线路和测量显示仪表组成，图 1-56 为其实物图。

二、工作原理

超声波在流体中传播，顺流方向超声波的传播速度会增大，逆流方向超声波的传播速度则会减小。利用传播速度之差与被测流体流速之间的关系，即可确定被测流体的流量，其原理如图 1-57 所示。

图 1-56　超声波流量计实物图　　　　图 1-57　超声波流量计结构示意图

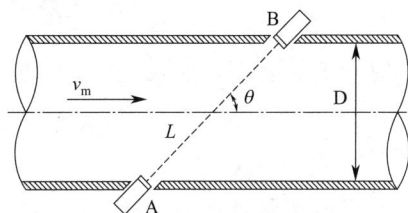

在管道的两侧斜向安装两个超声波换能器，使其轴线重合在一条斜线上，当换能器 A 发射、B 接收时，声波基本上顺流传播，速度快、时间短，声波传输时间可表示为

$$t_1 = \frac{L}{c + v\cos\theta} \qquad (1\text{-}36)$$

B 发射而 A 接收时，逆流传播，速度慢、时间长，声波传输时间可表示为

$$t_2 = \frac{L}{c - v\cos\theta} \qquad (1\text{-}37)$$

式中　L——两换能器间传播距离；

c——超声波在静止流体中的速度；

v——被测流体的平均流速。

两种方向传播的时间差 Δt 为

$$\Delta t = t_2 - t_1 = \frac{2Lv\cos\theta}{c^2 - v^2\cos^2\theta} \tag{1-38}$$

因 $v \ll c$，故 $v^2\cos^2\theta$ 可忽略，故得

$$\Delta t = \frac{2Lv\cos\theta}{c^2} \tag{1-39}$$

流体的流速为

$$v = \frac{c^2}{2Lv\cos\theta}\Delta t \tag{1-40}$$

当流体中的声速 c 为常数时，流体的流速与 Δt 成正比，测出时间差即可求出流速 v，进而得到流量。

三、特点

一般液体中的声速往往在 1500m/s 左右，而流体流速只有每秒几米，如要求流速测量的精度达到 1%，则对声速测量的精度需为 $10^{-5} \sim 10^{-6}$ 数量级，这是难以做到的。更何况声速受温度的影响不容易忽略，所以直接利用式(1-40)不易实现流量的精确测量。

四、适用场合

超声波流量计测量管内无任何阻流元件，无额外压力损失，可有效降低能耗，所以特别适用于大管径、大流量，尤其适合在天然气长距离输送、气体分配和控制方面使用。夹装式换能器管外安装，非接触测量，不影响生产。由于检测器与被测流体不接触，可用于其他类型仪表难以测量的强腐蚀性、放射性、高压、易燃易爆介质的流量测量；测量准确度偏低，一般为 1.0 级左右。时差法超声波流量计只能用于测量清洁、满管、单相流体的流量。

知识点八　椭圆齿轮流量计

椭圆齿轮流量计是容积式流量计的一种，其外观如图 1-58 所示。

一、结构

椭圆齿轮流量计的测量部分是由两个相互啮合的椭圆形齿轮 A 和 B、轴及壳体组成。椭圆齿轮与壳体之间形成测量室，如图 1-59 所示。

椭圆齿轮
流量计

图 1-58　椭圆齿轮流量计实物图

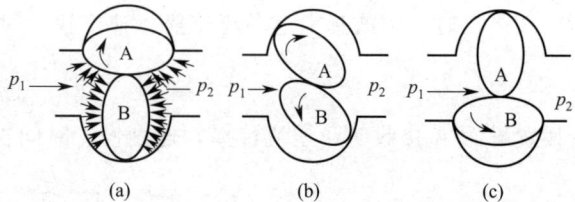

图 1-59　椭圆齿轮流量计结构原理

二、工作原理

椭圆齿轮流量计通过齿轮 A、B 的旋转，包裹了一定的液体量，并且将其从流入侧输送到流出侧。椭圆齿轮的转数乘以每转输送的体积得出总体积，并在显示仪表上显示出流量的数值。

三、特点

测量准确度较高，压力损失较小，安装使用也较方便。但椭圆齿轮流量计的结构复杂，加工制造较为困难，因而成本较高。如果因使用不当或使用时间过久，发生泄漏现象，就会引起较大的测量误差。所以，必须按照要求正确安装和使用。

四、适用场合

由于椭圆齿轮流量计是基于容积式测量原理的，与流体的黏度等性质无关，因此特别适用于中等黏度介质的流量测量，例如水、汽油或者柴油。家里常用的水表大多是椭圆齿轮流量计。

五、安装与维护

① 椭圆齿轮流量计的入口端必须加装过滤器，并定期清洗。在使用时要特别注意被测介质中不能含有固体颗粒，更不能夹杂机械物，否则会引起齿轮磨损甚至可能使齿轮卡死。

② 为便于维修、校验，流量计必须安装旁通管路，以使流量计停运时维持生产。对于要求不允许停止计量的场合，可以设置两台流量计并联安装，互为备用。

③ 被测液体温度不能超过流量计额定温度，否则零部件容易发生热胀变形，产生卡死、断流问题。

④ 在运转过程中如发现异常响声，如摩擦声、碰撞声等，应立即停运检修，以防损坏流量计。

知识点九　质量流量计

在石油化工生产过程中所用的流量检测仪表，能直接测得的多是单位时间内所流过被测介质的体积流量。由于物料平衡、热量平衡以及存储、配料、经济核算等原因，使用体积流量有时会产生明显的误差，因此常常需要以质量来衡量流量。例如柴油在不同温度时，同样体积的柴油质量不同，温度高时密度减小，质量也会减小，因此容易发生贸易纠纷。而质量流量计可直接测量质量流量，解决了这一问题。因此质量流量计广泛应用于石油化工、食品、制药、造纸、能源等多个领域。

质量流量计可直接测量质量流量，可以有效克服被测介质的状态、性质变化的影响，从根本上提高质量流量测量的精度，省去烦琐的换算和修正。

质量流量计大致可分为两大类：一类是可以直接测得和质量流量成比例信号的直接式质量流量计，利用检测元件，使输出信号直接反映质量流量；另一类是间接式质量流量计，它可以同时检测出体积流量和被测介质的密度，通过运算得到和质量流量成比例的输出信号。

一、直接式质量流量计

直接式质量流量计的形式很多，有量热式、角动量式、差压式以及科氏力式等。其中科里奥利质量流量计（简称科氏力流量计）是比较常用的直接式质量流量计，其外观如图 1-60 所示。

科里奥利力式质量流量计是一种利用流体在振动管中流动而产生与质量流量成正比的科里奥利力的原理来直接测量流量的仪表。图 1-61 是一种 U 形管式科氏力流量计的示意图。

图 1-60　科里奥利质量流量计实物图　　　　图 1-61　U 形管式科氏力流量计

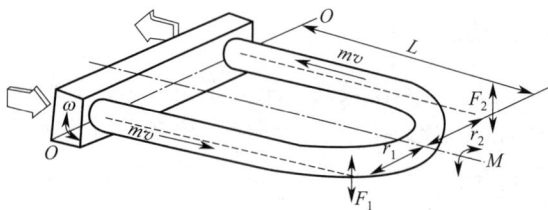

1. 科里奥利力式质量流量计的原理和结构

科氏力流量计的测量原理是基于科里奥利效应的。常见的测量管的形式有以下几种：S 形测量管、U 形测量管、双 J 形测量管、B 形测量管、单直管形测量管、双直管形测量管、Ω 形测量管和双环形测量管等。现以 U 形测量管为例介绍其工作原理。

U 形测量管分为单、双测量管两种结构。单测量管型工作原理为：电磁驱动系统以固定频率驱动 U 形测量管振动，当流体被强制接受管子的垂直运动时，在前半个振动周期内，管子向上运动，测量管中流体在驱动点前产生一个向下压的力，阻碍管子的向上运动，而在驱动点后产生向上的力，加速管子向上运动。这两个力的合成，使得测量管发生扭曲；在振动的另外半周期内，扭曲方向则相反。

测量管扭曲的程度与流体流过测量管的质量流量成正比。在驱动点两侧的测量管上安装电磁感应器，以测量其运动的相位差，这一相位差直接正比于流过的质量流量。电磁检测器把该相位差变为相应的电平信号送入变送器，经滤波、积分、放大等电量处理后，变成与质量成正比的 4～20mA 模拟信号和一定频率信号两种形式输出。

2. 科氏力质量流量计的特点

科氏力质量流量计的特点是能够直接测量质量流量，不受流体密度、黏度等物理性质的影响，测量精度高；测量值不受管道内流场影响，没有上、下游直管段长度的要求；可测各种非牛顿流体以及黏滞和含微粒的浆液。但是它的阻力损失较大，零点不稳定以及管路振动会影响测量精度。

3. 质量流量计的安装与使用

质量流量计可安装在水平或垂直管道上，安装方向取决于应用场合。一些几何形状的质量流量计（直管除外）在某种安装方向下会聚集一些固体物或气相物。如果必须垂直安装且流体自上而下流动，则必须采取措施以保证气体不能从传感器入口管道进入传感器。在安装时，过大的机械应力会影响质量流量计的零点，如果这些应力是不断变化的，则仪表将出现不可接受的零点漂移。传感器应由管线系统加以支撑。法兰应同心避免压缩、弯曲或扭曲。管道支撑物应尽可能靠近入口与出口法兰，这些支撑物应附着在共同的结构物上。

二、间接式质量流量计

间接式质量流量计是用两个检测元件分别测出两个相应参数，通过运算间接获取流体的质量流量。其测量方法主要有：ρq_v 检测元件和 ρ 检测元件的组合；q_v 检测元件和 ρ 检测元件的组合；ρq_v 检测元件和 q_v 检测元件的组合。

知识点十　流量测量仪表的使用

质量
流量计

在化工生产过程中，仪表的选型是否正确，直接影响控制系统运行的质量和寿命，所以要合理选择。流量检测仪表应根据工艺生产过程对流量测量的要求，按经济原则，合理选用。选用时，一般需考虑如下因素。

一、仪表类型的选用

仪表类型的选用应能满足工艺生产的要求。选用时，应了解被测流体的种类，确定被测介质是气体、液体、蒸汽、浆液，还是粉粒等；了解操作条件，包括工作压力和工作温度的大小；了解被测介质的流动状况，究竟是层流、紊流、脉动流、单相流，还是双相流等；了解被测介质的物理性质，包括密度、黏度、电导率、腐蚀性等。当被测介质流量较大且波动也较大时，可选用节流装置，若被测介质是导电液体，可选用电磁流量计，但其价格较高。当流量较小时，可选用转子流量计或容积式流量测量仪表，这类仪表的最小流速测量可达 $0.1 m^3/h$ 以下，选用时，还应了解流量仪表的功能究竟是指示、记录还是积算，最后，综合各方面情况进行选用。

二、仪表测量范围的选用

最大流量不超过满刻度的 95%，正常流量为满刻度的 70%～80%，最小流量不小于满刻度的 30%；对线性刻度仪表来说，最大流量不超过满刻度的 90%，正常流量为满刻度的 50%～70%，最小流量不小于满刻度的 10%。

三、仪表精度的选用

仪表的精度等级是根据工艺生产中所允许的最大绝对误差和仪表的测量范围来确定的。一般来说，仪表的精度等级越高，价格越贵，操作维护要求也越高。因此，选择时应在满足要求的前提下，尽可能选用精度较低、结构简单、价格便宜、使用寿命较长的流量仪表。此外，选用流量检测仪表时，还应考虑现场安装和使用条件，以及允许压力损失、仪表价格和安装费用等经济性指标。

知识点十一　差压流量计的维护与检修

一、概述

差压流量计装置是设在管道中能使流体产生局部收缩的节流元件和取压装置的总称，基于伯努利方程和流体连续性原理设计而成。当流体经节流元件时，流通截面减小或突然收缩，流体流速增大，使节流元件前后产生压差，从而可通过测量压差来测量流量大小，以下以节流装置为例进行说明，其他可参照执行。

流量测量用的节流装置结构简单、使用寿命长、适应性广，几乎能够测量各种工况下的单相流体和高温、高压下的流体。标准节流装置已经不需要单独标定，精确度可达 $\pm 1\%$，

刮板
流量计

罗茨
流量计

与其配套的差压计系列齐全、品种较多并有标准产品，和其他单元仪表组合可实现流量的指示、记录和计算调节等。节流装置的设计、加工和安装要求严格，上、下游需要有足够的直管段长度，其测量范围较窄（一般为 3∶1），压力损失较大，仪表刻度为非线性，有时维护工作量较大。

二、主要技术指标

（1）圆筒形开孔直径 D　等角距测量不少于 4 个单侧值，任何一个测量值与平均值之差不得超过 0.05%。

（2）孔板开孔圆筒形部分长度 e　其尺寸为 $0.005D \leqslant e \leqslant 0.02D$，其中 D 为管道内径。

（3）孔板厚度 E　其尺寸为 $e \leqslant E \leqslant 0.05D$。

（4）孔板上游侧端面上连接任意两点的直线与垂直于中心平面之间的斜率　应小于 1%。

（5）孔板开孔入口边缘和出口边缘　应无毛刺、划痕和可见损伤。

（6）法兰取压孔板的手柄　应刻有表示孔板安装方向的符号（即流体由"＋"流向"－"）、孔板出厂编号、安装位号、管道内径 D 和孔板开孔 d 的实际尺寸值。

（7）孔板制造　应按被测流体的性质和参数采用具有良好的耐腐蚀性和耐磨性的材料来制造。

三、检查校验

1. 检查

（1）外观检查　从外观上检查仪表是否有损坏，直径、节流装置是否符合设计要求，节流装置加工精度是否符合要求，"＋""－"标记是否正确。

（2）仪表内部检查　表体部件完整，接线螺栓、紧固件、铭牌等完好，节流装置安装时所用垫片的内径，应比管道内径大 2~3mm，可避免紧固时产生突出部分，影响测量精度；节流装置前后，直管段应符合安装标准，在一倍于管道直径的距离内无明显不光滑的突出部分，无电气焊的熔渣，无露出的管接头、铆钉等；节流装置安装在管道中应保持节流装置前端面与管道轴线垂直，不垂直度不超过 ±1%；节流装置安装在管道中，其中心线必须与管道同心，其允许的最大不同心度（不同轴度），不得超过公式计算值：

$$e \leqslant 0.015D(1/B-1)$$

式中　e——不同心度；

　　　D——管道内径；

　　　B——直径比（d/D）。

环室取压时，环室内径不得小于管道内径，可比管道直径稍大。

（3）仪表与工艺介质连接面检查　检查各部位螺钉有否松动，孔板、环室及法兰安装前，应清洗积垢和油污，并注意保护节流孔锐边不得碰伤。节流装置安装，应在管道吹洗干净后及试压前进行，以免管道内污物将节流装置损坏或将节流孔堵塞。

（4）绝缘检查

① 信号输入端子与地之间 $\geqslant 20M\Omega$。

② 电源端子与地之间 $\geqslant 20M\Omega$。

③ 信号输出端子与电源端子之间 $\geqslant 20M\Omega$。

④ 将耐压/绝缘测试仪的"耐压/绝缘"开关切换到"绝缘"状态，量程选择切换到

500V，然后对待测端子进行测试。

⑤ 耐压仪设置："耐压/绝缘"开关设为"耐压"量程选择 2.5kV，定时设置为"手动"，漏电流为 10mA。

⑥ 绝缘强度要求。

信号输入端子与地之间：500V/50Hz；

电源端子与地之间：1.5kV/50Hz；

信号输出端子与电源端子之间：1.5kV/50Hz。

2. 校验

(1) 调校准备　万用表、标准压力表、250Ω 电阻、标准压力信号发生器、直流稳压电源、24V DC 电源及连接件、导线。

(2) 校验前确认　确认好孔板流向。

(3) 校验步骤

① 将被校表正、负压室开放通大气，接通电源稳定 3min 后，将阻尼时间置于最小，此时变送器输出应为 4mA。

② 给变送器正压室输入量程信号，负压室通大气，变送器输出应为 20mA，若有偏差，应调整"R"量程螺钉，使之输出为 20mA。

③ 重复步骤①、②，直到符合要求为止。

④ 变送器需要进行零点迁移时应将仪表相应压力侧施加测量初始差压，调整零位螺钉使输出为 4mA，如果调零螺钉达不到要求，应切断电源，改变迁移插件位置，然后接通电源，再进行零位迁移调整。

⑤ 将变送器测量范围分为 4 等份，按 0%、25%、50%、75%、100% 逐点输入信号，变送器的输出信号值应在误差允许范围之内，若有误差，应反复调整零点、量程螺钉。

⑥ 校验完后填写校验单，校验单的填写要真实，不得涂改；数据需保留小数点后两位有效数字。

四、使用与维护

1. 使用

(1) 仪表启用前准备

① 导压管、附件、阀门确保无泄漏。仪表启用前，应做好检查和准备工作，需要灌隔离液的仪表，应灌好隔离液，将变送器的阻尼时间调到最佳位置，并注意排除气泡。

② 对于测量液面、需要迁移的差压变送器，应在灌好隔离液的前提下，将三阀组的平衡阀关闭，打开高低压阀和一次阀上的放空阀，进行迁移调整，使变送器输出符合要求。

(2) 标准化操作

① 定期排污，排污周期视物料状况而定。带调节的回路，排污时应切手动。

② 伴热状况应符合设计要求。只需冬季伴热或保温的回路，在气温变化之前，对伴热和保温应做一次全面检查。

③ 运行中发现指示不正常时，在确认仪表、导压管、阀门等无异常情况后，才能对孔板进行检查。

④ 对有隔离液或冷凝罐配套安装的流量计，进行零位校对检查时，必须严格按照先关闭高压侧阀，然后打开平衡阀，再关闭低压侧阀的顺序进行。零位校正正确后，则先打开高压侧阀，然后关闭平衡阀，最后打开低压侧阀，方可使用仪表。切不可先打开平衡阀操作，否则会使高压侧的隔离液冲向低压侧，造成两侧隔离液不平衡，给测量带来误差。取压孔位

置如图 1-62 所示。

2. 维护

(1) 仪表外观　清洁，无碰撞现象，防腐保温良好。

(2) 定期保养，保持运行环境　每 3 个月对导压管、隔离罐、冷凝罐进行一次清洗；重要的节流装置每年或每隔装置的一个运转周期都应检查、清洗一次，一般的节流装置则需 3～5 年检查 1 次。

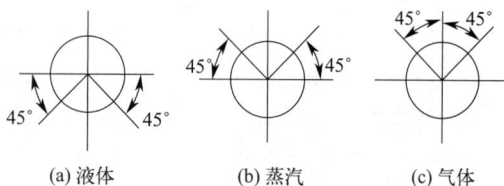

图 1-62　测量不同介质时取压口方位

(a) 液体　(b) 蒸汽　(c) 气体

(3) 泄漏情况　各连接部件应无泄漏，定期查看有无腐蚀、使用材质是否恰当，有严重冲蚀时，应检查、分析介质有无气化现象，必要时更换节流元件。

五、检修

① 清除孔板污垢，在清除时应保护上、下游测的尖锐边缘不受损伤。因此，不得用砂纸、锉刀等工具进行打磨。

② 几何形状检查。几何形状应满足原设计要求。当开孔面有毛刺、伤痕或边缘不尖锐等缺陷时，可以经研磨后使用。孔径超差时，应进行核算，必要时应对仪表的示值加以修正。

③ 节流元件不需标定，但如被测介质的工况有变化时，必须重新计算，进行修正。

④ 节流装置的取压口或环室被脏物或胶状物堵塞，可用铁丝疏通取压口，取出环室内脏物，再用煤油或合适的溶剂进行清洗。

⑤ 孔板发生弯曲变形时，仪表的指示将产生明显的误差。这时应该对变形的节流装置进行更换，并查出原因，采取相应措施，防止变形再次发生。

⑥ 检修记录：检修结束后，对被检修的仪表必须填写检修记录，记录故障情况、更换的零部件、修理技术措施、调校数据及计算结果、检修人及技术员签名，作为仪表检修资料存档。

仪表巡检-质量流量计

？练一练

一、选择题

1. 下面（　　）不是流量单位。

A. t/h　　　　B. kg/s　　　　C. L/h　　　　D. m^2/s

2. 可以用电磁流量计测量（　　）的流量。

A. 导电液体　　B. 气体　　　　C. 石油制品　　D. 蒸汽

3. 可以用孔板流量计测定流动液体的流量，那么它直接测量出的是（　　）。

A. 温度　　　　B. 压差　　　　C. 密度　　　　D. 电导率

4. 孔板在使用过程中，杂质堆积在孔板上，使孔变小，流量计示数将（　　）。

A. 偏高　　　　B. 偏低　　　　C. 正常　　　　D. 不一定

5. （　　）可以测量高黏度流体的流量。

A. 电磁流量计　B. 超声波流量计　C. 椭圆齿轮流量计　D. 旋涡流量计

二、填空题

1. 标准的节流装置有＿＿＿＿＿、＿＿＿＿＿、＿＿＿＿＿＿。

2．涡街流量计是根据_____的原理测量流量的一种流量检测仪表。

3．流体在有节流装置的管道中流动时，在节流装置前后的管壁处，流体的静压力产生差异的现象称为_____。

4．转子流量计必须_____安装。

三、判断题

（　　）1．电磁流量计不能测量气体介质的流量。

（　　）2．孔板是流量检测仪表的一部分。

（　　）3．在安装椭圆齿轮流量计时，可以不需要直管段。

（　　）4．用差压式流量计测量流量，流量与压力差成正比。

（　　）5．转子流量计读数时，要看转子横截面积最大处所对应的刻度。

四、简答题

1．什么叫节流现象？流体流经节流装置时为什么会产生静压差？

2．试述差压式流量计测量流量的原理，并说明哪些因素对差压式流量计的流量测量有影响。

3．用测量水的差压式流量计，来测量相同测量范围的油的流量，读数是否正确？为什么？

4．什么叫标准节流装置？如何选用标准节流装置？

5．当孔板的入口边缘尖锐度由于长期使用而变钝时，会使仪表的示数发生什么样的变化？为什么？

6．试述电远传转子流量计的基本组成及工作原理，并说明它是依靠什么来平衡的。

7．当被测介质的密度、压力或温度发生变化时，转子流量计的指示值应如何修正？

8．质量流量计有哪几种？

9．试述旋涡流量计的工作原理及特点。

10．试述电磁流量计的工作原理及特点。

11．试述涡轮流量计的工作原理及特点。

12．试述椭圆齿轮流量计的工作原理及特点。

五、计算题

有一台流量指示控制仪表，其输出大小为 $0\sim20\text{mA}$ 的直流电流信号，测量范围是 $0\sim15.0\text{m}^3/\text{h}$，请计算当流量是 $10.0\text{m}^3/\text{h}$ 时，其输出的电流信号 I（单位：mA）。

单元五　测量并记录物位数值

学习目标

知识目标：1．掌握物位测量仪表的种类、结构及工作原理；

2．熟悉物位测量仪表的常见故障及处理方法；

3．掌握变送器零点调整和零点迁移的方法；

4．掌握物位测量仪表的选用原则及安装规范。

能力目标：1．能够找出实训装置上的液位测量仪表；

2．能够识别并处理物位测量仪表的常见故障；

3．能够进行液位变送器的零点调整。

素养目标：1. 提高分析问题、解决问题的能力；

2. 培养认真工作、恪尽职守的职业精神。

学习导入

请说出生产过程中为什么要测量液位。

知识链接

知识点一　物位测量基础知识的认知

在许多生产过程中，都需要对物位进行检测和控制，以保证生产正常连续运行，确保产品质量。如锅炉内的水位，油罐、水塔和各种储液罐的液位，粮仓、煤粉仓、水泥库和化学原料库中的料位以及高温条件下连续生产中的铝水、钢水或铁水的液位等。

一、概念

在容器中液体介质的高低称为液位；容器中固体或颗粒状物质的堆积高度称为料位；测量液位的仪表称为液位计；测量料位的仪表称为料位计；测量两种密度不同液体介质的分界面的仪表称为界面计。上述三种仪表统称为物位仪表。

二、物位测量的目的

通过物位的测量，可以正确获知容器设备中所储存物质的体积或质量；监视或控制容器内的介质物位，使它保持在一定的工艺要求的高度，或对它的上、下限位置进行报警，以及根据物位来连续监视或调节容器中流入与流出物料的平衡。所以，一般测量物位有两种目的，一种是对物位测量的绝对值要求非常准确，借以确定容器或储存库中的原料、辅料、半成品或成品的数量；另一种是对物位测量的相对值要求非常准确，要能迅速正确反映某一特定水准面上的物料相对变化，用以连续控制生产工艺过程，即利用物位仪表进行监视和控制。

三、物位测量方法

在化工生产过程中对物位仪表的要求多种多样，主要有精度、量程、经济性和安全可靠性等方面。其中最重要的是安全可靠性。测量物位仪表的种类很多，随着生产的发展，科技的进步，还会出现新的检测方法和测量仪表，现将物位测量仪表，按照工作原理的不同，分为下列几种类型。

1. 直读式物位仪表

这类仪表中主要有玻璃管液位计、玻璃板液位计等，是根据流体的连通性原理来测量液位的。该方法最为简单，也最为常见，测量准确，但只能就地显示，只能用于液位的检测，不能用来测量料位。

2. 差压式液位仪表

可分为压力式和差压式液位仪表。它基于流体静力学原理，利用容器内液柱高度与由液柱高度所产生的静压成比例的关系，通过测量压力值来测量液位。

3. 浮力式物位仪表

利用浮子高度随液位变化而改变或液体对浸沉于液体中的浮筒（又称沉筒）的浮力随液位高度而变化的原理工作。它又可分为浮子带钢丝绳或钢带的、浮球带杠杆的和沉筒式的几种。

4. 电磁式物位仪表

它是将物位的变化转换为电量的变化，通过测出这些电量的变化来测量物位。它可以分为电阻式（即电极式）、电容式和电感式物位仪表等。还有利用压磁效应工作的物位仪表。

5. 核辐射式物位仪表

它是利用核辐射透过物料时，其强度随物质层的厚度而变化的原理而工作的，目前应用较多的是 γ 射线物位计。

6. 声波式物位仪表

由于物位的变化引起声阻抗的变化、声波的遮断和声波反射距离的不同，测出这些变化就可测知物位。所以声波式物位仪表可以根据它的工作原理分为声波遮断式、反射式和阻尼式。

7. 光学式物位仪表

利用物位对光波的遮断和反射原理工作，它利用的光源有普通白炽灯光或激光等。

知识点二　磁翻转式液位计

一、结构和测量原理

磁翻转式液位计是利用连通器原理测量液位的，而液位是通过磁浮子的磁耦合传递出去的，所以又可以称其为恒浮力液位计，图 1-63 为其实物图。可替代玻璃板或玻璃管液位计，用来测量有压容器或敞口容器内的液位，不仅可以就地指示，还可以附加液位报警及信号远传功能，实现远距离的液位报警和监控。

磁翻转式液位计的结构原理如图 1-64 所示，由连通器、磁性浮子、磁翻柱面板组成。连通器由不导磁的不锈钢管制成，液位计面板捆绑在连通器外，面板支架内均匀安装多个磁翻柱。磁翻柱一面涂成红色，另一面涂成白色，内装可以转动的水平轴。每个磁翻柱内都镶嵌有小磁铁，磁翻柱间小磁铁彼此吸引，使磁翻柱稳定不乱翻，保持红色朝外或白色朝外。

当被测容器中的液位升降时，连通器中的磁性浮子也随之升降，浮子内永久磁钢的磁场通过磁耦合传递到磁翻柱指示器，驱动红、白翻柱翻转 180°。当液位上升时，翻柱由白色转变为红色；当液位下降时，翻柱由红色转变为白色。指示器的红白交界处为容器内部液位的实际高度，从而实现液位的指示。

磁翻转式液位计的安装形式有侧装式和顶装式，见图 1-65。根据被测介质的特性不同，液位计分为基本型、防腐型和保温夹套型。

磁翻转液位计可配置液位开关输出，实现远距离报警及限位控制。液位开关内置干簧管，通过浮子的磁场驱动干簧管闭合，实现上下限位置报警。

图 1-63　磁翻转式液位计实物图

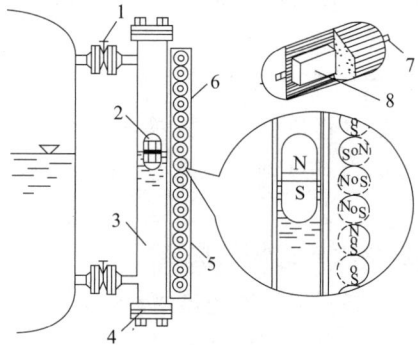

图 1-64　磁翻转式液位计

1—连通阀；2—磁性浮子；3—连通器；4—盲板；
5—液位计面板；6—磁翻柱；7—磁翻柱轴；8—翻柱磁铁

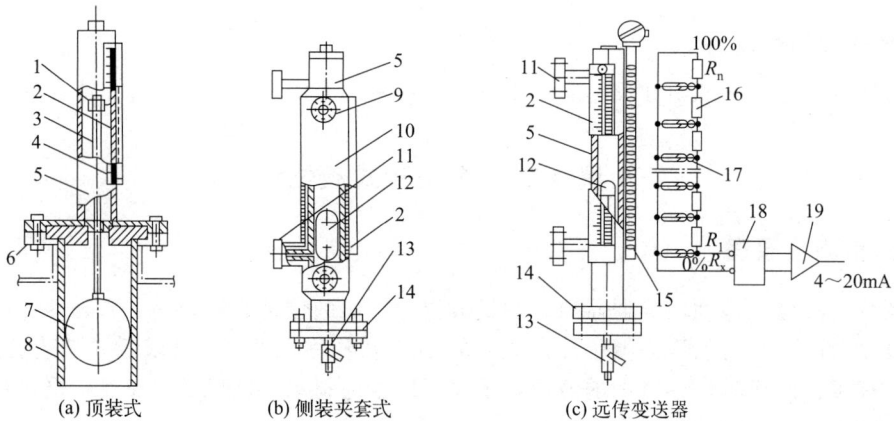

(a) 顶装式　　(b) 侧装夹套式　　(c) 远传变送器

图 1-65　磁翻转液位计类型

1—磁钢；2—液位计面板；3—连杆；4—磁翻柱；5—连通器；6—被测容器开孔法兰；
7—普通浮球；8—导管；9—保温介质连通管；10—保温夹套；11—被测液体连通管；
12—磁性浮子；13—排污阀；14—连通器法兰；15—液位变送器；16—精密电阻；
17—干簧管；18—测量电桥；19—V/I转换器

　　磁翻转液位计还可配置变送器，见图 1-65（c），变送器测量管中密封多个并联干簧管及串联电阻。当磁浮子吸引液位高度上的干簧管闭合时（其他干簧管均不闭合），使测量电路总电阻等于其下各段电阻之和，随液位变化，通过转换电路转变为 $4\sim20mA$ 的标准电流信号输出，实现液位的远距离指示，达到自动检测与控制的目的。

二、安装与维护

　　液位计必须垂直安装，为避免浮子卡死，安装时液位计筒体内不允许有铁屑等异物进入；液位计与容器之间应安装截止阀，以便检修清洗；液位计周围不允许有强磁场，以免影响正常工作；使用过程中，由液位突变等其他原因造成个别翻柱不翻转，可用磁钢进行矫正，使零位以上翻成白色；液位计使用时，应先打开上阀门，然后缓慢打开下阀门，防止磁浮子急速上升，造成翻柱翻乱；使用过程中应定期进行清洗，清除筒体内的污垢杂质。

知识点三　差压式液位计

一、工作原理

差压式液位计是利用容器内液位改变时，由液柱产生的静压也相应变化的原理来工作的，图 1-66 为其实物图和工作原理图。

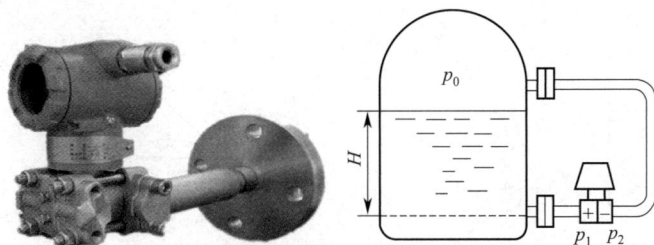

图 1-66　差压式液位计实物和工作原理图

将差压变送器的一端接液相，另一端接气相。设容器上部空间为干燥气体，其压力为 p_0，则

$$p_1 = p_0 + H\rho g$$
$$p_2 = p_0$$
$$\Delta p = p_1 - p_2 = H\rho g \tag{1-41}$$

式中　H——液位高度；

ρ——介质密度；

g——重力加速度；

p_1、p_2——差压变送器正、负压室的压力。

通常，被测介质的密度是已知的，重力加速度为常数。差压变送器测得的压力差与液位高度成正比。这样就把测量液位高度转换为测量压力差的问题了。

当被测容器是敞口的，气相压力为大气压时，只需将差压变送器的负压室通大气即可。若不需要远传信号，也可以在容器底部安装压力表，如图 1-67 所示，根据压力 p 与液位 H 成正比的关系，可直接在压力表上按液位高度进行刻度。

二、零点迁移问题

使用差压变送器测量液位时，由于差压变送器安装位置不同，一般来说，会存在零点迁移问题。所谓零点迁移，就是为克服在安装过程中，由于变送器取压口与容器取压口不在同一水平线或采用隔离措施后产生的零点偏移，而采取的一种技术措施。下面分别介绍无迁移、正迁移、负迁移三种迁移情况。

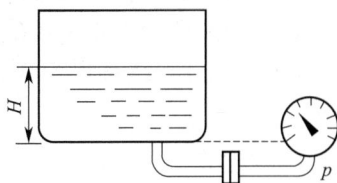

图 1-67　压力表式液位计

1. 无迁移

使用差压变送器或差压计测量液位时，差压变送器的取压口正好与容器的最低液面处于同一水平位置，如图 1-68 所示。作用在差压变送器正、负压室的差压与液位高度的关系为

$$\Delta p = H\rho g \qquad (1\text{-}42)$$

这就属于一般的"无迁移"情况。当液位由 $H=0$ 变化到最高液位 $H=H_{max}$ 时，差压 Δp 由零变化到最大值 Δp_{max}，以 DDZ-Ⅲ 型差压变送器为例，对应的变送器输出值为 $4\sim 20mA$。假设对应液位变化所要求的变送器量程 Δp 为 5000Pa，则变送器的特性曲线如图 1-69 所示。

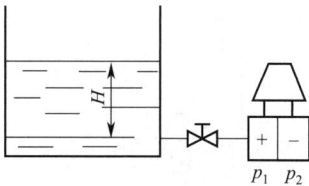

图 1-68　无迁移示意图

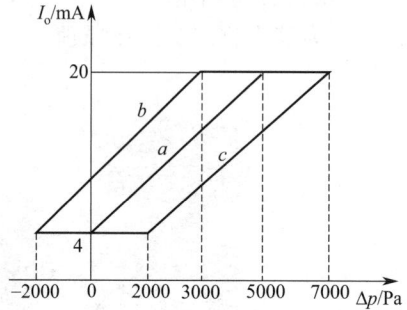

图 1-69　正负迁移示意图

2. 正迁移

在实际应用中，由于工作条件的不同，变送器的安装位置与容器的最低液位不在同一水平位置上，如图 1-70 所示，此时，正、负压室的压力分别为

$$p_1 = p_0 + H\rho g + h\rho g$$
$$p_2 = p_0$$
$$\Delta p = p_1 - p_2 = H\rho g + h\rho g \qquad (1\text{-}43)$$

由此可知，当液位高度 $H=0$ 时，压力差 $\Delta p = h\rho g > 0$，即当容器内液位为 0 时，差压变送器的正、负压室压力不同，压力差为一个大于 0 的正值，变送器的输出不是输出的最小值 4mA，而是比 4mA 大的某一数值；当 $H=H_{max}$ 时，差压变送器的输出不是输出的最大值 20mA，而是比 20mA 大的某一数值。这是由引压管中高度为 h 的液柱产生了压力造成的。这种现象称为"正迁移"。

这时可以通过调整变送器的迁移弹簧，使变送器在 $H=0$、$\Delta p = h\rho g$ 时，其输出为 4mA，变送器的量程仍然为 $H_{max}\rho g$；当 $H=H_{max}$，$\Delta p_{max} = H_{max}\rho g + h\rho g$ 时，变送器输出为 20mA，从而实现了变送器输出与液位之间的正常对应。

如图 1-69 所示，曲线 c 在压差从 2000Pa 变化到 7000Pa 时，变送器输出 I_0 从 4mA 变化到 20mA，在保持量程 5000Pa 不变的情况下，向正方向迁移了 2000Pa，这种情况为正迁移。

3. 负迁移

在化工生产过程中，为防止容器内液体和气体进入变送器而造成管线堵塞或腐蚀，或者气相部分发生冷凝，导致导压管内凝液高度随时间而变化，可以在变送器正、负压室与取压点之间分别安装隔离罐或冷凝罐。这样，负压室导压管也有一个附加的静压作用于差压变送器，使得当 $H=0$ 时，差压不等于零。如图 1-71 所示，若被测介质密度为 ρ_1，隔离液密度为 ρ_2（通常情况下 $\rho_2 > \rho_1$），这时正、负压室的压力分别为

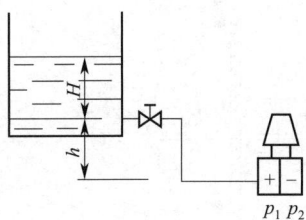

图 1-70 正迁移示意图   图 1-71 负迁移示意图

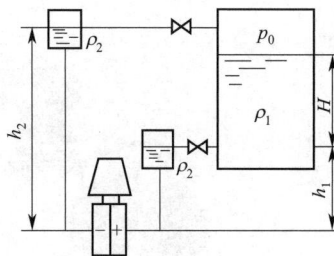

$$p_1 = p_0 + H\rho_1 g + h_1\rho_2 g$$
$$p_2 = p_0 + h_2\rho_2 g$$

正、负压室间的压差为

$$\Delta p = p_1 - p_2 = H\rho_1 g - (h_2 - h_1)\rho_2 g \tag{1-44}$$

由此可知，当液位高度 $H=0$ 时，压力差 $\Delta p = -(h_2 - h_1)\rho_2 g < 0$，即当容器内液位为 0 时，差压变送器的正、负压室压力不同，压力差为一个小于 0 的负值，变送器的输出不是输出的最小值 4mA，而是比 4mA 小的某一数值；当 $H = H_{\max}$ 时，差压变送器的输出不是输出的最大值 20mA，而是比 20mA 小的某一数值。这种现象称为"负迁移"。可以通过迁移弹簧，抵消 $-(h_2 - h_1)\rho_2 g$ 的影响。

如图 1-69 所示，曲线 b 在压差从 -2000Pa 变化到 3000Pa 时，变送器输出 I_0 从 4mA 变化到 20mA，在保持量程 5000Pa 不变的情况下，向负方向迁移了 2000Pa，这种情况为负迁移。

由此可知，正、负迁移的实质是通过迁移弹簧改变差压变送器的零点，使得被测液位为零时，变送器的输出值为起始值（4mA）。迁移同时改变了变送器测量范围的上、下限，相当于测量范围的平移，而不改变量程的大小。

需要注意的是，并非所有差压变送器都带有迁移作用。在选用差压式液位计时，应注意差压变送器的规格中是否注明带有正、负迁移装置，以及迁移量的大小，一般型号后面加"A"的为正迁移；加"B"的为负迁移。

三、用法兰式差压变送器测量液位

在实际的应用中，为了解决测量具有腐蚀性或含有结晶颗粒以及黏度大、易凝固等液体液位时引压管线被腐蚀、被堵塞的问题，可以使用在导压管入口处加隔离膜盒的法兰式差压变送器，如图 1-72(b) 所示。作为敏感元件的测量头 1（金属膜盒），经毛细管 2 与变送器 3 的测量室相通。在膜盒、毛细管和测量室所组成的封闭系统内充有硅油，作为传压介质，使被测介质不进入毛细管与变送器，以免堵塞。

法兰式差压变送器按其结构形式又分为单法兰式及双法兰式两种。容器与变送器间只需一个法兰将管路接通的称为单法兰差压变送器，而对于上端和大气隔绝的闭口容器，因上部空间与大气压力多半不等，必须采用两个法兰分别将液相和气相压力导至差压变送器，如图 1-72(a) 所示，这就是双法兰差压变送器的实物图。

知识点四 吹气式液位计

吹气式液位计又可称为鼓泡式液位计，由吹气装置组成的液位测量系统没有可动部件，

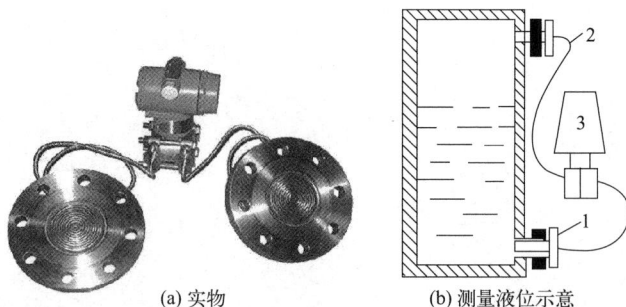

(a) 实物　　　　　　　　(b) 测量液位示意

图 1-72　法兰式差压变送器测量液位示意图
1—法兰式测量头；2—毛细管；3—变送器

除吹气管外，其他测量元件不与被测介质接触，因此，可以认为是非接触式液位测量仪表。

一、基本结构

吹气式液位计主要由吹气装置、差压（压力）变送器和吹气管路三部分组成。吹气装置有单路吹气装置和双路吹气装置，其中单路吹气装置适用于常压或敞口容器液位的测量，双路吹气装置适用于常压容器液位的测量。

二、测量原理

在测量密闭容器内的液位时，其吹气管路有一根短管和一根长管，它们伸入到容器中。两个管路（$DN\ 25$）都流经吹扫气体（氮气），并且分别连接到差压变送器的正压室和负压室。其中与短管相连的负压室的压力为 p_0。在长管中，吹扫气体必须克服上部气体部分压力 p_0 和由液体高度所产生的静压 Δp，才能从管的开口端吹扫到液体中。这里存在总压力 p，它大于 p_0 的数值为 Δp，则有压力差为

$$\Delta p = H\rho g \tag{1-45}$$

式中　Δp——差压变送器测得的差压；

　　　H——密闭容器内的液位高度；

　　　ρ——密闭容器内的液体的密度；

　　　g——重力加速度。

通常，被测介质的密度是已知的，因此，差压变送器测得的差压与液位的高度成正比。这样就把测量液位高度的问题转换为测量差压的问题了。差压变送器通过传感器将差压信号转换为标准电流信号，可用于显示和过程控制。

当用吹气式液位计来测量敞口容器的液位时，其中与短管相连的负压室的压力就为大气压力，则差压式变送器的负压室通大气就可以了，这时也可以用压力计来直接测量与长管相连的正压室的压力。

三、特点

吹气式液位计除了能测量洁净液体的液位外，特别适于测量有腐蚀性的酸碱盐液体、黏度较大的液体、易结晶液体、高温液体、含有固体颗粒液体的液位以及一些流化床的料位。

知识点五 电容式物位传感器

电容式物位计由电容液位传感器和测量电路组成。被测介质的物位通过电容传感器转换成相应的电容量，利用测量电路测得电容的变化量，即可间接求出被测介质物位的变化。电容式物位计适用于导电或非导电液位及粉末物料的料位测量，也可以测量界面。

一、测量原理

在电容器的极板之间，充以不同介质时，电容量的大小也有所不同。因此，可通过测量电容量的变化来检测液位、料位和两种不同液体的分界面。

图 1-73 是由两个同轴圆柱极板 1、2 组成的电容器，在两圆筒间充以介电系数为 ε 的介质时，则两圆筒间的电容量表达式为

$$C = \frac{2\pi\varepsilon L}{\ln\dfrac{D}{d}} \tag{1-46}$$

式中 ε——中间介质的介电常数；

    L——两极板相互遮盖部分的长度；

  D、d——圆筒形外电极的内径和内电极的外径。

所以，当 D 和 d 一定时，电容量 C 的大小与极板的长度 L 和介质的介电常数 ε 的乘积成比例。这样，将电容传感器（探头）插入被测物料中，电极浸入物料中的深度随物位高低变化，必然引起其电容量的变化，从而可检测出物位。

二、非导电介质液位检测

图 1-74 为电容式液位计的实物图。对非导电介质液位测量的电容式液位传感器原理如图 1-75 所示。它由内电极 1 和一个与它相绝缘的同轴金属套筒做的外电极 2 所组成，外电极 2 上开很多小孔 4，使介质能流进电极之间，内外电极用绝缘套 3 绝缘。当液位为零时，仪表调整零点（或在某一起始液位调零也可以），其零点的电容为

$$C_0 = \frac{2\pi\varepsilon_0 L}{\ln\dfrac{D}{d}} \tag{1-47}$$

式中 ε_0——空气介电系数；

  D、d——外电极的内径及内电极的外径。

当液位上升为 H 时，电容量变为

$$C = \frac{2\pi\varepsilon H}{\ln\dfrac{D}{d}} + \frac{2\pi\varepsilon_0(L-H)}{\ln\dfrac{D}{d}} \tag{1-48}$$

电容量的变化为

$$C_X = C - C_0 = \frac{2\pi(\varepsilon-\varepsilon_0)H}{\ln\dfrac{D}{d}} = K_i H \tag{1-49}$$

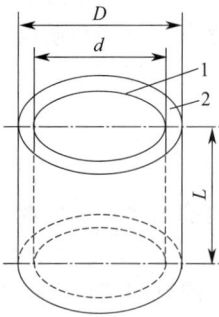

图 1-73　电容器的组成
1—内电极；2—外电极

图 1-74　电容式液位计

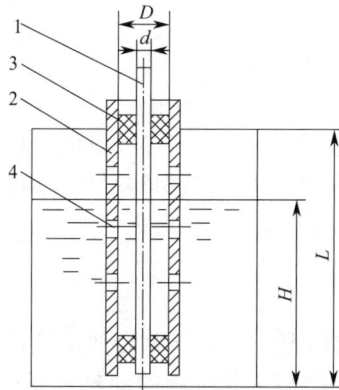

图 1-75　非导电介质的液位测量
1—内电极；2—外电极；3—绝缘套；4—流通小孔

　　因此，电容量的变化与液位高度 H 成正比。式中的 K_i 为比例系数。K_i 中包含 $(\varepsilon-\varepsilon_0)$，也就是说，这个方法是利用被测介质的介电系数 ε 与空气介电系数 ε_0 不等的原理工作的。$(\varepsilon-\varepsilon_0)$ 值越大，仪表越灵敏。D/d 实际上与电容器两极间的距离有关，D 与 d 越接近，即两极间距离越小，仪表灵敏度越高。

　　上述电容式液位计在结构上稍加改变以后，也可以用来测量导电介质的液位。

三、料位的检测

　　用电容法可以测量固体块状颗粒体及粉料的料位。由于固体间磨损较大，容易"滞留"，所以一般不用双电极式电极。可用电极棒及容器壁组成电容器的两极来测量非导电固体料位。

　　图 1-76 所示为用金属电极棒插入容器来测量料位的示意图。它的电容量变化与料位升降的关系为

$$C_X = \frac{2\pi(\varepsilon-\varepsilon_0)H}{\ln\dfrac{D}{d}} \tag{1-50}$$

式中　　D、d——容器的内径和电极的外径；

　　　　ε、ε_0——物料和空气的介电系数。

四、电容式物位计的特点

电容式物位计的传感部分结构简单、使用方便。但由于电容变化量不大，要精确测量，需借助于较复杂的电子线路才能实现。此外，还应注意介质浓度、温度变化时，其介电系数也要发生变化这一情况，以便及时调整仪表，达到预想的测量目的。

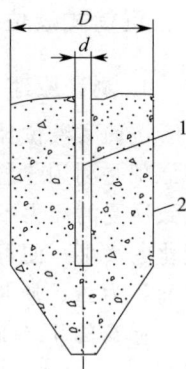

图 1-76　料位检测
1—金属电极棒；
2—容器壁

知识点六　浮力式液位计

浮力式液位计有恒浮力式液位计和变浮力式液位计。恒浮力式液位计的基本原理是通过测量漂浮于被测液面上的浮子（也称浮标）随液面变化产生的位移来测量液位的。变浮力式液位计是利用沉浸在被测液体中的浮筒（也称沉筒）所受的浮力与液面位置的关系来检测液位的。

一、浮子式液位计

1. 测量原理

浮子式液位计是一种恒浮力式液位计。作为检测元件的浮子漂浮在液面上，浮子随着液面高低的变化而上下移动，所受到的浮力大小保持一定，检测浮子所在的位置可知液面的高低。浮子的形状常见的有圆盘形、圆柱形和球形等。如图 1-77 所示，浮子通过滑轮和绳带与平衡重锤连接，浮子所受重力和浮力的合力与平衡重锤相平衡，从而保证浮子处于平衡状态而漂在液面上，如果用 F 表示浮力，W 表示浮子受到的重力，G 表示平衡重锤的重量，则上述平衡关系的数学式可表示为

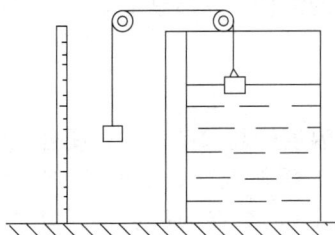

图 1-77　恒浮力法液位
测量示意图

$$W - F = G \tag{1-51}$$

当液位上升时，浮子所受的浮力 F 增加，则 $F - W < G$，使得原有平衡关系被破坏，浮子向上移动。但是浮子向上移动的同时，浮力 F 又下降，$W - F$ 又增加，直至 $W - F$ 又重新等于 G，浮子停留在新的液位上，反之亦然。因此实现了浮子对液位的跟踪。由于式中 W 和 G 可以是常数，因此浮子停留在任何高度的液面上时，F 值都不改变，故称为恒浮力法。这种方法的实质是通过浮子把液位的变化转换成机械位移（线位移或者角位移）的变化。

前面所讲只是一种转换方式，在实际应用中，还可以通过各种各样的结构形式来实现液位与位移的转换，也可以通过机械传动机构带动指针对液位进行就地显示。还可以通过电或气的转换器把机械位移转换为电或者气信号进行远传显示。

2. 特点

浮子式液位计优点是简单、直观，缺点是滑轮与轴承间存在着机械摩擦，以及绳索（钢丝、钢带）长度热胀冷缩的变化等因素，影响了测量准确度。

浮子式
液位计

二、沉筒式液位计

1. 测量原理

沉筒式液位计是典型的变浮力液位计。沉筒式液位计的基本原理是利用悬挂在容器中的沉筒，由于被浸没的高度不同，以致所受的浮力不同来测量液位高度。只要测出浮筒所受浮力变化的大小，便可以知道液位的高低。如图 1-78 所示，将一横截面积为 A、质量为 m 的空心金属圆筒（浮筒）悬挂在弹簧上，弹簧的下端固定，当浮筒的重力与弹簧力达到平衡时，则有

$$mg = Cx_0 \qquad (1\text{-}52)$$

式中　C——弹簧的刚度；

　　　x_0——弹簧由于浮筒重力产生的位移。

当液位高度为 H 时，浮筒受到液体的浮力作用而向上移动，设浮筒实际浸没在液体中的长度为 h，浮筒移动的距离即弹簧的位移变化量为 Δx，即 $H = h + \Delta x$。当浮筒受到的浮力与弹簧力和浮筒的重力相平衡时，有

$$mg - Ah\rho g = C(x_0 - \Delta x) \qquad (1\text{-}53)$$

式中　ρ——浸没浮筒的液体密度。

将式（1-52）代入上式并整理得

$$Ah\rho g = C\Delta x \qquad (1\text{-}54)$$

一般情况下，$h \gg \Delta x$，$H = h$，所以，被测液位可表示为

$$H = \frac{C}{A\rho g}\Delta x \qquad (1\text{-}55)$$

由上式可知，当液位变化时，浮筒产生的位移变化量 Δx 与液位高度 H 成正比关系。变浮力式液位计实际上是将液位转换成浮筒的位移。如在浮筒的连杆上安装铁芯，可随浮筒一起上下移动，通过差动变压器使输出电压与位移成正比关系。

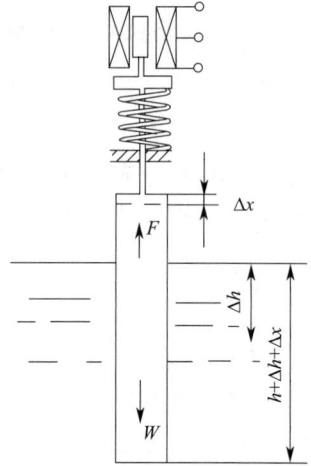

图 1-78　沉筒液位计原理图

2. 特点

沉筒式液位计适应性好，对黏度较高的介质、高压介质及温度较高的敞口或密闭容器的液位都能测量。液位信号可远传，用于显示、报警和自动控制。沉筒式变送器的种类很多，但检测元件均为沉筒。沉筒式变送器能测量最高压力达 31.4MPa 的容器的液位。沉筒的长度就是仪表的量程，一般为 300～2000mm。

知识点七　核辐射物位计

一、测量原理

核辐射物位计是利用放射性同位素的辐射线射入一定厚度的介质时，部分粒子因克服阻力与碰撞动能消耗被吸收，另一部分粒子则透过介质。射线的透射强度随着通过介质层厚度的增加而减弱。入射强度为 I_0 的放射源，随介质厚度增加其强度呈指数规律衰减，其关系为

$$I = I_0 e^{-\mu H} \qquad (1\text{-}56)$$

式中 μ——介质对放射线的吸收系数；

H——介质层的厚度；

I——穿过介质层的射线强度；

I_0——入射射线强度。

图 1-79 是核辐射物位计的测量原理示意图。在辐射源发射出的射线强度 I_0 和介质的吸收系数 μ 已知的情况下，只要通过射线接收器检测出透过介质以后的射线强度 I，就可以检测出物位的高低了。

不同介质吸收射线的能力是不一样的。一般说来，固体吸收能力最强，液体次之，气体则最弱。当放射源已经选定，被测的介质不变时，则 I_0 与 μ 都是常数，根据式（1-56），只要测定通过介质后的射线强度 I，就知道了介质的厚度 H。介质层的厚度，在这里指的是液位或料位的高度。这就是放射线检测物位法。

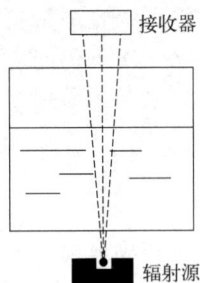

图 1-79 核辐射物位计示意图

二、特点

核辐射射线能够透过钢板等各种物质，因而核辐射物位计在测量过程中可以完全不接触被测物质，适用于高温、高压容器、强腐蚀、剧毒、有爆炸性、黏滞性、易结晶或沸腾状态的介质的物位测量，还可以测量高温融熔金属的液位。由于核辐射射线的特性不受温度、湿度、压力、电磁场等影响，所以可在高温、烟雾、尘埃、强光及强电磁场等环境下工作。但由于放射线对人体有害，在使用过程中，要采取安全防护措施。

知识点八　雷达式液位计

一、测量原理

雷达式液位计的基本原理如图 1-80 所示。雷达波由天线发出，抵达液面后被反射，被同一天线所接收。雷达波由天线发出到接收由液面来的反射波的时间 t 由式(1-57) 确定

$$t=\frac{2h}{c} \tag{1-57}$$

图 1-80 雷达式液位计示意图

式中 t——雷达波由发射到接收的时间差；

h——天线到被测介质液面间的距离；

c——电磁波传播速度，300000km/s。

由于 $$H=L-h$$

因此

$$H=L-\frac{c}{2}t \tag{1-58}$$

式中 H——液面高度；

L——天线距罐底高度。

由式(1-80) 可以看出，只要测得时间 t，就可以计算出液位的高度 H。

由于电磁波的传播速度很快，故要精确地测量雷达波的往返时间是比较困难的，目前雷达探测器对时间的测量有微波脉冲法及连续波调频法两种方式，采用调频连续波技术的液位计，功耗大，需采用四线制，电子电路复杂。而采用雷达脉冲波技术的液位计，功耗低，可

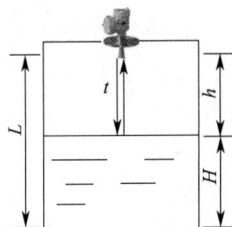

用二线制的 24 V DC 供电，使用安全，精确度高，适用范围更广。

二、特点

雷达式液位计是一种非接触式液位测量仪表。它没有可动部件，不接触介质，没有测量盲区，而且测量精度几乎不受被测介质的温度、压力、相对介电常数的影响，在易燃易爆等恶劣工况下仍能应用。因此，可以用来连续测量腐蚀性液体、高黏度液体、有毒液体、易结晶以及易燃易爆介质的液位，特别适用于大型储罐液位的测量。

知识点九　物位测量仪表的选用

正确地选用和安装物位测量仪表是保证物位测量仪表在生产过程中发挥应有作用的重要环节。

物位测量仪表种类繁多、性能各异，又各有所长、各有所短。因此，应全面综合被测对象的特点、工艺测量要求和性价比进行合理选用。对大多数工艺对象的液位和界面测量，选用差压式仪表、沉筒式仪表或浮子式仪表便可满足要求。如不满足时，可选用雷达式、电容式、电阻式、核辐射式等物位检测仪表。

物位仪表选型主要是从实用和经济两方面考虑。根据被测介质的物理性能（温度、压力、黏度、颗粒、粉尘）、化学性能（易燃、易爆、易腐蚀）和具体的工作条件（敞口、密闭、振动）及应用要求、测量参数（计量、控制、检测，液位、料位、界位）等选择。可参阅《HG/T 20507—2000 自动化仪表选型设计规定》。

一、仪表类型的选用

根据被测对象的特点，例如是检测液位、还是检测料位或界位，是检测密闭容器中的物位还是敞口容器中的物位；是否需要克服液体的泡沫所造成的假液位的影响；以及接触介质的压力、温度、黏度、腐蚀性、稳定性如何；是否含有固体颗粒、脏污、结焦及黏附等；考虑工艺测量的要求，例如是现场指示，还是远传显示；是连续检测，还是定点检测；结合仪表的安装场所，包括仪表的安装高度及仪表使用环境的防爆等级、干扰程度等选用仪表类型。

二、按应用要求选择

测量液位的仪表有：玻璃管（板）式、浮力式（浮子、浮筒、浮球）、静压式（压力、差压）、电磁式（电容、电阻、电感、磁致伸缩、磁性）、超声波式、核辐射式、激光式、矩阵涡流式等。

测量料位的仪表有：重锤探测式、音叉式、超声波式、激光式、核辐射式等。测量界面的仪表有：浮力式、差压式、超声波式等。

三、按准确度要求选择

目前，在物位计量中，计量准确度要求较高时，多采用高准确度物位仪表，如磁致伸缩液位计、雷达液位计、矩阵涡流液位计等，可参阅《石油化工仪表控制系统选用手册》。

液位
变送器

四、按工作条件选择

一般工作条件下，可选择一般物位计，如差压式、浮力式等；较差工作条件下，可选择电容式、矩阵涡流式、射频导纳式；恶劣工作条件下，可选择核辐射式物位计。

五、按测量范围选择

2m 以下：高温（450℃以下）黏性介质——内浮球式，一般介质——外浮筒式或差压式。

2m 以上：一般介质——差压式、雷达式、矩阵涡流式、磁性式；特殊介质——法兰差压式、核辐射式。

在实际生产中，涉及物位测量的场合很多，其中测量条件的好坏对仪表的测量准确度有很大影响。不同的仪表适应性不同。物位仪表没有通用的产品，每类产品都有其适应范围和选用场所，也各有局限性。同时，测量方法也在发展中，新的物位测量仪表层出不穷。一定要认真把握住选型要点，选准、选好。

知识点十　核辐射物位计的维护与检修

一、概述

放射源是密封在包壳或紧密覆盖层里的放射性物质，该包壳或覆盖层具有足够的强度，在正常的使用条件和正常磨损下，不会有放射性物质散失出来。如在料位计、探伤机中使用的放射源都是密封源。非密封源是指没有包壳的放射性物质，如在医院中病人使用的放射性示踪剂为非密封源。目前使用的放射源的种类有近百种，但对于密封源，主要有钴-60、铯-137、铱-192 和镭-226 等。

二、测量原理

放射性连续料位测量是基于一窄条扇形射线穿过容器而被检测器感应的工作原理。当料位升高，会阻挡照向检测器的射线。检测器感应到的射线越多，说明料位越低；反之，料位越高，检测器感应到的射线越少。

三、检查校验

1. 检查

（1）外观检查　放射源应置于专用源容器内，包装容器不得损坏、丢失。放射源应在带有明显放射性标识和中文警示说明的专用放射源库内储存。

（2）仪表内部检查　对仪表系统的接线及电缆敷设情况进行检查，确认无误。检查供电电压，确保供电电压在所选型号范围内使用。

（3）仪表与工艺介质连接面检查　在设备上安装仪表时应遵循相应的安装要求。紧固件不得松动，密封件应无泄漏。

（4）绝缘检查　检查信号电缆线各芯导通和绝缘电阻正常。检查各屏蔽层接地完好。

2. 校验

积极配合放射防护管理部门对放射工作的监督管理，主动与放射防护管理部门联系，对放射工作场所至少每年进行一次监督检测，认真接受放射防护管理部门提出的监督意见；检验所需的材料、工具及标准仪器应准备充分，以便尽量缩短工作时间，参与人员之间做到呼应配合。

四、使用与维护

1. 探测器和变送器的使用和维护

探测器和变送器应注意配套使用，日常工作时保证探测器和变送器干燥/清洁，尤其是接线端子部位和输入输出线路上不能留有污物、细小的纤维等，以免绝缘性能降低，造成高压放电事故。探测器和变送器与防爆筒之间绝缘隔离，慎防撞击及机械碰伤。防爆筒金属防爆软管作为一个屏蔽环节，应与支架、塔壁及平台间保持悬浮状态，避免相连接而引入干扰信号。低压电源和高压电源每月检查 1 次。

2. 主机系统的使用和维护

主机系统应定期维护，保证其工作正常。出现故障应首先判断是计算机故障还是 I/O 卡板故障或是检测点故障。若为计算机或 I/O 卡板故障，可通过更换备件维修。若为检测点故障，则通过调用历史趋势图和直接测量检测点传输来的频率信号进一步判断故障类型，便于通知专业厂家维修。

3. 放射源的使用和维护

放射源在使用中要定期检查防止丢失，非专职维护人员不得靠近或接触放射源。专职人员对每点放射源的使用期限下必须做好统计记录，并在失效前 1 年办理购置新源和废源处理的手续，并落实好实施放射源倒装的专业单位。

五、检修

① 放射源需要安装或者倒装时，应委托专业人员处理。

② 装置检修需要将放射源拆下时，必须由专业人员用专用工具将源拆下，放入专用屏蔽容器内，由专车运输、存放在专用的库房保管。

③ 各装置的放射源要有专人负责，不得丢失。

④ 在应急时也可由厂内有资质的专业人员按操作规程拆装放射源。

⑤ 放射源的拆装应做好检修记录，并有专人签字。

❓ 练一练

一、选择题

1. 沉筒式液位计所测液位越高，则沉筒所受浮力（   ）。

A. 越大   B. 越小   C. 不变   D. 不一定

2. 运用鼓泡式液位计测量液位时，从吹气长管中逸出的气泡在液体中上升的同时体积增大。出现这种现象的原因是（   ）。

A. 气泡在上升的同时温度上升   B. 液体的密度从下向上减小

C. 液体中的流体静压从下向上减小   D. 浮力从下向上减小

3. 要连续测量容器内固体物料的料位，可以（   ）。

A. 通过测量容器底部压力来测量料位   B. 用辐射式料位计测量料位

C. 用浮子式料位计测量料位

D. 根据连通器原理的柱式料位计测量料位

4. 浮球式液位计所测液位越高，则浮球所受浮力（　　）。

A. 越大 　　　　　B. 越小 　　　　　C. 不变 　　　　　D. 不一定

5.（　　）属于无接触式物位测量仪表。

A. 电容式物位计 　　B. 超声波物位计 　　C. 浮子式物位计 　　D. 鼓泡式物位计

二、填空题

1. 一台 1151 压力变送器量程为 $0 \sim 500kPa$，现零位正迁移 50%，则仪表的量程为_____。

2. 零点迁移就是改变量程的上、下限，相当于测量范围的_____，而不改变_____的大小。

3. 用差压变送器测量液位的方法是利用_____原理。

三、简答题

1. 试述物位测量的意义。

2. 按工作原理不同，物位测量仪表有哪些主要类型？它们的工作原理各是什么？

3. 差压式液位计的工作原理是什么？当测量有压容器的液位时，差压计的负压室为什么一定要与容器的气相相连接？

4. 什么是液位测量时的零点迁移问题？其实质是什么？

5. 测量高温液体（指它的蒸汽在常温下要冷凝的情况）时，经常在负压管上装有冷凝罐（见图 1-81），问用差压变送器来测量液位时，要不要迁移？如要迁移，迁移量应如何考虑？

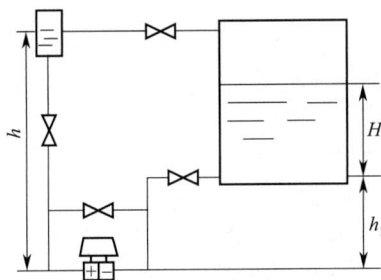

图 1-81　高温液体的液位测量

6. 为什么要用法兰式差压变送器？

7. 试述电容式物位计的工作原理。

8. 试述核辐射物位计的特点及应用场合。

五、计算题

有一个液体物料储罐，通过测量容器底部的压力来检测储罐内物料的液位，压力测量装置安装在高出容器底部 $h_1 = 10cm$ 的地方。储罐内液体物料的密度为 $0.915g/cm^3$。请计算容器底部的压力测量装置的压力 p。已知储罐内的液面高出底部 1.2m，$g = 9.81m/s^2$

自动控制系统基础

模块导读

石化生产过程，是一个包含许多物理反应和化工反应的过程，这些反应大多需要在一定的条件下进行。例如，一定的温度，一定的压力。因此在生产过程中，要实现高产优质和保证生产安全进行，必须对生产过程进行控制。使用自动化装置，自动地抵消各种干扰因素对工艺参数的影响，使它们始终保持在规定的数值上或在一定范围内变化。石化企业内操人员必须掌握自动控制的基础理论知识。

单元一 自动控制系统基础知识的认知

学习目标

知识目标：1. 了解化工自动化的意义；
　　　　　2. 熟悉自动控制系统的种类；
　　　　　3. 掌握自动控制系统的组成。
能力目标：1. 能够说出实现化工自动化的意义；
　　　　　2. 能说出自动控制系统由哪几部分组成。
素养目标：1. 树立科技创新理念；
　　　　　2. 培养民族自豪感。

学习导入

生活中实现自动化的例子有哪些。

知识链接

知识点一 实现化工自动化的意义及其发展历程

一、认识化工自动化

化工生产过程是指对原料进行化学加工，经过一系列的物理、化学反应，最终获得有价值产品的过程。纵观纷杂众多的化工生产过程，都是由化学（生物）反应及若干物理过程有机组合而成的。其中化学（生物）反应及反应器是化工生产的核心，物理过程则起到为化学（生物）反应准备适宜的反应条件及将反应物分离提纯获得最终产品的作用。化工生产过程，往往是在密闭的管道和设备中，连续地进行着物理或者化学的变化，常常具有高压、高温、深冷、有毒、易燃易爆等特点，因此，必须借助于各种自动化装置进行自动化生产，化工仪表及自动控制系统就是为工艺生产服务的，是为了满足化工生产过程处于优质、高产、安全、低消耗的最优工况而存在的。

在化工设备上，配备上一些自动化装置，代替操作人员的部分直接劳动，使生产在不同程度上自动进行，这种用自动化装置来管理化工生产过程的办法，称为化工自动化。自动化是提高社会生产力的有力工具之一。

二、化工自动化的发展概况

社会的需要是自动化技术发展的动力。自动化技术的发展历史，大致可以划分为自动化技术形成、局部自动化和综合自动化三个时期。

在 20 世纪 40 年代以前，绝大多数化工生产处于手工操作状况，操作工人根据反映主要参数的仪表指示情况，用人工来改变操作条件，生产过程单凭经验进行，生产效益低下。

20 世纪 50 年代到 60 年代，人们对化工生产各种单元操作进行了大量的开发工作，使得化工生产过程朝着大规模、高效率、连续生产、综合利用方向迅速发展。此时，在实际生产中应用的自动控制系统主要是温度、压力、流量和液位四大参数的简单控制系统，多采用基地式电动、气动仪表及单元组合式仪表来完成简单控制。

20 世纪 70 年代以来，化工自动化技术又有了新的发展。现代企业的生产过程一般是大型的分散系统，先进控制技术、数字化仪表、计算机，特别是网络通信技术的进一步发展，使基于"分散控制，集中管理"理念设计的集散控制系统（DCS）成功应用于大型生产过程中。过程控制系统的可靠性、安全性都达到了新的水平，为企业带来了巨大的经济效益。可以说，集散控制系统（DCS）是现代过程控制的主流，现今已经广泛应用于发电、化工、炼油等生产过程。

近年来，过程控制技术得到了迅速发展，计算机控制技术、各种集散控制系统（DCS）和现场总线控制系统（FCS）不断涌现，人工智能技术（如专家系统、人工神经网络、模糊控制、遗传算法等）也有了长足进步，在许多科学与工程领域得到了广泛应用。先进过程控制技术的广泛应用和良好的发展前景，正在成为企业取得更好经济效益的关键途径。

知识点二　自动控制系统及化工自动化仪表的种类

一、将化工自动化仪表按其功能分类

在化工生产过程中，需要测量与控制的参数是多种多样的，因而化工自动化仪表按其功能不同，大致可分为四大类：检测仪表、显示仪表、控制装置和执行器。

检测仪表是生产过程中获取信息的工具，它利用声、光、电、磁、热辐射等手段来实现对压力、温度、物位、流量、成分等工艺参数的测量，并将这些参数转变为相应的电信号进行输出。

显示仪表是显示被测参数数据信息的工具。它通过图表、数字、指示等方式将被测参数显示出来，以便操作人员了解生产过程的状态。

控制装置是生产过程信息处理的工具。它将检测仪表获取的信息，根据工艺要求进行各种运算，之后输出控制指令。控制装置包括气动及电动模拟量控制器、数字式控制器、可编程调节器、可编程控制器、计算机控制装置等多种类型。

执行器依据控制装置发送来的信息或操作人员的直接指令，将信号或指令转换成位移，来实现对生产过程中的参数的控制。执行器和检测仪表属于安装在现场装置上的现场仪表，现场仪表还包括各种传感器和变送器。

上述仪表，可以构成以下几种自动化系统，它们的主要作用如下。

1. 自动检测系统

利用各种检测仪表对主要工艺参数进行测量、指示或记录的，称为自动检测系统。它代替了操作人员对工艺参数的不断观察与记录，因此起到对过程信息的获取与记录作用。

例如，图 2-1 的热交换器是利用蒸汽来加热冷液的，冷液经加热后的温度是否达到要求，可用测温元件配上平衡电桥进行测量、指示和记录；冷液的流量可以用孔板流量计进行检测；蒸汽压力可用压力表来指示，这些就是自动检测系统。

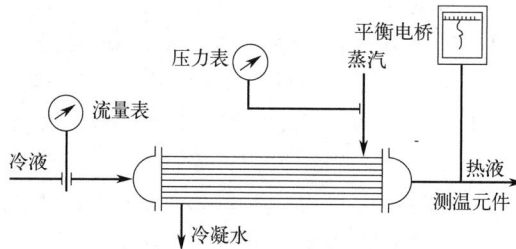

图 2-1 热交换器自动检测系统示意图

自动检测系统中主要的自动化装置为敏感元件、传感器与显示仪表。敏感元件亦称检测元件，它的作用是对被测变量作出响应，把它转换为适合测量的物理量。

传感器可以对检测元件输出的物理量信号做进一步的信号转换，当转换后的信号为标准的统一信号（例 $0 \sim 10mA$、$4 \sim 20mA$、$0.02 \sim 0.1MPa$ 等）时，此传感器一般称为变送器。

2. 自动信号和联锁保护系统

生产过程中，有时由于一些偶然因素的影响，导致工艺参数超出允许的变化范围而出现不正常情况时，就有引起事故的可能。因此，常对某些关键性参数设有自动信号报警和联锁系统。当工艺参数接近临界值时，系统就自动地发出声光信号，提醒操作人员注意，并及时采取措施。如工况已到达危险状态时，联锁系统立即自动采取紧急措施，打开安全阀或切断某些通路，必要时紧急停车，以防止事故的发生和扩大。所以，它是生产过程中的一种安全装置。

3. 自动操纵及自动开停车系统

自动操纵系统可以根据预先规定的步骤自动地对生产设备进行某种周期性操作。例如，合成氨造气车间的煤气发生炉，要求按照吹风、上吹、下吹制气、吹净等步骤周期性地接通空气和水蒸气，利用自动操纵系统可以代替人工自动地按照一定的时间程序启动空气和水蒸气的阀门，使它们交替地接通煤气发生炉，从而减轻操作工人的重复性体力劳动。自动开停车系统可以按照预先规定好的步骤，将生产过程自动地投入运行或自动停车。·

4. 自动控制系统

生产过程中各种工艺条件不可能是一成不变的。特别是化工生产，大多数是连续性生产，各个设备相互关联，当其中某一设备的工艺条件发生改变时，都可能引起其他设备中某些参数或多或少地波动，偏离了正常的工艺条件。为此，就需要用一些自动控制装置，对生产中某些关键性参数进行自动控制，使它们在受到外界干扰的影响而偏离正常状态时，能自动地控制回到规定的数值范围内，为此目的而设置的系统就是自动控制系统。

由此可以看出，自动检测系统只能完成"了解"生产过程进行情况的任务；自动信号和联锁保护系统只能在工艺条件进入某种极限状态时，采取安全措施，以避免生产事故的发生；自动操纵及自动开停车系统只能按照预先规定好的步骤进行某种周期性操纵；只有自动控制系统才能自动地排除各种干扰因素对工艺参数的影响，使它们始终保持在预先规定的数值上，保证生产维持在正常或最佳的工艺操作状态。

二、将自动控制系统按给定值是否变化以及如何变化来分类

在分析自动控制系统特性时，最常遇到的是将自动控制系统按照工艺过程需要控制的被控变量的给定值是否变化和如何变化来分类，这样可将自动控制系统分为三类，即定值控制系统、随动控制系统和程序控制系统。

1. 定值控制系统

所谓"定值"就是恒定给定值的简称。工艺生产中，如果工艺要求控制系统的被控变量保持在一个生产指标上不变，或者说要求被控变量的给定值不变，那么就需要采用定值控制系统。图 2-1 所示的温度控制系统也属于定值控制系统，它的目的是使出口物料的温度保持恒定。化工生产中要求的大都是这种类型的控制系统，因此后面所讨论的，如果未加特别说明，都是指定值控制系统。

2. 随动控制系统（自动跟踪系统）

随动控制系统的特点是给定值不断地变化，而且这种变化不是预先规定好了的，也就是说，给定值是随机变化的。随动控制系统的目的就是使所控制的工艺参数准确而快速地跟随给定值的变化而变化。例如航空上的导航雷达系统、电视台的天线接收系统，都是随动系统的一些例子。

在化工生产中，有些比值控制系统就属于随动控制系统。例如要求甲流体的流量与乙流体的流量保持一定的比值，当乙流体的流量变化时，要求甲流体的流量能快速而准确地随之变化。由于乙流体的流量变化在生产中可能是随机的，所以相当于甲流体的流量给定值也是随机的，故属于随动控制系统。

3. 程序控制系统（顺序控制系统）

程序控制系统的给定值也是变化的，但它是一个已知的时间函数，即生产技术指标需按一定的时间程序变化。这类系统在间歇生产过程中应用较多。

知识点三　自动控制系统的组成

一、液位的人工控制

由于自动控制系统是在人工控制的基础上产生和发展起来的，因此，现以生产过程中最常见的液位控制系统为例，先来研究液位的人工控制，再介绍自动控制系统的组成。

图 2-2 所示是一个液体储槽，在生产中常用来作为一般的中间容器或成品罐。从前一个工序来的物料连续不断地流入槽中，而槽中的液体又送至下一工序进行加工或包装。当流入

量 q_i（或流出量 q_o）波动时会引起槽内液位的波动，严重时会溢出或抽空。解决这个问题的最简单办法是，以储槽液位为操作指标，以改变进口阀门开度为控制手段，如图 2-2(a) 所示。当液位上升时，将进口阀门关小，液位上升得越多，阀门关得越小；反之，当液位下降时，则开大进口阀门，液位下降得越多，阀门开得越大。为了使液位上升和下降都有足够的余地，选择玻璃管液位计指示值中间的某一点为正常工作时的液位高度，通过改变进口阀门开度而使液位保持在这一高度上，这样就不会出现储槽中液位过高而溢出槽外，或使储槽内液体抽空而发生事故的现象。

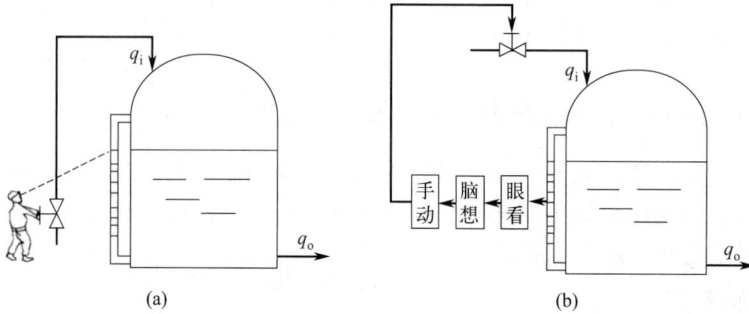

图 2-2　液位人工控制

归纳起来，操作人员所进行的工作有三方面，如图 2-2(b) 所示。

（1）检测　用眼睛观察玻璃管液位计（测量元件）中液位的高低，并通过神经系统告诉大脑。

（2）运算（思考）、命令　大脑根据眼睛看到的液位高度，加以思考并与要求的液位值进行比较，得出偏差的大小和正负，然后根据操作经验，经思考、决策后发出命令。

（3）执行　根据大脑发出的命令，通过手去改变阀门开度，以改变进口流量 q_i，从而使液位保持在所需高度上。

二、液位的自动控制

眼、脑、手三个器官，分别起到了检测、运算和执行三个作用，共同来完成测量、求偏差、操纵阀门以纠正偏差的全过程。由于人工控制受到人的生理上的限制，因此在控制速度和精度上都满足不了大型现代化生产的需要。为了提高控制精度、减轻劳动强度，可用一套自动化装置来代替上述人工操作，这样就由人工控制变为了自动控制。

液位自动控制系统由液体储槽和自动化装置构成，如图 2-3 所示。

为了完成人的眼、脑、手三个器官的任务，自动化装置一般至少也应包括以上部分，分别用来模拟人的眼、脑和手的功能。自动控制系统的组成部分如下。

（1）被控对象　被控对象是指需要加以控制的工艺设备（塔、反应器、储槽等）、机器，如上例中的储槽。

（2）测量元件与变送器　它的功能是测量液位的变化，并将液位的高低转化为标准信号输出（如气压信号或电压、电流信号等）。

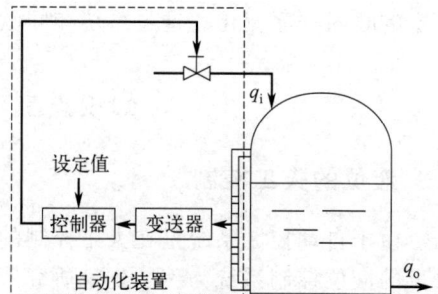

图 2-3　液位自动控制系统

（3）控制器 它接收变送器送来的信号，与工艺需要保持的液位高度相比较得出偏差，并按某种运算规律算出结果，然后将此结果用特定信号（气压或电流）发送出去。

（4）执行器 通常指控制阀，它接收控制器传来的操作指令信号，改变阀门的开度以改变物料或能量的大小，从而使被控变量的值维持在所要求的数值上或规定的范围内。

因此，自动控制系统的组成通常包括被控对象和自动化装置两大部分，也可以说自动控制系统由被控对象、测量元件与变送器、控制器和执行器四部分组成。

单元二　自动控制系统的表示形式

学习目标

知识目标： 1. 掌握方块图的组成；
2. 掌握自动控制系统的控制原理；
3. 掌握管道及仪表流程图的组成。

能力目标： 1. 能绘制简单控制系统的方块图；
2. 能识读并绘制管道及仪表流程图。

素养目标： 1. 培养一丝不苟、精益求精的工匠精神；
2. 培养自主学习的习惯。

学习导入

自动控制系统由哪几部分组成。

知识链接

知识点一　绘制自动控制系统方块图

在研究自动控制系统时，为了能更清楚地表示出一个自动控制系统中各个组成环节之间的相互影响和信号联系，便于对系统进行分析研究，一般用方块图来表示控制系统的组成。

绘制自动
控制系统
方块图

图 2-3 的液位自动控制系统可以用图 2-4 的方块图来表示。

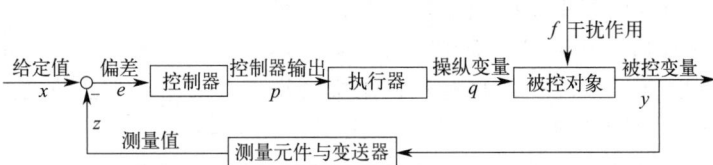

图 2-4　自动控制系统方块图

1. 方块图的组成

（1）方块 每一个方块表示自动控制系统中的一个组成部分（也称为环节），方块内添入表示其自身特性的数学表达式或文字说明。

（2）信号线 信号线是带有箭头的线条，用来表示环节间的相互关系和信号的流向；箭头指向方块表示这个环节的输入，箭头离开方块表示这个环节的输出。线旁的字母表示相互间的作用信号。

（3）比较点　比较点表示对两个或两个以上信号进行加减运算，"＋"表示相加，"－"表示相减。

（4）分支点　分支点表示信号引出，从同一位置引出的信号在数值和性质方面完全相同，如图 2-5 所示。

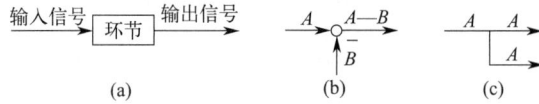

图 2-5　方块图的组成

2. 自动控制系统常用术语

（1）被控变量（y）　是表征生产设备或生产过程运行状况，需要加以控制的工艺变量，也是自动控制系统的输出量，如液位控制系统中的液位高度 h 就是被控变量。在过程控制系统中被控变量通常有温度、压力、液位、流量及成分等。

（2）设定值（x）　又称给定值，是工艺要求被控变量需要达到的目标值，也是自动控制系统的输入量。如液位控制系统要求液位保持在 55％，其所对应的标准信号值就是设定值。

（3）测量值（z）　是检测元件与变送器输出的信号值，即被控变量的实际测量值。

（4）偏差（e）　是指被控变量的设定值与实际测量值之差。

（5）扰动量（f）　又称干扰或"噪声"，通常是指除操纵变量外，作用于生产对象并引起被控变量发生变化的各种因素。如液位控制系统流出量的变化就是扰动量。

（6）操纵变量（q）　是受执行器操纵，具体实现控制作用的变量。如液位控制系统中流过控制阀的进料流量就是操纵变量。

图 2-3 所示为液位控制系统，该系统由液位变送器、液位控制器、电动调节阀组成自动化装置，实现了对水箱水位的自动控制，使其达到规定的液位高度。控制系统的调节过程是：通过液位变送器把测得的水箱水位高度转变为相应的可以传输的电信号，并传送给液位控制器，液位控制器将测得的实际液位值与其内部给定的液位值进行比较，根据其差值按照一定的规律输出控制信号，使电动调节阀按控制信号的大小改变阀的开度，即改变水箱的进水量，从而影响水箱的水位，使水位达到给定的高度 h。

图 2-6 所示为蒸汽加热器温度控制系统，当进料流量或温度变化等因素引起出口物料温度变化时，可以将该温度变化测量后送至温度控制器 TC。温度控制器的输出送至控制阀，以改变加热蒸汽量来维持出口物料的温度不变。这个控制系统同样可以用图 2-4 的方块图来表示。这时被控对象是蒸汽加热器，被控变量 y 是出口物料的温度。干扰作用可能是进料流量、进料温度的变化、加热蒸汽压力的变化、蒸汽加热器内部传热系数或环境温度的变化等。而控制阀的输出信号即操纵变量 q 是加热蒸汽量的变化，在这里，加热蒸汽是操纵介质或操纵剂。对于不同的简单控制系统，可以用同一种形式的方块图来表示。

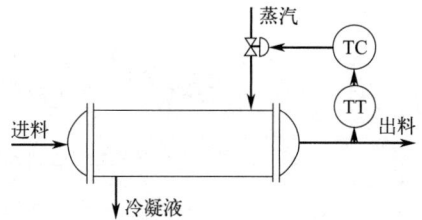

图 2-6　蒸汽加热器温度控制系统

3. 阅读方块图的注意事项

① 方块图中的每一个方块都代表一个具体的装置。

② 比较点不是一个独立的元件，而是控制器的一部分。为了清楚地表示控制器比较机构的作用，才将比较点单独画出。

③ 方块与方块之间的连接线，只是代表方块之间的信号联系，并不代表方块之间的物料联系。方块之间连接线的箭头也只代表信号作用的方向，与工艺流程图上的物料线是不同的。工艺流程图上的物料线是代表物料从一个设备进入另一个设备，而方块图上的线条及箭头方向有时并不与流体流向相一致。

4. 自动控制系统是一个闭环负反馈的控制系统

任何一个简单的自动控制系统，不论它们在表面上有多大差别，它的各个组成部分在信号传递关系上都会形成一个闭合的环路。其中任何一个信号，只要沿着箭头方向前进，通过若干个环节后，最终都会回到原来的起点。所以，自动控制系统是一个闭环系统。

系统的输出变量被控变量，经过测量元件和变送器后，又返回到系统的输入端，与给定值进行比较。这种把系统的输出信号直接或经过一些环节重新送回到输入端的做法叫作反馈。从图 2-4 中还可以看到，在反馈信号 z 旁有一个负号 "$-$"，而在给定值旁有一个正号 "$+$"（正号可以省略）。这里正和负的意思是在比较时，以 x 作为正值，以 z 作为负值，也就是到控制器的偏差信号 $e = x - z$。因为图 2-4 中的反馈信号 z 取负值，所以叫负反馈，负反馈的信号能够使原来的信号减弱。如果反馈信号取正值，反馈信号使原来的信号加强，那么就叫作正反馈。在自动控制系统中都采用负反馈。

> 🌐 控制指的是根据一定的时间和流程表，通过切换和调节脉冲，使各步骤按照所希望的方式进行。例如：洗衣机的运行。洗衣机在间歇运行状态下分为不同的过程步骤：与水混合—添加洗衣液—搅拌—排水—旋转脱水等。不同的步骤是按照时间顺序运行的，也就是说它们按照特定的、预先设定的时间，比如说搅拌或者脱水。
>
> 调节指的是通过对某个运行状态下的参数大小进行持续测量，并与预设额定值比较和调控，使它尽可能接近额定值。例如，空调温度的调节。

知识点二　识读工艺管道及仪表流程图

工艺管道及仪表流程图（PID 图）是自控设计的文字代号、图形符号在工艺流程图上描述生产过程控制的原理图，是控制系统设计、施工中采用的一种图示形式。工艺管道及仪表流程图是在工艺流程图的基础上，按其流程顺序，标出相应的测量点、控制点、控制系统及自动信号与联锁保护系统等，由工艺人员和自控设计人员共同研究绘制的。

在工艺管道及仪表流程图的绘制过程中所采用的图形符号、字母代号、仪表位号应按照有关的技术规范进行。可参见化工行业设计标准 HG/T 20505—2014《过程测量与控制仪表的功能标志及图形符号》。下面对一些常用的统一规定做简要介绍。

一、图形符号

1. 测量点（包括检测元件、取样点）

测量点是由工艺设备轮廓线或工艺管线引到仪表圆圈的连接线的起点，一般无特定的图形符号，如图 2-7 所示。

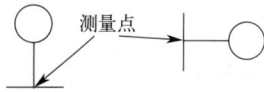

图 2-7　测量点的一般表示方法

图 2-8　连接线的表示法

2. 连接线

仪表圆圈与过程测量点之间的连接引线、通用的仪表信号线和能源线的符号均以细实线表示。当需要标出能源类别时，可采用相应的缩写标注在能源线符号之上。

连接线表示交叉及相接时，采用图 2-8 的形式。必要时也可用加箭头的方式表示信号的方向。在需要时，信号线也可按气信号、电信号、导压毛细管等采用不同的表示方式以示区别，见表 2-1。

表 2-1　仪表连线符号表

序号	类别	图形符号	备注
1	仪表与工艺设备、管道上测量点的连接线或机械连动线	（细实线：下同）	
2	通用的仪表信号线		
3	连接线交叉		
4	连接线相接		
5	表示信号的方向		
6	气压信号线		短画线与细实线成45°角，下同
7	电信号线	或	
8	导压毛细管		
9	液压信号线		
10	电磁、辐射、热、光、声波等信号线（有导向）		
11	电磁、辐射、热、光、声波等信号线（无导向）		
12	内部系统链（软件或数据链）		
13	机械链		
14	二进制电信号	或	
15	二进制气信号		

3. 仪表（包括检测、显示、控制）的图形符号

仪表的图形符号是一个细实线圆圈，直径约 10mm。仪表安装位置的图形符号见表 2-2。

表 2-2 仪表安装位置的图形符号表示

序号	共享显示、共享控制		C	D	安装位置与可接近性
	A 首选或基本过 程控制系统	B 备选或安全 仪表系统	计算机系统 及软件	单台(单台仪表 设备或功能)	
1	⊙	◇	⬡	○	·位于现场 ·非仪表盘、柜、控制台安装 ·现场可视 ·可接近性——通常允许
2	⊖	◇	⬡	⊖	·位于控制室 ·控制盘/台正面 ·在盘的正面或视频显示器上可视 ·可接近性——通常允许
3	⊖	◇	⬡	⊖	·位于控制室 ·控制盘背面 ·位于盘后的机柜内 ·在盘的正面或视频显示器上不可视 ·可接近性——通常不允许
4	⊖	◇	⬡	⊖	·位于现场控制盘/台正面 ·在盘的正面或视频显示器上可视 ·可接近性——通常允许
5	⊖	◇	⬡	⊖	·位于现场控制盘背面 ·位于现场机柜内 ·在盘的正面或视频显示器上不可视 ·可接近性——通常不允许

注:1. 共享显示、共享控制系统包括基本过程控制系统、安全仪表系统和其他具有共享显示、共享控制功能的系统和仪表设备。

2. 可接近性通常指是否允许包括观察、设定值调整、操作模式更改和其他任何需要对仪表进行操作的操作员行为。

3."盘后"广义上为操作员通常不允许接近的地方。例如仪表或控制盘的背面,封闭式仪表机架或机柜,或仪表机柜间内放置盘柜的区域。

对于处理两个或两个以上被测变量,具有相同或不同功能的复式仪表时,可用两个相切的圆或分别用细实线圆与细虚线圆相切表示(测量点在图纸上距离较远或不在同一图纸上),如图 2-9 所示。其他仪表功能符号见表 2-3。

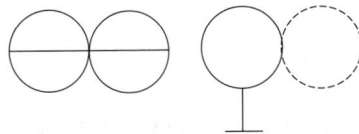

图 2-9 复式仪表的表示法

表 2-3 其他仪表功能图形符号示例

(1)	(2)	(3)	(4)
PE 流量检测元件的通用符号	PI 5 差压式指示流量计法兰或 角接取压孔板	FP 6 法兰或角接取压测试接头, 无孔板	FE 7 理论取压孔板

(5)	(6)	(7)	(8)
FT 8	FP 9A FP 9R RAD	FE 10	FE 11
理论取压、径距取压或管道取压孔板,差压式流量变送器	径距取压测量接头不带孔板	快速更换装置中的孔板	皮托管或文丘里皮托管
(9)	(10)	(11)	(12)
FE 12	FE 13	FE 14	FE 15
文丘里管	均速管	峡槽	堰
(13)	(14)	(15)	(16)
FE 16	FE 17	FE 18	FE FC 19
涡轮或旋翼式	转子流量计	位移式、流量积算指示器	流量控制器
(17)	(18)	(19)	(20)
FE 20	FE 21	FE 22	FE 23
超声流量计	旋涡传感器	靶式传感器	流量喷嘴

(21)	(22)	(23)
FE 24 F	FT 25 MF-质量流量 EMF-电磁流量计 IFO-内藏孔板 VOT-旋涡传感器	KI 26
电磁流量计	流量元件和变送器为一体	时钟

4. 执行机构图形符号

执行机构图形符号见表 2-4。

表 2-4 执行机构图形符号示例

(1)	(2)	(3)	(4)	(5)
带弹簧的薄膜执行机构	不带弹簧的薄膜执行机构	M 电动执行机构	D 数字执行机构	活塞执行机构单作用
(6)	(7)	(8)	(9)	(10)
活塞执行机构双作用	S 电磁执行机构	带手轮的电动薄膜执行机构	带电动阀门定位器的电动薄膜执行机构	带电动阀门定位器的气动薄膜执行机构

（11） 带人工复位装置的执行机构	（12） 带远程复位装置的执行机构（以电磁执行机构为例）

5. 执行机构能源中断时，控制位置的图形符号

执行机构能源中断时，控制阀位置的图形符号，以带弹簧的薄膜执行机构控制阀为例，见表2-5。

表 2-5　执行机构能源中断时控制位置的图形符号

（1） 能源中断时，直通阀开启	（2） 能源中断时，直通阀关闭	（3） 能源中断时，三通阀流体通向 A—C
（4） 能源中断时，四通阀流体流动方向 A—C 和 D—B	（5） 能源中断时，阀保持原位	（6） 能源中断时，不定位

注：上述图形符号中，若不用箭头、横线表示，也可以在控制阀体下部标注下列缩写：FO——能源中断时，开启；FC——能源中断时，关闭；FL——能源中断时，保持原位；FI——能源中断时，任意位置。

二、字母代号

在管道及仪表流程图中，用来表示仪表的小圆圈的上半圆内，一般写有两位（或两位以上）字母，第一位字母表示被测变量，后继字母表示仪表的功能，常用被测变量和仪表功能的字母代号见表2-6。

表 2-6　被测变量和仪表功能的字母代号

字母	第一位字母		后继字母
	被测变量	修饰词	功能
A	分析		报警
C	电导率		控制（调节）
D	密度	差	
E	电压		检测元件
F	流量		
I	电流		指示
K	时间或时间程序		自动-手动操作器
L	物位		
M	水分或湿度		
P	压力或真空		
Q	数量或件数	积分、累积	积分、累积
R	放射性		记录或打印
S	速度或频率	安全	开关、联锁
T	温度		传送
V	黏度		阀、挡板、百叶窗
W	力		套管
Y	供选用		继动器或计算器
Z	位置		驱动、执行或未分类的终端执行机构

三、仪表位号

在检测、控制系统中，构成一个回路的每个仪表（或元件）都应有自己的仪表位号。仪表位号由字母代号组合和阿拉伯数字编号两部分组成。字母代号的意义前面已经解释过。阿拉伯数字编号写在圆圈的下半部，其第一位数字表示工段号，后续数字（二位或三位数字）表示仪表序号。

四、识读带控制点的工艺流程图

在现代过程控制中，计算机控制系统的应用十分广泛，通过简化了的乙烯生产过程中脱乙烷塔的管道及仪表流程图，熟悉典型工艺的控制方案。

图 2-10 所示是简化了的乙烯生产过程中脱乙烷塔的管道及仪表流程图。从脱甲烷塔出来的釜液进入脱乙烷塔脱除乙烷。从脱乙烷塔塔顶出来的 C_2H_6、C_2H_4 等馏分经塔顶冷凝器冷凝后，部分作为回流，其余则去乙炔加氢反应器进行加氢反应。从脱乙烷塔塔底出来的釜液，一部分经再沸器后返回塔底，其余则去脱丙烷塔脱除丙烷。

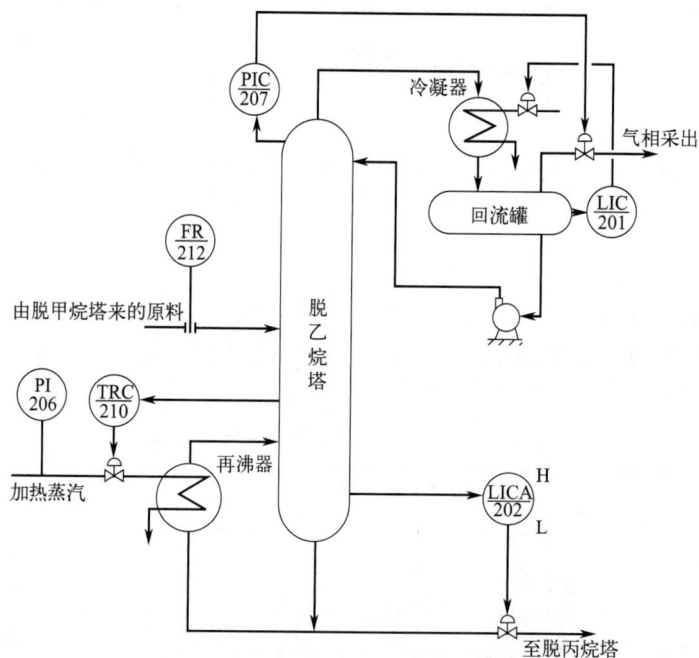

图 2-10　脱乙烷塔的工艺管道及仪表流程图

以图 2-10 的脱乙烷塔的管道及仪表流程图为例，塔顶的压力控制系统中的 PIC-207，其中第一位字母 P 表示被测变量为压力，第二位字母 I 表示具有指示功能，第三位字母 C 表示具有控制功能，因此，PIC 的组合就表示一台具有指示功能的压力控制器。该控制系统是通过改变气相采出量来维持塔顶压力稳定的。同样，回流罐液位控制系统中的 LIC-201 是一台具有指示功能的液位控制器，它是通过改变进入冷凝器的冷剂量来维持回流罐中液位稳定的。

在塔下部的温度控制系统中的 TRC-210 表示一台具有记录功能的温度控制器，它是通过改变进入再沸器的加热蒸汽量来维持塔底温度恒定的。当一台仪表同时具有指示、记录功能时，只需标注字母代号"R"，不标"I"，所以 TRC-210 可以同时具有指示、记录功能。同样，在进料管线上的 FR-212 可以表示同时具有指示、记录功能的流量仪表。

在塔底的液位控制系统中的 LICA-202 代表一台具有指示、报警功能的液位控制器，它通过改变塔底采出量来维持塔釜液位稳定。仪表圆圈外标有"H""L"字母，表示该仪表同时具有高、低限报警，在塔釜液位过高或过低时，会发出声、光报警信号。

图 2-10 中仪表的数字编号第一位都是 2，表示脱乙烷塔在乙烯生产中属于第二工段。通过管道及仪表流程图，可以看出其上每台仪表的测量点位置、被测变量、仪表功能、工段号、仪表序号、安装位置等。例如图 2-12 中的 PI-206 表示测量点在加热蒸汽管线上的蒸汽压力指示仪表，该仪表为就地安装，工段号为 2，仪表序号为 06。而 TRC-210 表示同一工段的一台温度记录控制仪表，其温度的测量点在塔的下部，仪表安装在集中仪表盘面上。

🌐 化工设备的传统自动化过程中的主要元素是测量、控制、调节，简称为 MSR-技术（英语：instrumentation and control engineering）。

MSR-技术通过电子技术的组件得以实现，因此也可称其为 EMSR-技术。电动测量、控制、调节装置，简称为 EMSR 点。EMSR 由字母或字母组合而成。椭圆中的第一个字母给出了测量、控制、调节参数。随后的字母标明了测量参数的处理方式，也就是所谓的过程控制处理功能，如图 2-11 所示。

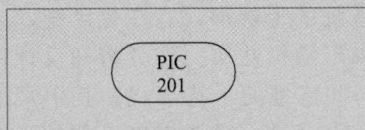

图 2-11　EMSR 点示例

单元三　判定自动系统过渡过程的品质

学习目标

知识目标： 1. 熟悉控制系统的静态和动态；
2. 掌握阶跃干扰作用下控制系统过渡过程的几种形式；
3. 掌握控制系统的品质指标。

能力目标： 1. 能根据系统过渡过程曲线判断系统的状态；
2. 能根据系统过渡过程曲线计算品质指标。

素养目标： 1. 培养团队合作精神；
2. 培养知识迁移能力。

学习导入

1. 液位控制系统的控制目的是什么？
2. 在哪种情况下可以实现这一目的？

知识链接

知识点一 控制系统的过渡过程

在自动控制系统中，我们将被控变量不随时间而变化的平衡状态称为系统的静态，而把被控变量随时间而变化的不平衡状态称为系统的动态。

当设定值发生变化或系统受到干扰作用后，系统将从原来的平衡状态经历一个过程进入一个新的平衡状态。自动控制系统从一个平衡状态过渡到另一平衡状态的过程称为自动控制系统的过渡过程。

自动控制系统的目的就是希望将被控变量保持在一个不变的给定值上，这只有当进入被控对象的物料量（或能量）和流出对象的物料量（或能量）相等时才有可能实现。

在自动化工作中，了解系统的静态是必要的，但是了解系统的动态更为重要。这是因为在生产过程中，干扰是客观存在的，是不可避免的。在一个自动控制系统投入运行时，时时刻刻都有干扰作用于控制系统，从而破坏了正常的工艺生产状态。因此，就需要通过自动化装置不断地施加控制作用去对抗或抵消干扰作用的影响，从而使被控变量保持在工艺生产所要求控制的技术指标上。

系统在过渡过程中，被控变量是随时间变化的。被控变量随时间的变化规律首先取决于作用于系统的干扰形式。在生产中，出现的干扰是没有固定形式的，且多半属于随机性质。在分析和设计控制系统时，为了安全和方便，常选择一些定型的干扰形式，其中常用的是阶跃干扰，如图 2-12 所示。由图可以看出，所谓阶跃干扰就是在某一瞬间 t_0，干扰（即输入量）突然阶跃式地加到系统上，并继续保持在这个幅度不变。采取阶跃干扰的形式来研究自动控制系统是因为考虑到

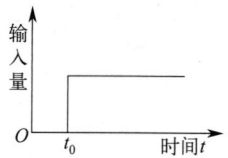

图 2-12 阶跃干扰作用

这种形式的干扰比较突然，比较危险，它对被控变量的影响也最大。如果一个控制系统能够有效地克服这种类型的干扰，那么对于其他比较缓和的干扰也能很好地克服，同时，这种干扰的形式简单，容易实现，便于分析、实验和计算。

一般说来，自动控制系统在阶跃干扰作用下的过渡过程有如图 2-13 所示的几种基本形式。

1. 非周期衰减过渡过程

被控变量在给定值的某一侧作缓慢变化，没有来回波动，最后稳定在某一数值上，这种过渡过程形式为非周期衰减过渡过程，如图 2-13(a) 所示。

2. 衰减振荡过渡过程

被控变量上下波动，但幅度逐渐减小，最后稳定在某一数值上，这种过渡过程形式为衰减振荡过渡过程，如图 2-13(b) 所示。

3. 等幅振荡过渡过程

被控变量在给定值附近来回波动，且波动幅度保持不变，这种情况称为等幅振荡过渡过程，如图 2-13(c) 所示。

4. 发散振荡过渡过程

被控变量来回波动，且波动幅度逐渐变大，即偏离给定值越来越远，这种情况称为发散振荡过渡过程，如图 2-13(d) 所示。

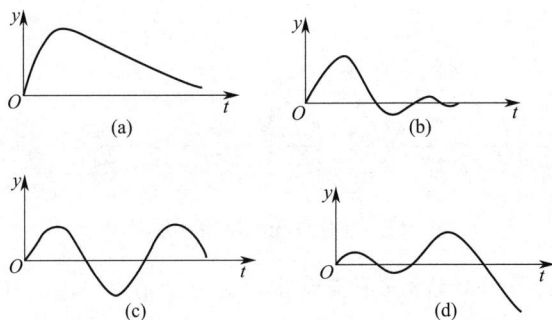

图 2-13 过渡过程的几种基本形式

以上过渡过程的四种形式可以归纳为以下三类。

① 过渡过程（a）和（b）都是衰减的，称为稳定过渡过程。被控变量经过一段时间后，逐渐趋向原来的或新的平衡状态，这是所希望的。

衰减振荡过渡过程，由于能够较快地使系统达到稳定状态，所以在多数情况下，都希望自动控制系统在阶跃输入作用下，能够得到如图 2-13（b）所示的过渡过程。

非周期衰减过渡过程，由于过渡过程变化较慢，被控变量在控制过程中长时间偏离给定值，而不能很快恢复平衡状态，所以一般不采用，只是在生产上不允许被控变量有波动的情况下才采用。

② 过渡过程（c）介于不稳定与稳定之间，一般也认为是不稳定过程，生产上不能采用。只是对于某些控制质量要求不高的场合，如果被控变量允许在工艺许可的范围内振荡（主要指在位式控制时），那么这种过渡过程的形式是可以采用的。

③ 过渡过程（d）是发散的，称为不稳定的过渡过程，其被控变量在控制过程中，不但不能达到平衡状态，而且逐渐远离给定值，它将导致被控变量超越工艺允许范围，严重时会引起事故，这是生产上所不允许的，应竭力避免。

知识点二　控制系统的品质指标

控制系统性能好坏的评价指标可概括为"稳""准""快"。

"稳"：系统必须是稳定的，这也是最重要、最基本的要求。一个系统要能正常工作，首先必须是稳定的，从阶跃响应上来看，响应曲线应该是收敛的。

"准"：指控制系统的准确性、控制的精确程度，通常用稳态误差来描述，它表示系统输出稳态值与期望值之差。系统应提供尽可能优良的稳态调节性能，这一指标属于系统的静态指标。

"快"：指控制系统响应的快速性，通常用调整时间 t 来定量描述。系统应提供尽可能优良的过渡过程，这一指标属于系统的动态指标。

评价控制系统的品质指标通常用系统阶跃响应的几个特征参数来反映。阶跃响应性能指标清晰明了，便于工程整定和分析，应用广泛。

控制系统最理想的过渡过程应具有什么形状，没有绝对的标准，主要依据工艺要求而定，除少数情况不希望过渡过程有振荡外，大多数情况希望过渡过程是略带振荡的衰减过程，它容易看出被控变量的变化趋势，便于及时操作调整。图 2-14 所示是系统在阶跃信号作用下的典型过渡过程曲线，常用下面几个特征参数作为品质指标。

1. 最大偏差或超调量

最大偏差是指在过渡过程中，被控变量偏离给定值的最大数值。在衰减振荡过渡过

过渡过程及品质指标

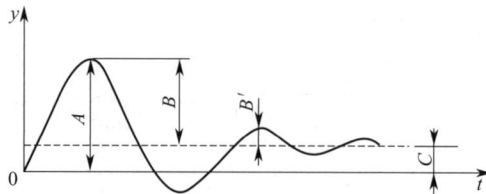

图 2-14　过渡过程品质指标示意图

程中，最大偏差就是第一个波峰的峰值与给定值之差，在图 2-13 中用 A 表示。最大偏差表示系统瞬间偏离给定值的最大程度。若偏离越大，偏离的时间越长，即表明系统离开规定的工艺参数指标就越远，这对稳定正常生产是不利的。因此我们通常希望最大偏差越小越好。

有时也可以用超调量来表征被控变量偏离给定值的程度。在图 2-14 中超调量用 B 表示。从图中可以看出，超调量 B 是第一个峰值 A 与新稳定值 C 之差，即 $B = A - C$。如果系统的新稳定值等于给定值，那么最大偏差 A 也就与超调量 B 相等了。

2. 衰减比

表示衰减程度的指标是衰减比，它是前后相邻两个峰值的比，是衡量系统过渡过程稳定性的一个动态指标。在图 2-14 中衰减比是 $B : B'$，习惯上表示为 $n : 1$。

若 $n < 1$，过渡过程是一个发散振荡过渡过程，n 越小发散越快；$n = 1$，过渡过程是一个等幅振荡过渡过程；$n > 1$，过渡过程是衰减振荡过渡过程，n 越大，衰减越快，系统越稳定；当 $n \to \infty$ 时，系统过渡过程为非周期衰减过程。

为保证系统具有足够的稳定裕度，衰减比应在 4 : 1 到 10 : 1 之间，通常将衰减比为 4 : 1 作为评价过渡过程动态性能的一个理想指标。

3. 余差

当过渡过程终了时，被控变量所达到的新的稳态值与给定值之间的偏差叫作余差，或者说余差就是过渡过程终了时的残余偏差，在图 2-14 中以 C 表示。偏差的数值可正可负。

余差是衡量控制系统准确性的一个质量指标，余差越小越好。但在实际生产中，也并不是要求任何系统的余差都很小，如一般储槽的液位调节要求就不高，这种系统往往允许液位有较大的变化范围，余差就可以大一些。又如化学反应器的温度控制，一般要求比较高，应当尽量消除余差。所以，对余差大小的要求，必须结合具体系统作具体分析，不能一概而论。

有余差的控制过程称为有差调节，相应的系统称为有差系统。没有余差的控制过程称为无差调节，相应的系统称为无差系统。

4. 过渡时间

过渡时间就是从干扰开始作用之时起，直至被控变量进入新稳态值的 $\pm 5\%$（或 $\pm 2\%$）的范围内且不再越出时为止所经历的时间。过渡时间是反映系统快速性的一个指标，通常过渡时间越小越好。

5. 振荡周期或频率

过渡过程同向两波峰（或波谷）之间的间隔时间叫振荡周期或工作周期，其倒数称为振荡频率。在衰减比相同的情况下，周期与过渡时间成正比，一般希望振荡周期短一些为好。

综上所述，过渡过程的品质指标主要有最大偏差、衰减比、余差、过渡时间等。这些指标在不同的系统中各有其重要性，且相互之间既有矛盾，又有联系。因此，应根据具体情况分清主次，区别轻重，对那些对生产过程有决定性意义的主要品质指标应优先予以保证。另外，对一个系统提出的品质要求和评价一个控制系统的质量，都应该从实际需要出发，不应过分偏高偏严，否则就会造成人力物力的巨大浪费，甚至根本无法实现。

【例题 2-1】某换热器的温度控制系统在单位阶跃干扰作用下的过渡过程曲线如图 2-15 所示。试分别求出最大偏差、余差、衰减比、振荡周期和过渡时间（给定值为 320℃）。

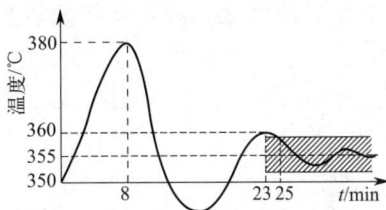

图 2-15　温度控制系统过渡过程曲线

解：最大偏差 $A=380-350=30(℃)$

余差 $C=355-350=5(℃)$；

由图上可以看出，第一个波峰值 $B=380-355=25(℃)$，第二个波峰值 $B'=360-355=5(℃)$，故衰减比应为 $B:B'=25:5=5:1$。

振荡周期为同向两波峰之间的时间间隔，故周期 $T=23-8=15(min)$

过渡时间与规定的被控变量限制范围大小有关，假定被控变量进入额定值的 $\pm2\%$，就可以认为过渡过程已经结束，那么限制范围为 $200\times(\pm2\%)=\pm4℃$，这时，可在新稳态值（355℃）两侧以宽度为 $\pm4℃$ 画一区域，图 2-15 中以画有阴影线的区域表示，只要被控变量进入这一区域且不再越出，过渡过程就可以认为已经结束。因此，从图上可以看出，过渡时间为 25min。

? 练一练

一、选择题

1. 化工自动化仪表按其功能不同，可分为（　　）几大类。

A. 显示仪表　　　　B. 检测仪表　　　　C. 执行器　　　　D. 控制仪表

2. 在控制系统中，调节器的主要功能是（　　）。

A. 直接控制　　　　B. 计算偏差　　　　C. 计算被控量　　　　D. 检测

3. 系统的衰减比为（　　）最好。

A. 4：1　　　　　　B. 8：1　　　　　　C. 12：1　　　　　　D. 20：1

4. 自动控制系统在阶跃扰动作用下，被控变量的过渡过程形式应为（　　）。

A. 非周期衰减过渡过程　　　　　　B. 衰减振荡过渡过程

C. 等幅振荡过渡过程　　　　　　　D. 发散振荡过渡过程

5. 自动控制系统的静态是指（　　）。

A. 各参数或信号的变化率为零　　　B. 参数保持在某一常数不变化

C. 物料不流动　　　　　　　　　　D. 能量不流动

6. 字母 L 是表示测量（　　）参数的仪表。

A. 液位　　　　　　B. 流速　　　　　　C. 物料不流动　　　　D. 流量

7. 字母 C 表示仪表具有（　　）功能。

A. 报警　　　　　　B. 控制　　　　　　C. 指示　　　　　　D. 记录

二、填空题

1. 自动控制系统是一个_____系统。

2. 自动化装置包括测量元件及变送器、_____、_____三部分。

3. 在分析和设计控制系统时，为了安全和方便，常选择一些定型的干扰形式，其中最常用的是_____。

4. _____过渡过程是不稳定的过渡过程，将导致被控变量超出工艺允许范围，可能引发事故。

5. 管道及仪表流程图由_____、_____、_____三部分组成。

三、判断题

（　　）1. 最大偏差就是超调量。

（　　）2. 自动调节系统与开环系统比较，最本质的差别就在于有反馈。

（　　）3. 在自动控制系统中，执行器是控制系统的核心。

（　　）4. 在一个完整的自动控制系统中，显示仪表是必不可少的。

（　　）5. 自动控制系统可以用方块图和管道及仪表流程图来表示。

四、简答题

1. 按给定值形式的不同，自动控制系统可以分为哪几类？

2. 按被控变量的不同，自动控制系统可以分为哪几类？

3. 什么是自动控制系统的方块图？

4. 什么是信号流？它与物料流有什么区别？

5. 什么是被控对象、被控变量、给定值、操纵变量？

6. 自动控制系统由哪几个环节组成？

7. 什么是干扰作用？什么是控制作用？二者的关系是什么？

8. 什么是阶跃干扰？阶跃干扰有哪些优缺点？

9. 什么是自动控制系统的过渡过程？过渡过程有哪几种基本形式？

10. 生产上为什么经常要求控制系统的过渡过程具有衰减振荡形式？

11. 自动控制系统衰减过渡过程有哪些品质指标？

12. 图 2-16 为某列管式蒸汽加热器控制流程图。试分别说明图中 PI-202、TRC-203、FRC-201 所代表的意义。

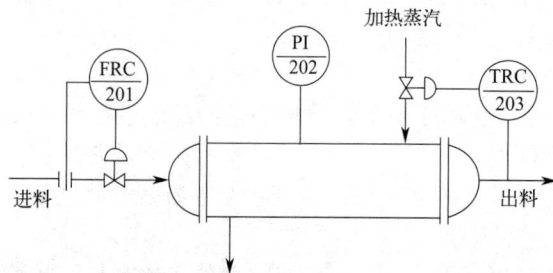

图 2-16　加热器控制流程图

13. 图 2-17 所示为一反应器温度控制系统示意图。A、B 两种物料进入反应器进行反应，通过改变进入夹套的冷却水流量来控制反应器内的温度恒定。试画出该温度控制系统的方块图，并指出该控制系统中的被控对象、被控变量、操纵变量及可能影响被控变量的干扰是什么？

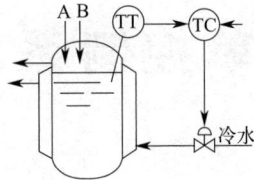

图 2-17　反应器温度控制系统

14. 写出以下 EMSR 简称的含义。

TRC　　TIC　　PIC　　PIR　　FIRC　　FIQC

15. 写出以下 EMSR 点的简称。

①显示所测流量数值的调节器　　　　　②具有显示功能的压力调节器

③具有显示功能的分析值调节器（pH 值）　④显示所测温度数值的调节装置

五、计算题

1. 有一台流量指示控制仪表，其输出为 0～20mA 的直流电流信号，测量范围是 $0.00 \sim 15.0 m^3/h$，请计算当流量是 $10.0 m^3/h$ 时，其输出的电流信号 I（单位：mA）。

2. 某化学反应器工艺规定操作温度为（900 ± 10）℃。考虑安全因素，控制过程中温度偏离给定值最大不得超过 80℃。现运行的温度定值控制系统，在最大阶跃干扰作用下的过渡过程曲线如图 2-18 所示。①试求该系统的过渡过程品质指标：最大偏差、超调量、衰减比、余差、振荡周期和过渡时间。②说明该控制系统能否满足题中所给的工艺要求。

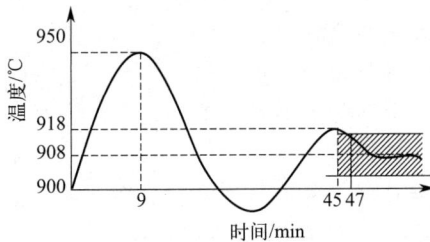

图 2-18　过渡过程曲线

模块三

简 单 控 制 系 统

模块导读

　　简单控制系统是由被控对象、测量元件及变送器、控制器、执行器组成的单回路控制系统。简单控制系统结构简单，投资较少。在生产受到各种干扰因素的影响，工艺参数偏离所希望的数值时，大多数情况下都可以运用简单控制系统实现工艺参数的控制。作为内操人员，在掌握简单控制系统控制原理的同时，还要能熟练操作简单控制系统。

单元一　研究被控对象的特性

学习目标

知识目标：1. 了解建立对象数学模型的方法；
　　　　　　2. 熟悉建立对象数学模型的目的；
　　　　　　3. 掌握对象特性参数对控制系统的影响。

能力目标：1. 能测试对象的特性；
　　　　　　2. 能根据实验数据计算对象的放大系数、时间常数、滞后时间。

素养目标：1. 培养遇到困难不放弃、勇于挑战的精神；
　　　　　　2. 培养执着专注、严谨认真的工匠精神。

学习导入

　　1. 两个液位相同，但横截面积不同的水箱，当进水量改变同一数值，哪个水箱液位变化得快，为什么？

　　2. 当水箱的液位稳定后，在不改变出水量的前提下，将进水量瞬间增大到某一数值，水箱液位会再次稳定吗？

知识链接

知识点一　被控对象特性的认知

　　在化工生产中，常见的控制对象有各类换热器、精馏塔、流体输送设备和化学反应器等。此外，在一些辅助系统中，气源、热源及动力设备（如空压机、辅助锅炉、电动机等）也可能是需要控制的对象。

各种对象千差万别，有的操作很稳定，操作很容易；有的对象则不然，只要稍不小心就会超越正常工艺条件，甚至造成事故。有经验的操作人员，他们往往很熟悉这些对象，只有充分了解和熟悉这些对象，才能使生产操作得心应手，获得高产、优质、低消耗的生产过程。同样，在控制系统中，当采用一些自动化装置来模拟人工操作时，首先也必须深入了解对象的特性，了解它的内在规律，才能根据工艺对控制质量的要求，设计合理的控制系统，选择合适的被控变量和操纵变量，选用合适的测量元件及控制器。

对象特性是指对象输入量与输出量之间的关系，即对象受到输入作用后，其输出被控变量是如何变化的。在研究对象的特性时，应该预先指明对象的输入变量是什么，输出变量是什么，因为对于同样一个对象，输入变量或输出变量不相同时，它们间的关系也是不相同的。

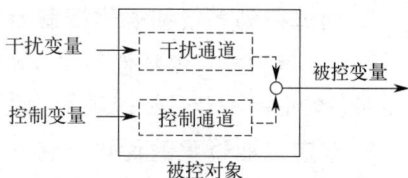

图 3-1 对象的输入量、输出量

一般来说，对象的被控变量是它的输出变量，干扰作用和控制作用是它的输入变量，干扰作用和控制作用都是引起被控变量变化的因素，如图 3-1 所示。对象的输入变量至输出变量的信号联系称为通道。干扰作用（变量）至被控变量的信号联系称为干扰通道；控制作用（即操纵变量）至被控变量的称为控制通道。

知识点二 对象特性的数学模型简介

在分析和设计控制系统时，对象的数学模型是十分重要。对象的数学模型可分为静态数学模型和动态数学模型。静态数学模型描述的是对象在静态时的输入量与输出量之间的关系；动态数学模型描述的是对象在输入量改变以后输出量随时间的变化情况。静态与动态是事物特性的两个侧面，可以这样说，动态数学模型是在静态数学模型基础上的发展，静态数学模型是对象在达到平衡状态时的动态数学模型的一个特例。

必须指出，这里所要研究的主要是用于控制的数学模型，它与用于工艺设计与分析的数学模型是不完全相同的。即使在建立数学模型时，用于控制的和用于工艺设计的可能都是基于同样的物理和化学规律，它们的原始方程可能都是相同的，但两者还是有差别的。

数学模型的表达形式主要有两大类：一类是非参量形式，称为非参量模型；另一类是参量形式，称为参量模型。

1. 非参量模型

当数学模型是采用曲线或数据表格等来表示时，称为非参量模型。非参量模型可以通过记录实验结果来得到，有时也可以通过计算来得到。它的特点是形象、清晰，比较容易看出其定性的特征。但是，由于它们缺乏数学方程的解析性质，要直接利用它们来进行系统的分析和设计往往比较困难，必要时，可以对它们进行一定的数学处理来得到参量模型的形式。

2. 参量模型

当数学模型是采用数学方程式来描述时，称为参量模型。对象的参量模型可以用描述对象输入、输出关系的微分方程式、偏微分方程式、状态方程、差分方程等形式来表示。

知识点三　建立对象数学模型的目的和方法

一、建模目的

被控对象数学模型建立的主要目的可归结为以下几种。

1. 设计控制方案

全面、深入地了解被控对象特性是设计控制系统的基础。比如控制系统中被控变量及检测点的选择、操纵变量的确定、控制系统结构形式的确定等都与被控对象的特性有关。

2. 调试控制系统和确定控制器参数

充分了解被控对象特性是安全调试和控制系统投运的保证。此外，选择控制规律及确定控制器参数也离不开对被控对象特性的了解。

3. 制定工业过程的优化控制方案

优化控制往往可以在基本不增加投资与设备的情况下，获取可观的经济效益。这离不开对被控对象特性的了解，而且主要是依靠对象的稳态数学模型。

4. 确定新型控制方案及控制算法

在用计算机构成一些新型控制系统时，往往离不开被控对象的数学模型。

5. 建立计算机仿真与过程培训系统

利用数学模型和系统仿真技术，使操作人员可以在计算机上对各种控制策略进行定量的比较与评定。还可为操作人员提供仿真操作的平台，从而为高速、安全、低成本培训工程技术人员和操作工人提供捷径，并有可能制定大型设备的启动和停车操作方案。

6. 设计工业过程的故障检测与诊断系统

利用数学模型可以及时发现工业过程中控制系统的故障及其原因，并提供正确的解决途径。

二、建模方法

一般来说，建模的方法有机理建模、实验建模、混合建模三种。

1. 机理建模

机理建模是根据对象或生产过程的内部机理，写出各种有关的平衡方程，如物料平衡方程、能量平衡方程、动量平衡方程、相平衡方程以及某些物性方程、设备特性方程、化学反应定律等，从而得到对象（或过程）的数学模型。这类模型通常称为机理模型。应用这种方法建立的数学模型最大的优点是具有非常明确的物理意义，模型具有很大的适应性，便于对模型参数进行调整。但由于某些被控对象较为复杂，对其物理、化学过程的机理还不是完全了解，而且大多呈现非线性特性，再加上分布元件参数（即参数是时间与位置的函数）较多，所以对于某些对象（或过程）很难得到机理模型。

2. 实验建模

在机理模型难以建立的情况下，可采用实验建模的方法得到对象的数学模型。实验建模就是在所要研究的对象上，人为地施加一个输入作用，然后用仪表记录表征对象特性的物理量随时间变化的规律，得到一系列实验数据或曲线。这些数据或曲线就可以用来表示对象特性。有时，为进一步分析对象特性，对这些数据或曲线进行处理，使其转化为描述对象特性的解析表达式。

　　这种应用对象输入输出的实测数据来决定其模型结构和参数的方法，通常称为系统辨识。其主要特点是将被研究的对象视为一个黑箱子，不管其内部机理如何，完全从外部特性上来测试和描述对象的动态特性。因此对于一些内部机理复杂的对象，实验建模比机理建模要简单、省力。

3. 混合建模

　　将机理建模与实验建模结合起来，称为混合建模。混合建模是一种比较实用的方法，它先由机理分析的方法提出数学模型的结构形式，然后对其中某些未知的或不确定的参数利用实验的方法给予确定。这种在已知模型结构的基础上，通过实测数据来确定数学表达式中某些参数的方法，称为参数估计。

知识点四　描述对象特性的参数

　　这里研究的是当对象的输入量变化后，输出量究竟是如何变化的。如图 3-2 所示的水槽对象，达到稳定状态时，流量 $Q_i = Q_o$，即水槽对象的进水量和出水量相等，液位保持不变。假定在 $t = t_0$ 时刻突然开大进水阀门 1，让水槽对象的输入量有一个阶跃改变，来研究水槽对象输出量液位的变化情况，如图 3-3 所示。下面就以水槽对象特性曲线说明描述对象特性的三个参数：放大系数 K、时间常数 T、滞后时间 τ。

一、放大系数 K

　　液位 h 也会有相应的变化，但在控制作用下，最后还是会稳定在某一数值上。我们将水槽进水流量 Q_i 的变化看作对象的输入，将液位 h 的变化看作对象的输出，那么在稳定状态时，对象一定的输入就对应着一定的输出，这种特性称为对象的静态特性。而此时，对象输出变化量与输入变化量的比称为对象的放大系数，用 K 表示。

被控对象特性的研究-放大系数

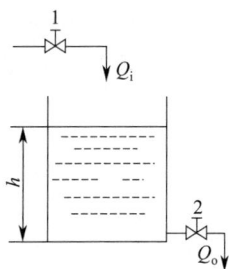

图 3-2　水槽
1，2—阀门

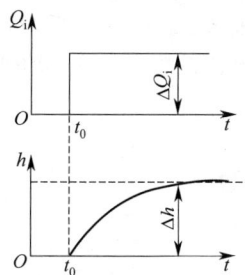

图 3-3　水槽液位的变化曲线

　　K 在数值上等于对象重新稳定后的输出变化量与输入变化量之比。它的意义也可以这样来理解：如果有一定的输入变化量 ΔQ_i，通过对象就被放大了 K 倍变为输出变化量 Δh。用公式表示为

$$K = \frac{\Delta h}{\Delta Q_i} \tag{3-1}$$

式中　Δh——液位的变化量；

ΔQ_i——水槽进水量的变化量。

对象的放大系数 K 反映了对象的静态特性及系统的稳定性，K 越大，就表示对象的输入量有一定变化时，对输出量的影响越大。在工艺生产中，常常会发现有的阀门对生产影响很大，开度稍微变化就会引起对象输出量大幅度的变化，甚至造成事故；有的阀门则相反，开度的变化对生产的影响很小。这说明在一个设备上，各种量的变化对被控变量的影响是不一样的。换句话说，就是各个量与被控变量之间的放大系数有大有小。放大系数越大，被控变量对这个量的变化就越灵敏，这在选择自动控制方案时是需要考虑的。

现以合成氨厂的变换炉为例，来说明各个量的变化对被控变量的放大系数是不同的。图3-4是一氧化碳变换过程示意图。变换炉的作用，是将一氧化碳和水蒸气在催化剂存在的条件下发生作用，生成氢气和二氧化碳，同时放出热量。生产过程要求一氧化碳的转化率要高，蒸汽消耗量要少，催化剂寿命要长。生产上通常用变换炉一段反应温度作为被控变量，来间接地控制转换率和其他指标。

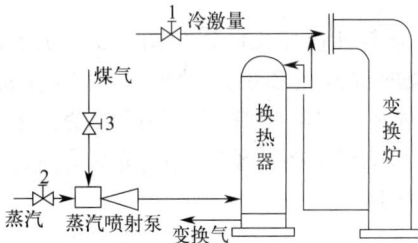

图 3-4　一氧化碳变换过程示意图
1～3—阀门

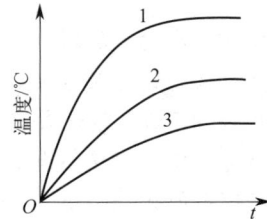

图 3-5　不同输入作用时的被控变量变化曲线

影响变换炉一段反应温度的因素是很复杂的，其中主要有冷激流量、蒸汽流量和半水煤气流量。改变阀门1、2、3的开度就可以分别改变冷激量、蒸汽量和半水煤气量的大小。生产上发现，改变冷激量对被控变量温度的影响最大、最灵敏；改变蒸汽量影响次之；改变半水煤气量对被控变量温度的影响最不显著。如果改变冷激量、蒸汽量和半水煤气量的百分数是相同的，那么变换炉一段反应温度的变化情况如图3-5所示。这说明冷激量对温度的相对放大系数最大；蒸汽量对温度的相对放大系数次之；半水煤气量对温度的相对放大系数最小。

二、时间常数 T

被控对象特性的研究-时间常数

从大量的生产实践中发现，有的对象受到输入作用后，被控变量变化很快，能较迅速地达到稳态值；有的对象在受到输入作用后，惯性很大，被控变量要经过很长时间才能达到新的稳态值。

从图3-6(a)中可以看到，截面积大的水槽与截面积小的水槽相比，当进口流量改变同样一个数值时，截面积小的水槽液位变化很快，并迅速趋向新的稳态值。而截面积大的水槽惯性大，液位变化慢，须经过很长时间才能稳定。同样道理，夹套蒸汽加热的反应器与直接蒸汽加热的反应器相比，当蒸汽流量变化时，直接蒸汽加热的反应器内反应物的温度变化比夹套加热的反应器快[如图3-6 (b)所示]。如何定量地表示对象的这种特性呢？在自动化领域中，往往用时间常数 T 来表示。时间常数越大，表示对象受到干扰作用后，被控变量变化得越慢，到达新的稳定值所需的时间越长。

为了进一步理解放大系数 K 与时间常数 T 的物理意义，下面结合图3-2所示的水槽例

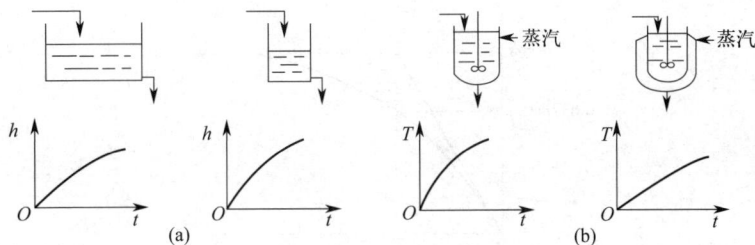

图 3-6 不同时间常数对象的反应曲线

子，来进一步加以说明。

由前面的推导可知，简单水槽的对象特性可由式（3-4）来表示，现重新写出如下

$$T \frac{\mathrm{d}h(t)}{\mathrm{d}t} + h(t) = KQ_i$$

假定 Q_i 为阶跃作用，$t<0$ 时 $Q_i=0$，$t \geqslant 0$ 时 Q_i 为一常数，如图 3-7（a）所示。为了求得在 Q_i 下 h 的变化规律，可以对上述一阶微分方程式求解，得

$$h(t) = KQ_i(1 - e^{-\frac{t}{T}}) \tag{3-2}$$

上式就是对象在受到阶跃作用 Q_i 后，被控变量 h 随时间变化的规律，称为被控变量过渡过程的函数表达式。根据式（3-2）可以画出 $h \sim t$ 曲线，称为阶跃反应曲线或飞升曲线，如图 3-7（b）所示。

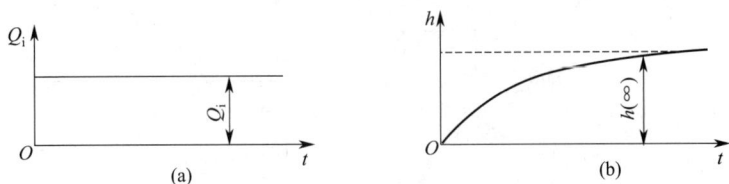

图 3-7 反应曲线

下面来讨论时间常数 T 的物理意义。将 $t=T$ 代入式（3-2），就可以求得

$$h(T) = KQ_i(1 - e^{-1}) = 0.632KQ_i \tag{3-3}$$

将式（3-2）代入式（3-3）得

$$h(T) = 0.632h(\infty) \tag{3-4}$$

由此可知，当对象受到阶跃输入后，被控变量达到新的稳态值的 63.2% 所需的时间，就是时间常数 T。实际工作中，常用这种方法求取时间常数，如图 3-8 所示。显然，时间常数越大，被控变量的变化也越慢，达到新的稳定值所需的时间也越大。

从式（3-2）可以看出，只有当 $t \to \infty$ 时，才有 $h = KQ_i$。但是当 $t = 3T$ 时，代入式（3-2），便得

$$h(3T) = KQ_i(1 - e^{-3}) \approx 0.95KQ_i = 0.95h(\infty) \tag{3-5}$$

这就是说，从加入输入作用后，经过 $3T$ 时间，液位已经变化了全部变化范围的 95%，这时，可以近似地认为动态过程基本结束。所以，时间常数 T 是表示在输入作用下，被控变量完成其变化过程所需要时间的一个重要参数。

三、滞后时间 τ

在化工生产过程中，有一些对象，在受到输入作用后，被控变量却不能立即而迅速地变

被控对象特性的研究-滞后时间

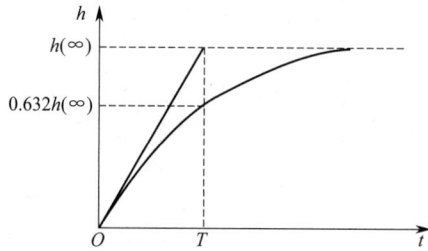

图 3-8　时间常数 T 的求法

化，这种现象称为滞后现象。根据滞后性质的不同，可分为两类，即传递滞后和容量滞后。

1. 传递滞后

传递滞后又叫纯滞后，一般用 τ_0 表示。τ_0 的产生一般是由介质的输送需要一段时间而引起的。例如图 3-9（a）所示的溶解槽，料斗中的固体用皮带输送机送至加料口。在料斗加大送料量后，固体溶质需等输送机将其送到加料口并落入槽中后，才会影响溶液浓度。以料斗的加料量作为对象的输入，溶液浓度作为输出时，其反应曲线如图 3-9（b）所示。

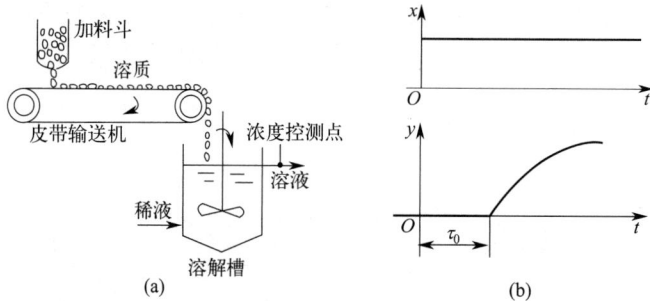

图 3-9　溶解槽及其反应曲线

图中所示的 τ_0 为皮带输送机将固体溶质由加料斗输送到溶解槽所需要的时间，称为纯滞后时间。显然，纯滞后时间 τ_0 与皮带输送机的传送速度 v 和传送距离 L 有如下关系

$$\tau_0 = \frac{L}{v} \tag{3-6}$$

另外，由测量点选择不当、测量元件安装不合适等原因也会造成传递滞后。图 3-10 所示是一个蒸汽直接加热器。如果以进入的蒸汽量 q 为输入量，实际测得的溶液温度为输出量，测温点离槽的距离为 L。那么，当加热蒸汽量增大时，槽内温度升高，然而槽内溶液流到管道测温点处还要经过一段时间 τ_0。这段时间 τ_0 亦为纯滞后时间。

在实际生产过程中，由测量元件或测量点选择不当引起纯滞后的现象在成分分析过程中尤为常见。安装成分分析仪器时，取样管线太长，取样点安装离设备太远，都会引起较大的纯滞后时间，这是在实际工作中要尽量避免的。

2. 容量滞后

有些对象在受到阶跃输入作用后，被控变量开始变化很慢，后来才逐渐加快，最后又变慢直至逐渐接近稳定值，这种现象叫容量滞后，其反应曲线如图 3-11 所示。

容量滞后一般是由物料或能量的传递需要通过一定阻力而引起的。

其阶跃影响曲线如图 3-11 所示，输入量在作阶跃变化的瞬间，输出量变化的速度等于零，以后随着时间的增加，变化速度慢慢增大，但当 t 大于某一个 t_1 值后，变化速度又慢慢减小，直至 $t \rightarrow \infty$ 时，变化速度减小到零。

纯滞后和容量滞后尽管本质上不同，但实际上很难严格区分，在容量滞后与纯滞后同时存在时，常常把两者合起来统称滞后时间 τ，即 $\tau = \tau_0 + \tau_n$，如图 3-12 所示。

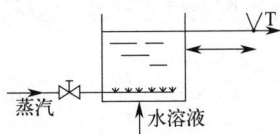

图 3-10 蒸汽直接加热器

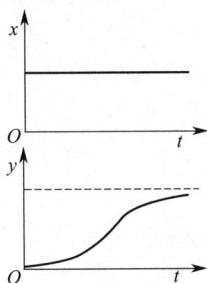

图 3-11 具有容量滞后对
象的反应曲线

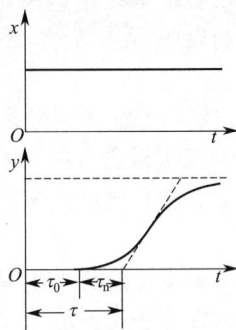

图 3-12 滞后时间示意图

在自动控制系统中，滞后的存在是不利于控制的。所以，在设计和安装控制系统时，都应当尽量把滞后时间减到最小。

滞后时间 τ 和时间常数 T 都是用来表征对象受到输入作用后，被控变量是如何变化的，也就是反映系统过渡过程中的变化规律的，因此，它们是反映对象动态特性的参数。

目前常见的化工对象的滞后时间 τ 和时间常数 T 大致情况如下：

被控变量为压力的对象——τ 不大，T 也属中等；

被控变量为液位的对象——τ 很小，而 T 稍大；

被控变量为流量的对象——τ 和 T 都较小，数量级往往在几秒至几十秒；

被控变量为温度的对象——τ 和 T 都较大，约几分钟至几十分钟。

单元二　基本控制规律的选择

学习目标

知识目标： 1. 掌握基本控制规律及其特点；

2. 掌握比例积分微分控制规律及其特点。

能力目标： 1. 能说出不同控制规律的特点；

2. 能根据工艺条件选择合适的控制规律。

素养目标： 1. 养成科学严谨、实事求是的态度；

2. 树立创新意识，激发创新热情。

学习导入

1. 冰箱和空调是如何实现温度控制的？

2. 洗衣机是如何自动的清洗衣物的？

知识链接

知识点一　控制规律的认知

在控制系统中，控制器的作用是接收偏差信号，并按一定的控制规律输出控制信号，使控制阀的开度发生变化，以消除干扰对被控变量的影响，使被控变量的值回到给定值上。

控制器的输入信号是比较机构送来的偏差信号 e，在分析自动化系统时，它是给定值信号 x 与变送器送来的测量值信号 z 之差，即 $e=x-z$。在单独分析控制仪表时，习惯上采用测量值减去给定值作为偏差，即 $e=z-x$。控制器的输出信号就是控制器送往执行器的信号 p。

控制器的控制规律实际上就是控制器的输出信号 p 随输入信号 e 的变化规律。可以用下面的函数关系式表示

$$p=f(e)=f(z-x) \tag{3-7}$$

在研究控制器的控制规律时，经常是假定控制器的输入信号 e 是一个阶跃信号，然后来研究控制器的输出信号 p 随时间的变化规律。

控制器的基本控制规律有位式控制（其中以双位控制比较常用）、比例控制（P）、积分控制（I）、微分控制（D）及它们的组合形式，如比例积分控制（PI）、比例微分控制（PD）和比例积分微分控制（PID）。下面，将讨论各种控制规律的构成和作用形式

知识点二　双位控制

位式控制中的双位控制是自动控制系统中最简单的一种控制规律。双位控制的动作规律是当测量值大于给定值时，控制器的输出为最大（或最小），当测量值小于给定值时，则输出为最小（或最大）。因此，双位控制器只有两个输出值，相应的控制机构也只有开和关两个极限位置，所以又称开关控制。

理想的双位控制器其输出 p 与输入偏差 e 之间的关系为

$$p=\begin{cases} p_{\max}, & e>0(\text{或 } e<0) \\ p_{\min}, & e<0(\text{或 } e>0) \end{cases} \tag{3-8}$$

理想的双位控制特性如图 3-13 所示。

图 3-14 是一个采用双位控制的液位控制系统，它利用电极式液位计来控制储槽的液位，储槽内装有一根电极作为测量液位的装置，电极的一端与继电器 J 的线圈相接，另一端调整在液位给定值的位置。导电的流体流经装有电磁阀 V 的管线进入储槽，从下部出料管流出，储槽外壳接地。当液位低于给定值 H_0 时，流体未接触电极，继电器断路，此时电磁阀 V 全开，流体流入储槽使液位上升，当液位上升至稍大于给定值时，流体与电极接触，于是继电器接通，从而使电磁阀全关，流体不再进入储槽。但槽内流体仍在继续往外排出，故液位将要下降。当液位下降至稍小于给定值时，流体与电极脱离，于是电磁阀 V 又开启，如此反复循环，使液位被维持在给定值上下很小一个范围内波动。

由此可见，按上述规律动作，控制机构的动作非常频繁，会使系统中的运动部件（例如继电器、电磁阀等）因动作频繁而损坏，况且，实际生产中给定值也是允许有一定偏差的。

因此实际应用的双位控制器具有一个中间区，如图 3-15 所示。偏差在中间区内时，控制机构不动作，可以使控制机构开关的频繁程度大为降低，延长了控制器中运动部件的使用

寿命。

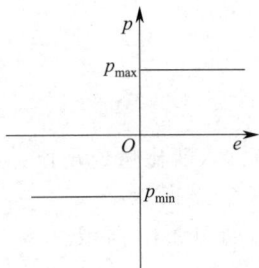

图 3-13　理想双位控制特性

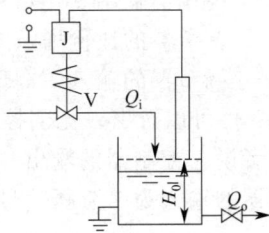

图 3-14　双位控制示例

具有中间区的双位控制过程如图 3-16 所示。当液位低于下限值 h_L 时，电磁阀是开的，流体流入储槽，由于流入量大于流出量，故液位上升。当升至上限值 h_H 时，阀关闭，流体停止流入，由于此时流体只出不入，故液位下降。直到液位值下降至下限值时，电磁阀重新开启，液位又开始上升。

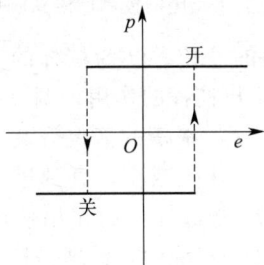

图 3-15　实际的双位控制特性图

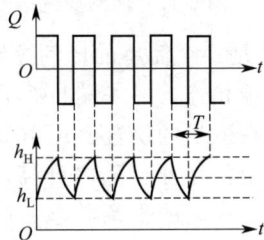

图 3-16　具有中间区的双位控制过程

双位控制一般采用振幅与周期作为品质指标，如果工艺生产允许被控变量在一个较宽的范围内波动，控制器的中间区就可以宽一些，这样振荡周期较长，可使可动部件动作的次数减少，于是减少了磨损，也就减少了维修工作量，因而只要被控变量波动的上、下限在允许范围内，使周期长些比较有利。

双位控制器结构简单、成本较低、易于实现，因而应用很普遍，例如仪表用压缩空气储罐的压力控制，恒温炉、管式炉的温度控制，空调和冰箱的温度控制等都是日常生活中用到双位控制的例子。

知识点三　比例控制

一、比例控制规律

在双位控制系统中，被控变量不可避免地会产生持续的等幅振荡过程，这是由于双位控制器只有两个特定的输出值，相应的控制阀也只有两个极限位置，势必会使被控变量产生等幅振荡。

比例控制规律

为了避免这种情况，可以使控制阀的开度（即控制器的输出值）与被控变量的偏差成比例，根据偏差的大小，控制阀可以处于不同的位置，这样就有可能获得与对象负荷相适应的操纵变量，从而使被控变量趋于稳定，达到平衡状态。

这种阀门开度的变化量与被控变量的偏差信号成比例的控制规律，称为比例控制规律。

化工仪表与过程控制

可用式(3-9) 表示：

$$\Delta p = K_C e \qquad (3-9)$$

式中　　Δp——控制器输出变化量；

　　　　K_C——调节器的比例增益或比例放大系数；

　　　　e——调节器的输入，即偏差。

由式(3-9) 可以看出，比例控制时控制器输出变化量与输入变化量成正比，在时间上没有延滞。或者说，控制器的输出与输入是一一对应的。如图 3-17 所示。

当控制器的输入为一阶跃信号时，比例控制的输入输出如图 3-18 所示。

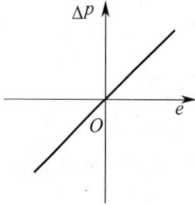

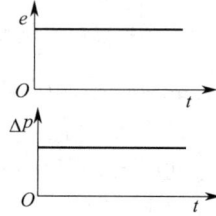

图 3-17　比例规律　　　　　　　　　图 3-18　比例控制的阶跃响应

图 3-19 是一个简单的比例控制系统，被控变量是水槽的液位，O 为杠杆的支点，杠杆的一端与浮球相连，另一端与调节阀的阀杆连接。通过浮球与杠杆的作用，调节阀门的开度使液位保持在适当的位置上。当负荷减少时（设出水量减少），水槽的液位升高，说明进水量大于出水量，浮球会随之升高，并通过杠杆的作用使阀门开度减小，直到进、出水量相等，液位稳定在新的平衡状态；同理，当液位降低时，浮球通过杠杆的作用使阀门开度增大，直到进、出水量相等，液位稳定在新的平衡状态。在这个系统中，浮球是检测元件，而杠杆就是一个最简单的控制器。

假定图中的虚线位置代表新的平衡状态。e 表示液位的变化量（即偏差），也就是该控制器的输入量；Δp 表示阀的位移量，也就是该控制器的输出变化量。根据相似三角形原理，有

$$\frac{a}{b} = \frac{e}{\Delta p} \qquad (3-10)$$

即

$$\Delta p = \frac{b}{a} e = K_C e \qquad (3-11)$$

式中　　e——杠杆左端的位移，即液位的变化量；

　　　　Δp——杠杆右端的位移，即阀杆的位移量；

　　　　a、b——杠杆支点与两端的距离。

从这个例子可以看出：图 3-20 是水槽的比例控制过程，假定系统原来处于平衡状态，系统各参数均保持不变，被控变量（液位）在 t_0 时刻等于给定值。在 $t=t_0$ 时，出水量 Q_o 有一阶跃干扰，平衡被破坏，这时液位 h 下降，浮球也跟着下降，通过杠杆的作用控制器输出也变化，从而使操纵变量即进水量 Q_i 增加，使液位 h 的下降速度逐渐变慢，经过一定时间的调节，当进水量 Q_i 又重新等于出水量 Q_o 时，液位又重新稳定在一个新的平衡状态。从图中可以看出，当控制结束后，液位下降了，被控变量的新稳态值与给定值不再相等，而是低于给定值，这个差值就是余差。

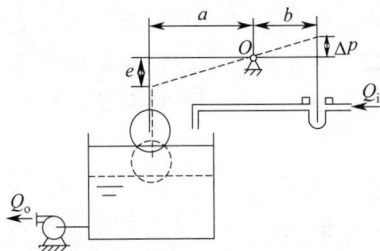

图 3-20 比例控制系统过渡过程

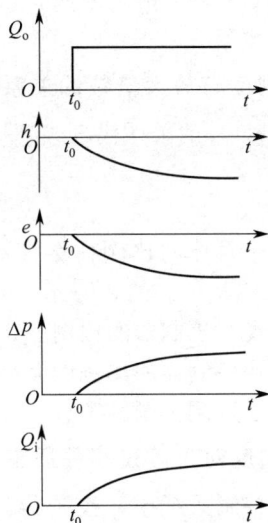

图 3-19 简单比例控制系统示意图

二、比例度及其对过渡过程的影响

1. 比例度

从比例控制规律的数学表达式可以看出，比例控制器的放大倍数 K_C 是一个重要的参数，它决定了比例作用的强弱。但在工业上所使用的控制器，习惯上采用比例度 δ 来衡量比例控制作用的强弱。

比例度就是指控制器输入的相对变化量与相应的输出的相对变化量之比的百分数，其表达式为

$$\delta = \left(\frac{\Delta e}{x_{max} - x_{min}} \Big/ \frac{\Delta p}{p_{max} - p_{min}} \right) \tag{3-12}$$

式中　　δ——比例控制器的比例度；

　　　　Δe——输入变化量；

　　　　Δp——相应的输出变化量；

$x_{max} - x_{min}$——输入信号的变化范围，即仪表的量程；

$p_{max} - p_{min}$——输出信号的变化范围，即控制器输出信号的变化范围。

【例题 3-1】有一台比例作用的温度控制仪表，温度刻度范围为 $200 \sim 400℃$，控制器输出工作范围是 $0 \sim 10mA$。当指示指针从 $280℃$ 移到 $320℃$，此时控制器相应的输出从 $4mA$ 变为 $8mA$，其比例度的值为

$$\delta = \left(\frac{320 - 280}{400 - 200} \Big/ \frac{8 - 4}{10 - 0} \right) \times 100\% = 50\%$$

这说明对于这台比例控制器，温度变化全量程的 50%（相当于 $100℃$），控制器的输出就能从最小变为最大，在此区间内，e 和 Δp 是成比例的。

图 3-21 是控制器的比例度的大小与输入输出的

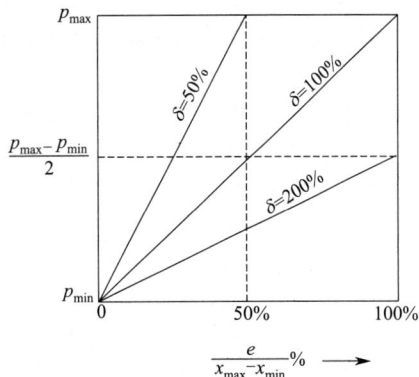

图 3-21 比例度示意图

关系示意图。从图中可以看出，比例度越小，使输出变化全范围时所需的输入变化区间也就越小，反之亦然。

2. 比例度与放大倍数的关系

将式（3-11）的关系代入式（3-12），经整理后可得

$$\delta = \frac{1}{K_C} \times \frac{p_{max} - p_{min}}{x_{max} - x_{min}} \times 100\% \tag{3-13}$$

对于一个具体的比例作用控制器，指示值的刻度范围 $x_{max} - x_{min}$ 及输出的变化范围 $p_{max} - p_{min}$ 应是一定的，因此，由式（3-13）可以看出，比例度 δ 与放大倍数 K_C 成反比。

这就是说，控制器的比例度 δ 越小，它的放大倍数 K_C 就越大，比例控制作用越强，反之亦然。工业控制器的比例度大小都是可以调整的，有的控制器比例度可调范围较宽，有的控制器比例度可调范围较窄。

3. 比例度对过渡过程品质指标的影响

在比例控制系统中，控制器的比例度不同，过渡过程的形式也不同。那么如何通过改变比例度 δ 获得我们所希望的过渡过程呢？下面分析比例度 δ 对系统过渡过程的影响。

（1）比例度 δ 对余差的影响　比例度 δ 越大，放大系数 K_C 越小，由于 $\Delta p = K_C e$ 要获得同样的 Δp 变化量所需的偏差就越大，因此，相同的扰动作用下，过程终止时的余差就越大；反之，减小比例度，余差也随之减小，但这会使系统稳定性变差。

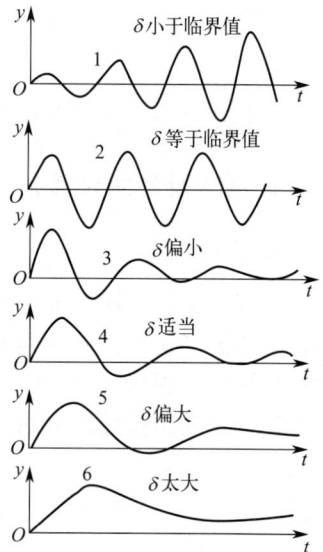

图 3-22　比例度对过渡过程的影响

（2）比例度对系统稳定性的影响　比例度对系统过渡过程的影响如图 3-22 所示。比例度 δ 越大，则控制器的输出变化小，被控变量变化缓慢，过渡过程平稳；随着比例度 δ 的减小，系统的振荡程度增加，衰减比减小，稳定程度降低。当比例度 δ 继续减小到某一数值时，系统将会出现等幅振荡，如图 3-22 曲线 2，这时的比例度称为临界比例度 δ_k。当比例度小于临界比例度时，系统将出现发散振荡，这是很危险的，有时甚至会造成重大事故。

（3）比例度对最大偏差、振荡周期的影响　比例度越小，比例控制作用越强，即在相同的扰动作用下，控制器的输出较大，被控变量偏离给定值较小；被控变量恢复到给定值所需的时间也短，所以比例度越小，振荡周期也越短，工作频率提高。

如果对象的滞后较小、时间常数较大以及放大倍数较小时，控制器的比例度可以选得小些，以提高系统的灵敏度，使反应快些，从而过渡过程曲线的形状较好。反之，比例度就要选大些以保证稳定。

三、比例控制作用的特点及适用场合

比例控制规律的特点是比较简单，控制比较及时，一旦偏差出现，马上就有相应的控制作用。所以比例控制规律是一种最基本的控制规律，也是应用最为广泛的一种控制规律。

由于比例控制器的控制结果是一定会存在余差，为了保证控制的稳定性，会选用较大的比例度，相应的余差就更大。因此，比例控制作用适合干扰较小、对象滞后较小而时间常数

稍大、控制精度要求不高，且允许有余差存在的场合。

知识点四　积分控制

积分控制规律

比例控制的最大优点是控制作用及时，反应快；最大缺点是控制结果存在余差，控制精度不高。因此，在对控制质量有更高的要求，不允许出现余差时，就需要在比例控制的基础上加上能消除余差的积分控制作用。

一、积分控制规律

积分控制规律的输出变化量 Δp 与输入偏差 e 的积分成正比，即

$$\Delta p = K_I \int e\,\mathrm{d}t = \frac{1}{T_I} \int e\,\mathrm{d}t \tag{3-14}$$

$$T_I = 1/K_I \tag{3-15}$$

式中　K_I——积分速度；

　　　T_I——积分时间。

由以上两个公式可知，积分时间和积分速度成反比关系；积分控制作用的输出一方面取决于偏差的大小，另一方面取决于偏差存在的时间长短。只要有偏差，尽管偏差可能很小，但它存在的时间越长，输出信号就越大；只有当偏差消除（即 $e=0$）时，控制器输出信号才不再继续变化，执行器停止动作，系统稳定，这时的余差为零。也就是说，由积分控制器组成的控制系统可以达到无余差。积分控制器的特性如图 3-23 所示。

输出信号的变化速度与偏差 e 及 K_I 成正比，而其控制作用是随着时间积累才逐渐增强的，所以控制动作缓慢，会出现控制不及时。当对象惯性较大时，被控变量将出现大的超调量，过渡时间也将延长，因此单独使用积分控制作用的自动控制系统，控制不及时，常常把比例与积分组合起来，这样控制既及时，又能消除余差。

二、比例积分控制规律

比例积分控制规律可用式（3-16）表示

$$\Delta p = K_C \left(e + K_I \int e\,\mathrm{d}t \right) \tag{3-16}$$

经常采用积分时间 T_I 来代替 K_I，$T_I = \dfrac{1}{K_I}$，所以式（3-16）常写为

$$\Delta p = K_C \left(e + \frac{1}{T_I} \int e\,\mathrm{d}t \right) \tag{3-17}$$

若输入偏差是幅值为 A 的阶跃信号时，代入式（3-17）可得

$$\Delta p = K_C A + \frac{K_C}{T_I} A t \tag{3-18}$$

如图 3-24 所示，比例积分控制器的输出是比例作用和积分作用两部分的和。由式（3-18）可知，输出中垂直上升部分是比例作用的结果，之后随时间慢慢上升部分是积分作用的结果。在 $t=0$ 时刻，由于比例作用，控制器的输出立即跃升至 $K_C A$，之后积分控制起作用，使输出随时间不断增大。当时间 $t=T_I$ 时，输出为 $2K_C A$。

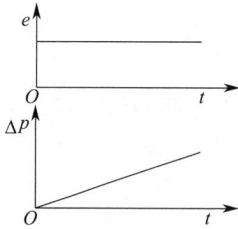

图 3-23　积分控制器特性

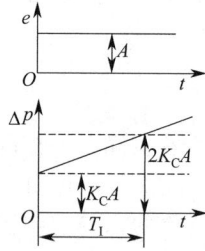

图 3-24　比例积分控制器特性

因此，积分时间可以定义为：在阶跃输入作用下，比例积分作用总的输出等于比例作用输出的两倍时，所经历的时间即为积分时间。实践过程中，可以利用比例积分控制作用的这一特点，来求取积分时间。积分时间越短，表示积分速度越大，积分作用越强。反之，积分时间越长，积分作用越弱。若积分时间为无穷大，就表示没有积分作用，成为纯比例控制器。

三、积分时间对控制系统过渡过程的影响

对于比例积分控制器，比例度和积分时间都是可调的。我们在比例度不变的情况下，研究积分时间对过渡过程的影响，如图 3-25 所示。

可以从两方面来研究积分时间对过渡过程的影响。当缩短积分时间，加强积分控制作用时，一方面克服余差的能力增加，这是有利的一面。但另一方面，过程振荡加剧，稳定性降低。积分时间越短，振荡倾向越强烈，甚至会成为不稳定的发散振荡，这是不利的一面。

从图 3-25 可以看出，积分时间过大或过小均不合适。积分时间过大，积分作用太弱，余差消除很慢（见曲线 3），当积分时间趋于无穷大时，成为纯比例控制器，将不能消除余差（见曲线 4）；积分时间太小，过渡过程振荡太剧烈（见曲线 1）；只有当积分时间适当时，过渡过程才能较快地衰减而且没有余差（见曲线 2）。

比例积分控制器对于多数系统都可采用，比例度和积分时间两个参数均可调整。当对象滞后很大时，可能控制时间较长、最大偏差也较大；负荷变化过于剧烈时，由于积分动作缓慢，使控制作用不及时，此时可增加微分作用。

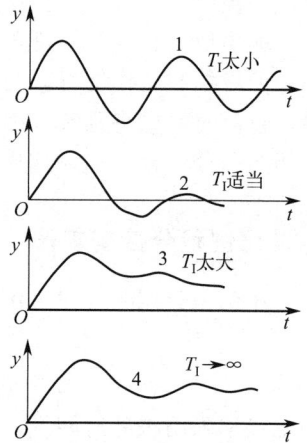

图 3-25　积分时间对过渡过程的影响

知识点五　微分控制

工业上多数控制系统采用了比例积分控制规律。但当对象滞后特别大、时间常数大、负荷变化剧烈时，由于积分作用缓慢，系统的品质指标达不到工艺要求，这时可以考虑在控制系统中加入微分作用。

微分控制规律就是指控制器的输出变化量与偏差信号的变化速度成比例，可以用式（3-19）来表示

微分控制规律

$$\Delta p = T_D \frac{\mathrm{d}e}{\mathrm{d}t} \tag{3-19}$$

式中　Δp——控制器的输出变化量；

　　　T_D——微分时间；

　　　$\dfrac{\mathrm{d}e}{\mathrm{d}t}$——偏差对时间的导数，即偏差信号的变化速度。

一、理想微分控制作用

具有微分控制规律的控制器，其输出只与偏差的变化速度有关，而与偏差是否存在和偏差的大小无关。当偏差固定不变时，不论其数值有多大，微分输出都是 0。

在阶跃输入作用下，微分控制器的输出特性如图 3-26 所示，由图（b）看出，在输入变化的瞬间，微分输出趋于无穷大，以后由于输入不再变化，输出立即降为 0，因此微分控制器不能用来消除静态偏差。而且当偏差的变化速度很慢时，微分控制器的作用也不明显。所以这种理想微分控制作用一般不能单独使用，也很难实现。

二、近似微分控制作用

近似微分作用，在阶跃输入发生时，输出 Δp 突然上升到一个较大的数值（一般为输入数值的 5 倍或更大），然后呈指数规律衰减至零。如图 3-26(c) 所示。

三、实际的微分控制作用（比例微分控制器）

微分控制作用对恒定不变的偏差没有控制作用，因此，微分控制作用总是与比例作用或比例积分作用同时使用。

实际的微分控制规律由两部分组成：比例作用与近似微分作用，其比例度是固定不变的，恒等于 100%，实际的微分控制器是一个比例度等于 100% 的比例微分控制器。

图 3-27 所示为实际的微分控制作用在阶跃输入下的输出变化曲线。在输入为数值 A 的阶跃信号时，实际微分控制作用的输出 Δp 等于比例作用的输出 Δp_p 与近似微分输出 Δp_D 之和，用式（3-20）表示

$$\Delta p = \Delta p_p + \Delta p_D = A + A(K_D - 1)e^{-\frac{K_D}{T_D}t} \tag{3-20}$$

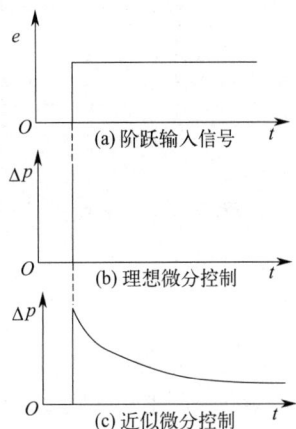
图 3-26 微分控制器动态特性

式中　K_D——微分放大系数；

$e^{-\frac{K_D}{T_D}t}$——指数衰减函数。

由式(3-20) 可知，当 $t=0$ 时，$\Delta p = K_D A$；当 $t=\infty$ 时，$\Delta p = A$。所以，微分控制器在阶跃信号作用下，输出 Δp 一开始就升高到输入幅值 A 的 K_D 倍，然后再逐渐下降，到最后就只有比例作用 A 了。微分放大倍数 K_D 决定了微分控制器在阶跃作用瞬间的最大输出幅度。在控制器设计时，K_D 一般是确定了的。

微分时间 T_D 是表征微分作用强弱的一个重要参数，它决定了微分作用衰减的快慢。微分时间越大，微分作用的输出衰减越慢，微分作用持续时间越长，微分作用越强。反之，微分时间越小，微分作用越弱。

四、微分时间对过渡过程的影响

微分作用与输入偏差的变化速度成比例。微分作用的方向总是阻止被控变量的变化，力图使偏差不变。所以微分作用的实质是不管偏差的大小及方向如何，它都能阻止被控变量的一切变化。因此，微分作用加得恰当时，能够大大改善调节系统的质量。当被控变量发生突然而又剧烈的变化时，往往是由于生产过程中有较大的干扰产生，微分作用可以在剧烈变化一出现的时刻，立即产生一个较大的控制作用，它具有一种预先控制的性质，所以具有"超前调节"的作用。

在比例微分控制系统中，微分时间对系统过渡过程的影响如图 3-28 所示。从图中可以看出，微分时间太大及太小均不合适，应取适当的数值。增加微分作用，可以减小比例度，因而微分时间越大，余差也就越小。一般温度调节系统常需添加微分作用，其他系统需要较少。有些系统由于反应太快，可加"反微分"，以降低系统的灵敏度。现场控制系统中用比例微分作用的不多，较常见的是比例积分微分三作用控制规律，通常称为 PID 控制。

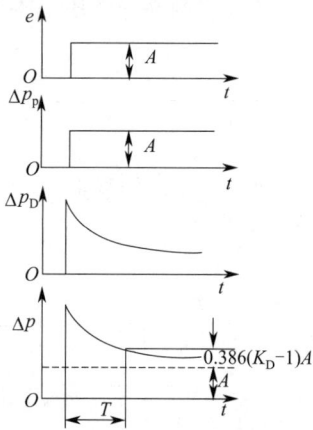

图 3-27 实际的微分控制作用

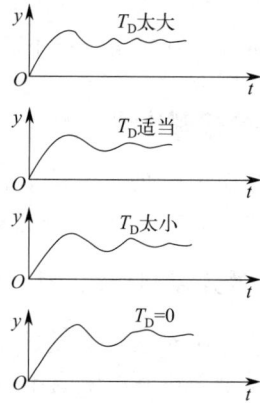

图 3-28 微分时间对过渡过程的影响

知识点六 比例积分微分控制规律

在生产过程中常常将比例作用、积分作用、微分作用结合起来，可以得到较好的控制质量。由这三种控制规律组成的控制器称为比例积分微分控制器，简称 PID 控制规律。

比例积分微分控制规律可用公式表示为

$$p = K_p \left(e + \frac{1}{T_I} \int e \, dt + T_D \frac{de}{dt} \right) \qquad (3-21)$$

当有阶跃信号输入时，输出为比例、积分和微分三部分作用输出之和，如图 3-29 所示。这种控制器既能快速进行控制，又能消除余差，具有较好的控制性能。

PID 控制器在阶跃输入下，开始时，微分作用的输出变化最大，使总的输出大幅度地变化，产生一个强烈的"超前"控制作用，这种控制作用可看成为"预调"。然后，微分作用逐渐消失，积分作用输出占主导地位，只要余差存在，积分作用就不断增加，这种控制作用可看成为"细调"，一直到余差完全消失，积分作用才停止，而在PID 的输出中，比例作用是自始至终与偏差相对应的。它一直是一种最基本的控制作用。

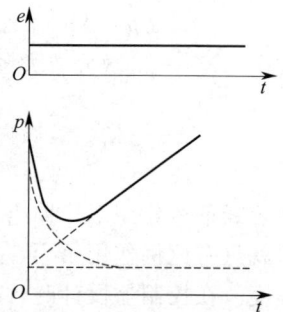

图 3-29 三作用控制器特性

PID 控制器中，有 3 个可以调整的参数，就是比例度 δ、积分时间 T_I 和微分时间 T_D。适当选取这 3 个参数的数值，可以获得良好的控制质量。如何选取这 3 个参数，将在以后的章节中介绍。

由于 PID 作用控制器综合了各类控制器的优点，因此具有较好的控制性能。但这并不意味着在任何条件下，采用这种控制器都是最合适的。一般来说，当对象滞后较大，负荷滞后较大、负荷变化较快，不允许有余差的情况下，才可以采用 PID 控制器。如果采用比较简单的控制器已能满足生产要求，那就不需要采用 PID 控制器。

单元三　执行器的选择

学习目标

知识目标：1. 了解执行器组成及种类；
　　　　　　2. 掌握气动执行器的正、反作用形式；
　　　　　　3. 了解阀门定位器的作用及工作原理。
能力目标：1. 能根据工艺条件确定气动执行器的正、反作用形式；
　　　　　　2. 能正确安装并维护气动执行器。
素养目标：1. 提升团队合作意识；
　　　　　　2. 培养安全意识、责任意识。

学习导入

　　1. 阀门的作用是什么？
　　2. 阀门是如何工作的？

知识链接

知识点一　执行器的认知

一、执行器在自动控制系统中的作用

执行器是自动控制系统的一个重要组成部分，其作用是接收控制器送来的控制信号，通过执行器开度的改变，来调节操纵介质的流量，从而达到控制工艺参数（压力、温度、物位、流量）的目的。

由于执行器直接与介质接触，常常在高压、高温、深冷、高黏度、易结晶、闪蒸、汽蚀、高压差等状况下工作，使用条件恶劣，因此，它是控制系统的薄弱环节。如果执行器选择或运用不当往往会给生产过程自动化带来困难，导致自动控制系统控制质量下降、控制失灵，甚至造成严重的生产事故。

二、执行器的结构及种类

执行器由执行机构和控制机构（控制阀）两部分组成，执行机构是执行器的推动装置，它根据控制信号的大小产生相应的推力，推动控制机构动作，所以它是将信号压力的大小转换为阀杆位移的装置。控制机构是执行器的控制部分，它直接与被控介质接触，控制流体的

执行器

笼式
调节阀

流量，它是将阀杆的位移转换为流过阀的流量的装置。

执行器按其能源形式不同，可分为气动、电动、液动三大类。

气动执行器用压缩空气作为能源，其特点是结构简单、动作可靠、平稳、输出推力较大、维修方便、防火防爆，而且价格较低，因此广泛地应用于化工、炼油等生产过程中。它可以方便地与气动仪表配套使用。即使是采用电动仪表或计算机控制时，只要经过电-气转换器或电-气阀门定位器将电信号转换为 0.02～0.1MPa 的标准气压信号，仍然可用气动执行器。

电动执行器的能源取用方便，信号传递迅速，但由于它结构复杂、防爆性能差，故较少应用。

液动执行器以液压油为动力源，它的推力最大，但目前在化工、炼油等生产过程中基本上不使用。

知识点二　气动执行器

一、结构

气动执行器是以压缩空气为动力的执行器，由气动执行机构和控制机构两部分组成，根据需要还可以配备阀门定位器和手轮机构等附件。

目前，执行机构主要有薄膜式和活塞式两种，图 3-30 所示的气动薄膜调节阀是一种典型的气动执行器。气动执行机构接收控制器的输出气压信号（0.02～0.1MPa），按一定的规律转换成推力，去推动控制阀。控制阀为执行器的调节机构部分，它与被调介质直接接触，在气动执行机构的推动下，使阀门产生一定的位移，用改变阀芯与阀座间的流通面积，来控制被调介质的流量。

二、控制机构（控制阀）的种类

控制机构即控制阀，实际上是一个局部阻力可以改变的节流元件。通过阀杆上部与执行机构相连，下部与阀芯相连。由于阀芯在阀体内移动，改变了阀芯

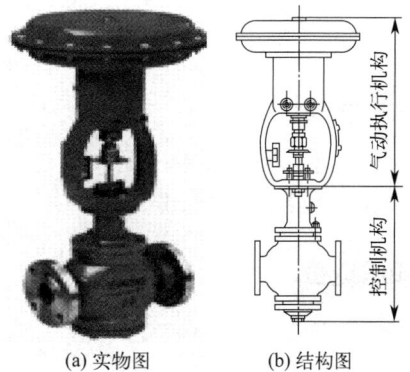

(a) 实物图　　(b) 结构图

图 3-30　气动薄膜调节阀
的外形和内部结构

与阀座之间的流通面积，即改变了阀的阻力系数，操纵介质的流量也就相应地改变，从而达到控制工艺参数的目的。

根据不同的使用要求，控制阀的结构形式很多，主要有以下几种。

（1）直通单座控制阀　直通单座控制阀的阀体内只有一个阀芯与阀座，如图 3-31(a) 所示。其特点是结构简单，泄漏量小，易于保证关闭，甚至完全切断。但是在压差大的时候，流体对阀芯上下作用的推力不平衡，这种不平衡力会影响阀芯的移动。因此这种阀一般应用在小口径、低压差的场合。

（2）直通双座控制阀　直通双座控制阀的阀体内有两个阀芯和阀座，如图 3-31(b) 所示，这是最常用的一种类型。由于流体流过的时候，作用在上、下两个阀芯上的推力方向相反而大小近于相等，可以互相抵消，所以不平衡力小。但是，由于加工的限制，上下两个阀芯阀座不易保证同时密闭，因此泄漏量较大。适用于阀两端压差较大、泄漏量要求不高的干

净介质流量的控制,不适合用于高黏度及含有固体颗粒介质流量的测量。

(3)角形控制阀 角形阀的两个接管呈直角形,如图 3-31(c)所示。这种阀的流路简单、阻力较小,适用于现场管道要求直角连接,介质为高黏度、高压差和含有少量悬浮物和固体颗粒状物质的流量调节。一般为底进侧出,使得调节阀稳定性好,但在高压差场合,为了延长阀芯使用寿命,也可侧进底出。

(4)三通控制阀 三通阀共有三个出入口与工艺管道连接。适用于三个方向流体的管路控制系统,多数用于配比控制与旁路控制。其流通方式有分流(一种介质分成两路)型和合流(两种介质混合成一路)型两种,分别如图 3-31(d)、(e)所示。在使用时应注意流体温差不宜过大,否则会使三通阀产生较大应力而引起变形。

(5)蝶阀 又名翻板阀,如图 3-31(f)所示。蝶阀具有结构简单、重量轻、价格便宜、流阻极小的优点,但泄漏量大,适用于大口径、大流量、低压差的场合,也可以用于含少量纤维或悬浮颗粒状介质的控制。

(6)球阀 球阀的阀芯与阀体都呈球形体,转动阀芯使之与阀体处于不同的相对位置时,就具有不同的流通面积,以达到流量控制的目的,如图 3-31(g)所示。球阀结构简单、维修方便,密封可靠,流通能力强。

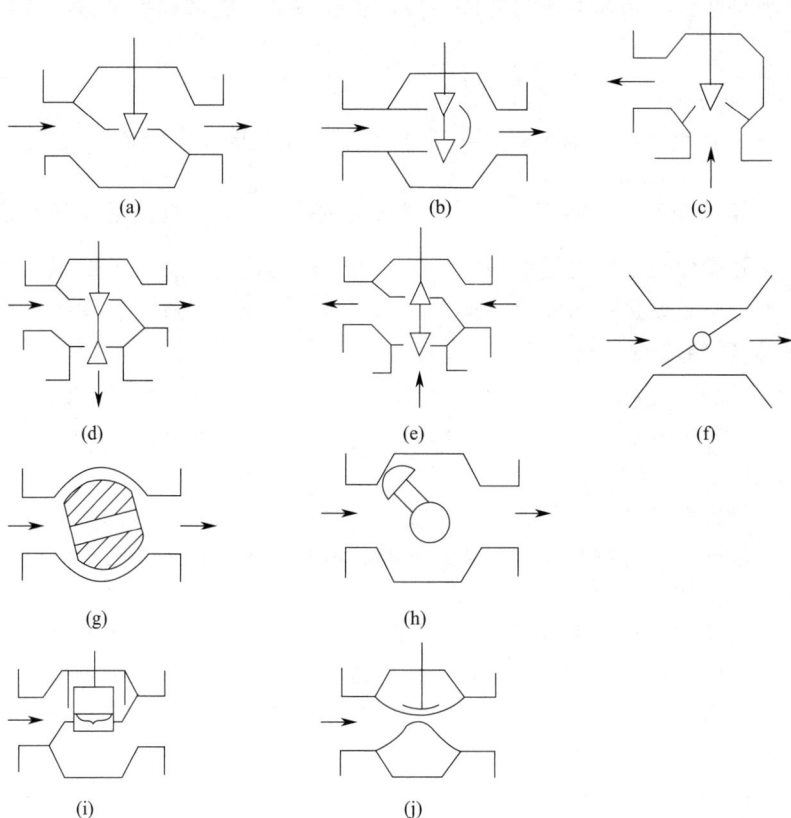

图 3-31 控制阀体主要类型示意图

(7)凸轮挠曲阀 又名偏心旋转阀。它的阀芯呈扇形球面状,与挠曲臂及轴套一起铸成,固定在转动轴上,如图 3-31(h)所示。凸轮挠曲阀的挠曲臂在压力作用下能产生挠曲变形,使阀芯球面与阀座密封圈紧密接触,密封性好。同时,它的重量轻、体积小、安装方便,适用于高黏度或带有悬浮物的介质流量控制。

（8）笼式阀 又名套筒型控制阀，它的阀体与一般的直通单座阀相似，如图 3-31(i) 所示。笼式阀内有一个圆柱形套筒。套筒壁上有一个或几个不同形状的孔，利用套筒导向，阀芯可在套筒内上下移动，由于这种移动改变了笼子的节流孔面积，就形成了各种特性并可实现流量控制。笼式阀的可调比大、振动小、不平衡力小、结构简单、套筒互换性好，更换不同的套筒即可得到不同的流量特性，阀内部件所受的汽蚀小、噪声小，是一种性能优良的阀，特别适用于要求低噪声及压差较大的场合，但不适用高温、高黏度及含有固体颗粒的流体。

（9）隔膜控制阀 采用耐腐蚀衬里的阀体和隔膜，如图 3-31(j) 所示。隔膜阀结构简单、流阻小、流通能力比同口径的其他种类的阀要大。由于介质用隔膜与外界隔离，故无填料，介质也不会泄漏。这种阀耐腐蚀性强，适用于强酸、强碱、强腐蚀性介质的控制，也能用于高黏度及悬浮颗粒状介质的控制。

除以上所介绍的阀以外，还有一些特殊的控制阀。例如小流量阀适用于小流量的精密控制，超高压阀适用于高静压、高压差的场合。

三、控制阀的流量特性

控制阀的流量特性是指调节阀的开度与流过阀的流量之间的函数关系。即

$$\frac{Q}{Q_{max}} = f\left(\frac{l}{L}\right) \tag{3-22}$$

式中　$\dfrac{Q}{Q_{max}}$——相对流量，控制阀某一开度时流量 Q 与全开时流量 Q_{max} 之比；

$\dfrac{l}{L}$——相对开度，控制阀某一开度时阀芯位移 l 与全开时阀芯位移 L 之比。

由于调节阀开度变化的同时，阀前后的压差也会随之改变，而压差的变化又将引起流量变化。因此，为了便于分析，将流量特性分为理想流量特性和实际的工作流量特性。

1. 控制阀的理想流量特性

理想流量特性是指在不考虑控制阀前后压差变化时得到的流量特性。它取决于阀芯的形状，如图 3-32 所示，主要有直线、等百分比（对数）、抛物线及快开四种，其特性曲线如图 3-33 所示，下面分别介绍它们的特点。

（1）快开流量特性 这种流量特性在开度较小时就有较大流量，随开度的增大，流量很快就达到最大，故称为快开特性。快开特性的阀芯形式是平板形的，适用于迅速启闭的切断阀或双位控制系统，如图 3-33 中曲线 1 所示。

（2）直线流量特性 直线流量特性是指控制阀的相对流量与相对开度成直线关系，即单位位移变化所引起的流量变化是常数。直线流量特性，在小开度时，流量相对变化值大，灵敏度高，调节作用强，易产生振荡；而在大开度时，流量相对变化值小，灵敏度低，调节作用弱，调节缓慢，如图 3-33 中曲线 2 所示。

（3）抛物线流量特性 抛物线流量特性是指相对流量与相对开度之间为抛物线关系，在直角坐标中为一条抛物线，如图 3-33 中 3 所示，它介于直线与等百分比特性曲线之间。

（4）等百分比（对数）流量特性 相对开度与相对流量成对数关系，如图 3-33 中 4 所示。等百分比流量特性，流量相对变化在不同的阀门开度下是相等的。因此，调节阀在小开度时，放大系数小，调节缓和平稳；在大开度时，放大系数大，调节灵敏、有效。

2. 控制阀的工作流量特性

在实际生产中，由于控制阀串联在管路中或与旁路并联，因此控制阀前后压差总是变化

的，这时的流量特性称为工作流量特性。

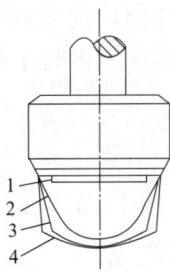

图 3-32 不同流量特性的阀芯形状
1—快开；2—直线；3—抛物线；4—等百分比

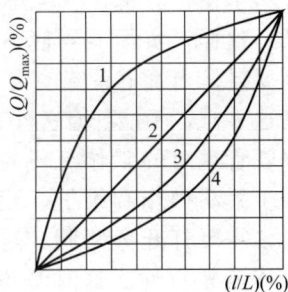

图 3-33 控制阀的理想流量特性（$R=30$）
1—快开；2—直线；3—抛物线；4—等百分比

（1）串联管道的工作流量特性 如图 3-34 所示，当控制阀串联安装在管道系统中时，用 Δp_2 表示控制阀前后总的压力损失；Δp_1 表示管道系统中除控制阀外所有其他部分（包括管道、弯头、节流孔板、其他操作阀门等）的压力损失；Δp 表示系统的总压差。如果维持系统的总压差不变，当流量增大时，由于串联管道系统的压力损失 Δp_1 与流量的平方成正比，因此随着流量的增大，Δp_1 也增加，因此控制阀两端的压差 Δp_2 会随流量的增大而减小。由于控制阀上的压差变化，会使控制阀的相对位移与相对流量之间的关系也发生变化，于是，控制阀的理想流量特性发生了畸变，畸变后的特性就为工作流量特性。

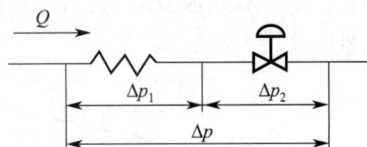

图 3-34 串联管道的情形

若以 S 表示控制阀全开时阀上压差与系统总压差的比值，即

$$S=\frac{\Delta p_2}{\Delta p} \tag{3-23}$$

S 值越小，表示与控制阀串联的管道系统的阻力损失越大，因此对阀的特性影响也越大。所以，在实际使用中，一般希望 S 值不低于 $0.3\sim0.5$。不同 S 值时控制阀的工作流量特性见图 3-35。Q_{max} 表示管道阻力等于零时控制阀全开流量。

图 3-35 中，在 $S=1$ 时，管道阻力损失为零，控制阀上的压差就等于系统总压差，实际工作特性和理想流量特性是一致的。随着 S 的减小，直线特性渐渐趋近于快开特性曲线，如图 3-35（a）所示。等百分比特性曲线渐渐接近于直线特性，如图 3-35（b）所示。

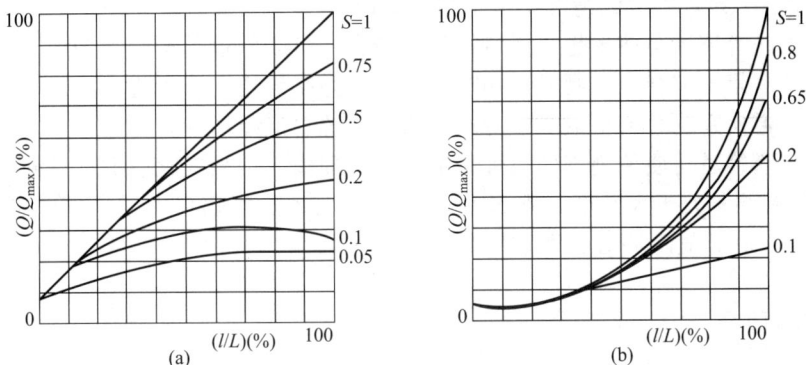

图 3-35 串联管道控制阀的工作流量特性

在现场使用中，当控制阀选得过大或生产处于非满负荷状态时，控制阀将工作在小开度。有时，为了使控制阀有一定开度，而把工艺阀门关小些以增加管道阻力，使流过控制阀的流量降低。这样，实际上就使 S 值下降，流量特性畸变，控制阀的实际可调范围减小，降低了控制质量。当管道系统的阻力太大，严重时会使控制阀启闭不再起什么作用。在使用中要注意到这一点，不能任意关小控制阀两端的截止阀。

（2）并联管道时的工作流量特性 控制阀一般都装有旁路，便于手动操作和维护。当生产量提高或控制阀选得过小时，需要打开旁路阀，这时控制阀的理想流量特性变为工作流量特性。这时管道总流量随阀开度的变化规律称为并联管道时的工作流量特性。

图 3-36 表示并联管道时的情况。这时管路的总流量是控制阀流量与旁路流量之和，即

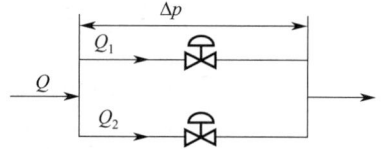

图 3-36 并联管道情况

$$Q = Q_1 + Q_2 \tag{3-24}$$

用 x 代表管道并联时控制阀全开流量与总管最大流量之比，则可以得到在压差 Δp 为一定值、x 为不同数值时的工作流量特性，如图 3-37 所示。图中纵坐标流量以总管最大流量为参比值。

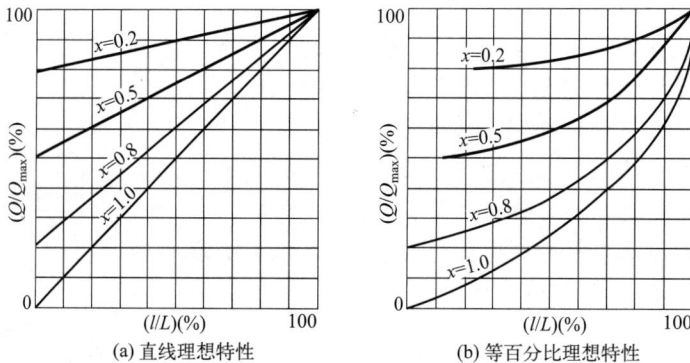

(a) 直线理想特性   (b) 等百分比理想特性

图 3-37 并联管道时控制阀的工作流量特性

当 $x=1$ 时，表示旁路阀全关，调节阀特性为理想流量特性。随 x 减小，即旁路阀不断开大，调节阀的可调节性大大降低。在实际使用中总有串联管道阻力的影响，调节阀上的压差随流量的增加而降低，使可调范围进一步减小。因此，要尽量避免开通旁路阀的调节方式，以保证调节阀有足够的可调比。一般认为旁路流量最多只能是总流量的百分之几十，即 x 值不低于 0.8。

综合上述串、并联管道的情况，可得如下结论：

① 串、并联管道都会使理想流量特性发生畸变，串联管道的影响尤为严重；

② 串、并联管道都会使控制阀可调范围降低，并联管道尤为严重；

③ 串联管道使系统总流量减少，并联管道使系统总流量增加；

④ 串、并联管道会使控制阀的放大系数减小，即输入信号变化引起的流量变化值减小，串联管道时控制阀若处于大开度，则 S 值降低对放大系数影响更严重；并联管道时控制阀若处于小开度，则 x 值降低对放大系数影响更严重。

四、控制阀的口径

在控制系统中，为保证工艺操作的正常进行，必须根据工艺要求，准确计算阀门的流通

能力，合理选择控制阀的尺寸。如果控制阀的口径选择得过大，将使阀门经常工作在小开度位置，导致控制质量不好。如果控制阀的口径选择得过小，会使流经控制阀的介质达不到所需要的最大流量，就难以保证生产的正常进行。

五、气动执行器的作用形式及选择

1. 气动执行机构的正、反作用

当气动执行机构的输入气压信号增加时，推杆向下位移运动，称为正作用；相反，输入气压信号增加时，推杆向上位移运动，称为反作用。如图 3-38 所示，正作用执行机构进气口在上膜盖上，反作用执行机构进气口在下膜盖上。

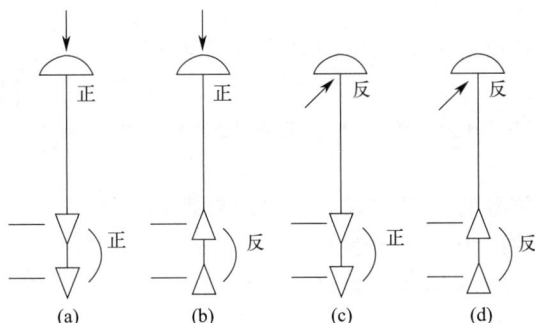

图 3-38　气开气关组合方式图

2. 调节机构的正装和反装

控制阀的阀芯有正装和反装两种形式。阀芯下移，阀芯与阀座间的流通截面积减小的称为正装阀；相反，阀芯下移时，流通截面积增加的称为反装阀，如图 3-38 所示。对于双导向正装阀，只要将阀杆与阀芯下端相接，即为反装阀。公称直径 $D < 25\mathrm{mm}$ 的阀，一般为单导向式，因此只有正装阀。

3. 气动执行器的作用形式

气动执行器有气开式和气关式两种形式。气压信号增加时，阀门开大，气压信号减小时，阀门关小的称为气开式；反之，气压信号增大时，阀门关小，气压信号减小时，阀门开大的称为气关式。由于执行机构有正、反作用，调节机构（具有双导向阀芯）也有正、反作用，因此气动执行器的气开或气关即由此组合而成，如图 3-38 所示。

对于小口径调节阀，通常采用改变执行机构的正、反作用来实现气开或气关；对于大口径调节阀，则通常是改变调节机构的正、反作用来实现气开或气关。

4. 作用形式的选择

执行器气开式和气关式的选择主要从生产工艺的安全角度来考虑：当信号压力突然中断时，应保证设备和操作人员的安全。如果气压信号中断时，阀处于全开位置时，危害性小，则应选用气关式；反之，阀处于关闭时，危害性小，则应选用气开式。例如，控制进入加热炉内的燃料气或燃料油流量，应选用气开式，当控制器发生故障或供气中断时，阀门处于全关状态，停止燃料气进入炉内，以防止爆炸或烧坏炉管。又如当精馏塔釜内为易结晶、易凝固的液体时，则再沸器蒸汽流量调节阀应选用气关式，以防止事故状态下，塔釜内物料结晶或凝固而造成堵塞。

六、气动执行器的安装与维护

气动执行器的正确安装和维护，是保证它能发挥应有效用的重要一环。对气动执行器的安装和维护，应注意以下几个问题。

① 为便于维护检修，气动执行器应安装在靠近地面或楼板的地方。当装有阀门定位器或手轮机构时，更应保证观察、调整和操作方便。

② 为了避免膜片、密封件等受热老化，调节阀避免安装在高温环境下。如调节阀附近有载热管道，调节阀的上盖与载热管道或设备之间的距离应大于 200mm。

③ 气动执行器应该是正立垂直安装于水平管道上。特殊情况下需要水平或倾斜安装时，除小口径阀外，一般应加支撑。即使正立垂直安装，当阀的自重较大和有振动场合时，也应加支撑。

④ 阀的公称通径与管道公称通径不同时两者之间应加一段异径管。

⑤ 通过控制阀的流体方向应与阀体上的箭头一致，不能装反。

⑥ 控制阀前后一般要各装一只切断阀，以便修理时拆下控制阀。考虑到控制阀发生故障或维修时，不影响工艺生产的继续进行，一般应装旁路阀，如图 3-39 所示。

⑦ 控制阀安装前，应对管路进行清洗，排去污物和焊渣。安装后还应再次对管路和阀门进行清洗，并检查阀门与管道连接处的密封性能。当初次通入介质时，应使阀门处于全开位置以免杂质卡住。

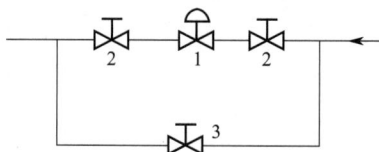

图 3-39 控制阀在管道中的安装
1—调节阀；2—切断阀；3—旁路阀

知识点三 电动执行器

电动执行器的作用是将来自控制仪表的标准电信号，转换成与输入信号相对应的转角或位移，以推动各种类型的控制阀，从而实现自动控制。

电动执行器也是由执行机构和控制阀两部分组成的。其中控制阀部分常和气动执行器通用，不同的只是电动执行器使用电动执行机构，即使用电动机等电的动力来开关控制阀，电动执行器根据不同的使用要求有各种结构。

最简单的电动执行器称为电磁阀，如图 3-40 所示，它利用电磁铁的吸合和释放，对小口径阀门进行通断两种状态的控制。由于结构简单、价格低廉，常和双位控制器组成简单的自动控制系统，在生产中有一定的应用。除电磁阀外，其他连续动作的电动执行器都使用电动机作为动力元件，将调节器来的信号转变为控制阀的开度。

电动执行机构根据配用的控制阀的不同，输出方式有直行程、角行程和多转式三种类型，可和直线移动的控制阀、旋转的蝶阀、多转的感应调压器等配合工作。图 3-41 为直行程电动控制阀。在结构上，电动执行机构除可与控制阀组装成整体式的执行器外，常单独分装以适应各方面的需要，使用比较灵活。

为了简便，电动执行器中常使用两位式放大器和交流笼形电动机组成交流继电器式随动系统。执行器中的电动机常处于频繁的启动、制动过程中，在调节器输出过载或其他原因使阀卡住时，电动机还可能长期处于堵转状态。为保证电动机在这种情况下不致因过热而烧毁，电动执行器都使用专门的异步电动机，以增大转子电阻的办法，减小启动电流增加启动力矩，使电动机在长期堵转时温升也不超出允许范围。

图 3-40 电磁阀

图 3-41 电动控制阀

知识点四 阀门定位器

一、电-气转换器

在实际控制系统中，电与气两种信号通常是混合使用的，这样可以取长补短。电-气转换器能将电信号（0～10mA DC 或 4～20mA DC）与气信号（0.02～0.1MPa）进行转换。电-气转换器可以把电动变送器来的电信号变为气信号，送到气动控制器或气动显示仪表；也可把电动控制器的输出信号变为气信号去驱动气动控制阀。

电-气转换器的工作原理是：当一定大小直流电流信号输入置于恒定磁场中的测量线圈时，所产生的磁通与磁钢在空气隙中的磁通相互作用而产生一个向上的电磁力（测量力）。同时线圈固定在杠杆上，使杠杆绕十字簧片偏转，于是装在杠杆另一端的挡板靠近喷嘴，使其背压升高，经过放大器放大后，一方面输出，另一方面反馈到正负两个波纹管，建立起与测量力矩相平衡的反馈力矩。因而输出气压信号就与线圈电流信号成一一对应关系。

二、电-气阀门定位器

电-气阀门定位器，又称气动阀门定位器，是调节阀的主要附件，通常与气动调节阀配套使用。它根据电动控制器输出的 0～10mA DC 或 4～20mA DC 信号转换为气信号操纵气动执行器；同时可以使阀门位置按控制器送来的信号准确定位，还可以改变调节阀的流量特性，实现正、反作用的切换。

电-气阀门定位器的工作原理：阀门定位器是气动调节阀的辅助装置，与气动执行机构配套使用。阀门定位器将来自调节器的控制信号，成比例地转换成气压信号输出至执行机构，使阀杆产生位移，其位移量通过机械机构反馈到阀门定位器，当位移反馈信号与输入的控制信号相平衡时，阀杆停止动作，调节阀的开度与控制信号相对应。由此可见，阀门定位器与气动执行机构构成一个负反馈系统，因此采用阀门定位器可以提高执行机构的线性度，实现准确定位，并且可以改变执行机构的特性，从而可以改变整个执行器的特性。

阀门定位器伴随着控制阀的应用已有几十年的历史了，由于阀门定位器的出现，控制阀的控制精度、抗干扰能力、响应时间、流量特性等得到了大大改善，现在控制阀大多使用了阀门定位器，它已经成为控制阀不可缺少的搭档，在自控系统中起着越来越重要的作用。

单元四　控制器

学习目标

知识目标：1. 了解控制器的结构及工作原理；
2. 掌握 C3000 数字控制器的使用方法；
3. 了解逻辑运算与功能图的构成。

能力目标：1. 能正确使用 C3000 数字控制器；
2. 能进行简单的逻辑运算；
3. 能读懂顺序功能图。

素养目标：1. 提升岗位规范化操作的能力；
2. 建立文化自信，增强爱国情怀。

学习导入

1. 管道流量自动控制系统的原理是什么？
2. 控制器的主要作用是什么？

知识链接

知识点一　模拟式控制器

控制器是构成自动控制系统的基本环节，它在自动控制系统中的作用是将被控变量的测量值与给定值相比较，然后对比较后得到的偏差进行比例、积分、微分等运算，并将运算结果以一定的信号形式送往执行器，以消除偏差，实现对被控变量的自动控制。

一、模拟式控制器的基本结构及原理

在模拟式控制器中，所传送的信号形式为连续的模拟信号。尽管电动控制器的构成元件与工作方式有很大的差别，但基本上都是由比较环节、放大器和反馈环节这三大部分组成的，如图 3-42 所示。

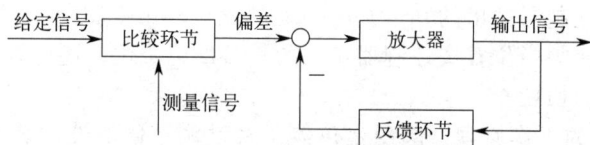

图 3-42　控制器基本构成

1. 比较环节

比较环节的作用是将给定信号与测量信号进行比较，产生一个与它们的偏差成比例的偏差信号。

在电动控制器中，给定信号与测量信号都是以电信号出现的，因此比较环节都是在输入电路中进行电压或电流信号的比较。

2. 放大器

放大器实质上是一个稳态增益很大的比例环节。电动控制器中可采用高增益的集成运算放大器。

3. 反馈环节

反馈环节的作用是通过正、负反馈来实现比例、积分、微分等控制规律。在电动控制器中，输出的电信号通过由电阻和电容构成的无源网络反馈到输入端。

模拟式控制器的 PID 运算功能均是通过放大环节与反馈环节来实现的。在电动控制器中，放大环节实质上是一个静态增益很大的比例环节，可以采用高增益的集成运算放大器。其反馈环节是通过一些电阻和电容的不同连接方式来实现 PID 运算的。

电动模拟式控制器除了对偏差信号进行 PID 运算外，一般还需要具备以下功能，以适应自动控制的需要。

（1）偏差显示　控制器的输入电路接收测量信号和给定信号，将二者做差，获得偏差信号，由偏差显示表显示偏差的大小和正负。

（2）输出显示　控制器输出信号的大小由输出显示表显示，习惯上输出显示表也称作阀位表。阀位表不仅显示调节阀的开度，而且还可以通过它观察到控制系统受干扰影响后控制器的控制过程。

（3）提供内给定信号及内、外给定的选择　当控制器用于单回路定值控制系统时，给定信号常由控制器内部提供，故称作内给定信号；在随动控制系统中，控制器的给定信号往往来自控制器的外部，称作外给定信号。控制器接收内、外给定信号，是通过内、外给定开关来选择的。

（4）正、反作用的选择　就控制系统而言，习惯上，控制器的输入信号增大，输出也随之增大，称为正作用控制器；控制器的输入信号增大，输出反而减小，称为反作用控制器。为了构成一个负反馈控制系统，必须正确地确定控制器的正、反作用，否则整个控制系统就无法正常运行。控制器正、反作用确定，是通过正、反作用开关来选择的。

（5）手动操作与手动/自动双向切换　控制器的手动操作功能是必不可少的。在自动控制系统投入运行时，往往先进行手动操作，来改变控制器的输出信号，待系统基本稳定后再切换为自动运行。当自控工况不正常或者控制器的自动部分失灵时，也必须切换到手动操作，防止系统的失控。通过控制器的手动/自动双向切换开关，可以对控制器进行手动/自动切换，而在切换过程中，希望切换操作不会给控制系统带来扰动，控制器的输出信号不发生突变，即必须要做到无扰动切换。

二、 DDZ-Ⅲ型电动控制器

在模拟式控制器中，有 DDZ-Ⅱ型和 DDZ-Ⅲ型电动控制器，目前较常见的是 DDZ-Ⅲ型电动控制器，下面以它为例，简单介绍其特点及基本工作原理。

1. DDZ-Ⅲ仪表的特点

DDZ-Ⅲ型仪表在品种及系统中的作用上和 DDZ-Ⅱ型仪表基本相同，但是Ⅲ型仪表采用了集成电路和安全火花型防爆结构，提高了防爆等级、稳定性和可靠性，适应了大型化工厂、炼油厂的要求，Ⅲ型仪表特点如下。

① 采用国际电工委员会（IEC）推荐的统一标准信号，现场传输信号为 $4\sim20\text{mA DC}$，控制室联络信号为 $1\sim5\text{V DC}$，信号电流与电压的转换电阻为 250Ω。

② 广泛采用集成电路，可靠性提高，维修工作量减少。

③ Ⅲ型仪表统一由电源箱供给 24V DC 电源，并有蓄电池作为备用电源。

④ 结构合理，比之Ⅱ型有许多先进之处，主要表现在以下方面。

基型控制器有全刻度指示控制器和偏差指示控制器两个品种，指示表头为 100mm 刻度纵形大表头，指示醒目，便于监视操作。

自动、手动的切换以无平衡、无扰动的方式进行，并有硬手动和软手动两种方式。面板上设有手动操作插孔，可和便携式手动操作器配合使用。

结构形式适于单独安装和高密度安装。

有内给定和外给定两种给定方式，并设有外给定指示灯，能与计算机配套使用，可组成 SPC 系统实现计算机监督控制，也可组成 DDC 控制的备用系统。

⑤ 整套仪表可构成安全火花型防爆系统。Ⅲ型仪表在设计上是按国家防爆规程进行的，在工艺上对容易脱落的元件部件都进行了胶封，而且增加了安全单元——安全栅，实现了控制室与危险场所之间的能量限制与隔离，使仪表不会引爆，使电动仪表在石油化工企业中应用的安全可靠性有了显著提高。

2. DDZ-Ⅲ型电动控制器的组成

Ⅲ型控制器主要由控制单元和指示单元两大部分组成。控制单元包括输入电路、PD 电路、PI 电路、输出电路以及软手动电路和硬手动电路等。指示单元包括测量值指示电路和给定值指示电路。控制器接收变送器来的测量信号（4～20mA 或 1～5V DC），在输入电路中与给定信号进行比较，得出偏差信号。然后在 PD 电路与 PI 电路中进行 PID 运算，最后由输出电路转换为 4～20mA 直流电流输出。

知识点二　C3000 数字控制器

C3000 数字控制器是一种采用 32 位微处理器和 5.6 英寸 TFT 彩色液晶显示屏的可编程多回路控制器。它主要有控制、记录、分析等功能，可通过串口和 CF 卡实现与上位机的数据交换。

一、功能概述

C3000 数字控制器最多可测量 8 路模拟量输入 AI、2 路开关量输入 DI/频率量输入 FI（DI 与 FI 的个数和为 2）。最小采样周期是 0.125s，当处于最小采样周期时，最多可配置 2 路模拟量输入通道；最多支持 4 路模拟量输出 AO（4.00～20.00mA）、12 路开关量输出 DO、2 路时间比例输出 PWM。

C3000 数字控制器通过 3 个程序控制模块、4 个单回路 PID 控制模块、6 个 ON/OFF 控制模块，与内部运算通道相配合，实现单回路、串级、分程、比值、三冲量和批量控制等方案，还具有参数自整定功能。

C3000 数字控制器具有串口通信功能；支持打印功能；最大支持 512MB 工业级 CF 卡存储器；可提供 1 路配电输出，输出电压为 24V DC，最大输出电流为 100mA。

二、操作面板

C3000 数字控制器的面板各部件分布如图 3-43 所示。

C3000 数字控制器有 5 个自定义功能键，根据各个画面底部的提示，进行单击和长按即

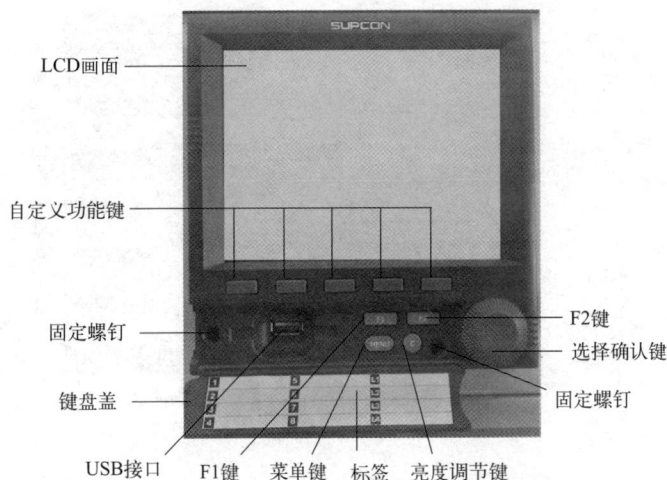

图 3-43 C3000 数字控制器面板部件分布图

可实现相应的功能。

F1 键：在通道组态中，焦点框停留在【通道】处，单击此键复制通道组态内容，焦点框停留在字符输入框处，单击此键复制该输入框内容；在监控画面中，单击此键复制屏幕图像到 U 盘/CF 卡中。

F2 键：在通道组态中，焦点框停留在【通道】处，单击此键粘贴通道组态内容，焦点框停留在字符输入框处，单击此键粘贴之前复制内容至该输入框；在监控画面中，若有修改常数的组态，单击此键弹出修改常数的画面。

C 键：在任意监控画面中，单击此键弹出快捷菜单。

三、用户登录

在任何监控画面下，单击 MENU 进入登录画面。C3000 数字控制器的操作用户按权限分为四个等级：操作员 01、操作员 02、操作员 03、工程师，默认登录用户名为"操作员 01"。其中"工程师"拥有最高权限，可决定操作员 1、操作员 2 和操作员 3 的权限并设置其登录密码。

单击旋钮，弹出下拉菜单；旋转旋钮移动焦点框，单击旋钮选择合适的用户。单击旋钮，激活密码框；旋转旋钮，移动光标，按 【▲】 或 【▼】 输入登录密码。密码输入完成后单击旋钮确认。按"登录"进入组态菜单，按"切换用户"切换成当前选中用户，监控画面操作权限将被限制为该用户所属权限；按"注销"，用户名返回至默认的"操作员 01"所属权限；按"返回"退出登录。

四、监控画面

C3000 数字控制器有 11 幅基本的实时监控画面，依次为【总貌】、【数显】、【棒图】、【实时】、【历史】、【信息】、【累积】、【控制】、【调整】、【程序】和【ON/OFF】。

1. 画面概述

监控画面的上方状态栏显示控制器当前的头信息，中间主体画面显示相关的监控内容，下方显示自定义功能键（可消隐/显示）以及当前页码。如图 3-44 所示。

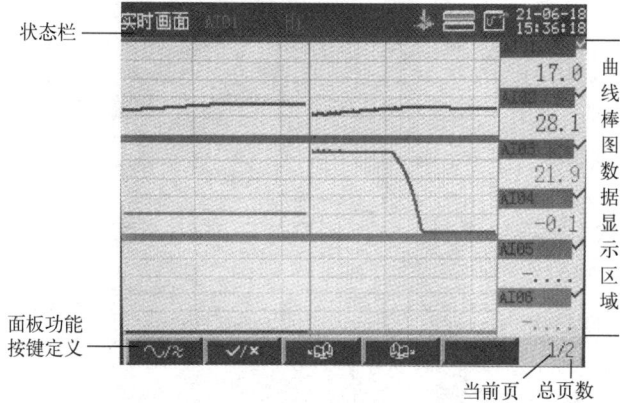

图 3-44　监控画面

2. 画面选择

在任意监控画面：

① 单击旋钮可按照【总貌】、【数显】、【棒图】、【实时】、【历史】、【信息】、【累积】、【控制】、【程序】和【ON/OFF】次序循环切换各监控画面，【调整】画面不在此循环中。

② 长按旋钮弹出导航菜单，单击可进入对应的监控画面。

3. 输入输出画面

输入输出画面显示当前所有通道的运行状况，包括模拟量输入 AI、开关量输入 DI、模拟量输出 AO、开关量输出 DO。通道显示位号内容由用户自定义。输入输出画面如图 3-45 所示。

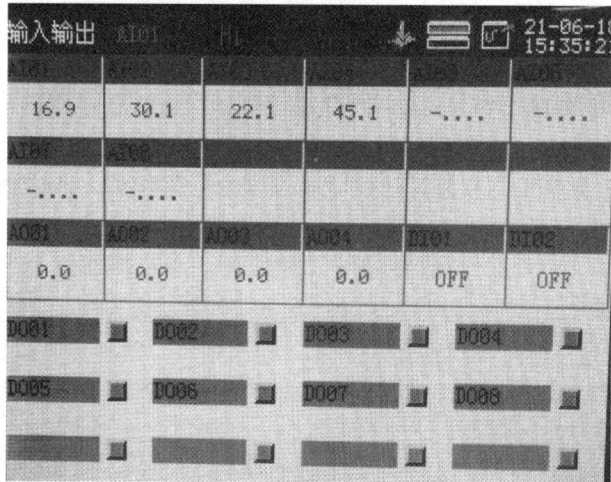

图 3-45　输入输出画面

4. 实时显示画面

数显画面、棒图画面和实时画面三幅画面是实时数据的三种显示状态，均显示当前实时数据，如图 3-46 所示。每一类型的画面最多有 4 页，每页中显示的信号可根据需要在【画面组态】中自行选择设置。每页最多为 6 个信号显示，若少于 6 个，则该位置处以空白显示。

画面下方的功能键定义大体相同，功能键定义可消隐可显示。在三种类型画面下单击最

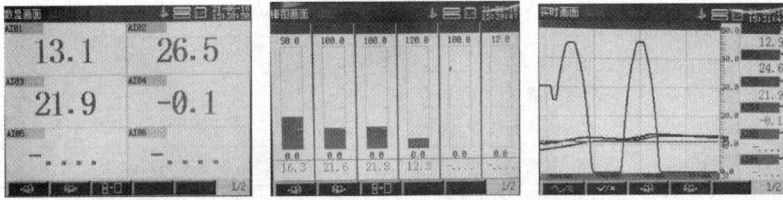

图 3-46　实时显示画面（数显画面、棒图画面、实时画面）

右边的功能键调出或消隐功能键定义。　、　为循环翻页。

5. 历史画面

历史画面用来显示信号在历史时间内的信息和变化，有曲线和数值两种显示形式。记录数据的时间长度与记录基本间隔以及记录通道数目有关。历史画面共有 12 个不同的功能定义键，分 3 个画面显示，单击画面下方的相关功能键可切换各画面，移动标尺向前或者向后可追忆数据。

6. 信息画面

信息画面包括通道报警信息、操作信息和故障信息三幅画面。

7. 累积画面

累积画面有班累积、时累积、日累积及月累积画面，班报表、时报表支持最多 24 条报表数据，日报表支持最多 31 条报表数据，月报表支持最多 12 条报表数据。

8. PID 控制画面

PID 控制画面可显示 4 个控制回路的信息，每个回路显示的信息主要有："手自动状态""内外给定方式""测量值/设定值的单位和实时值""PID 输出的单位和实时值""测量值和输出值的棒图""设定值 SV 和输出值 MV 限幅值""按键和偏差报警的信息"等。PID 控制显示画面如图 3-47 所示。

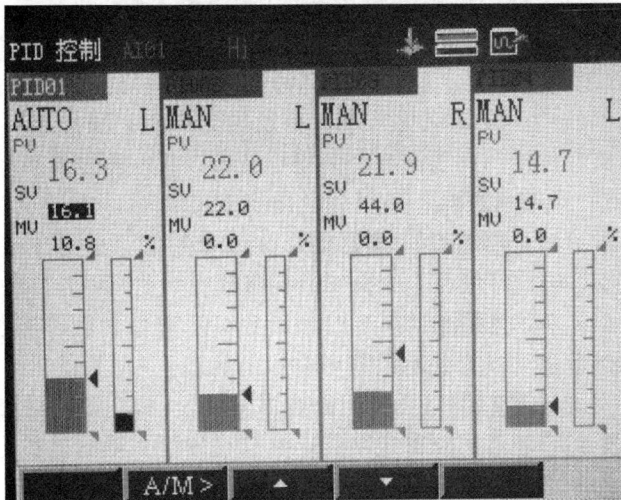

图 3-47　PID 控制画面

若要对某回路进行操作，可将旋钮左旋或者右旋，直到被选中的回路位号、输出值（手动状态下）和设定值（自动状态且内给定）反色显示，再按表 3-1 操作。

表 3-1　PID 控制回路的操作项目

操作内容		操作方法	备注
手/自动状态切换		长按 A/M	
修改输出 MV 值		单击【▲】、【▼】	必须在手动状态下
修改设定值 SV		单击【▲】、【▼】	在自动、内给定状态下
进入调整画面	方法一	长按 〜/≈	①在控制画面下 ②在【画面开关】状态中,将"调整画面"设置为开启状态时
	方法二	长按旋钮,在弹出的导航菜单中选择"调整画面"	在任意监控画面
修改 P、I、D 数值		长按"修改"按钮	

注:进入调整画面后,可进行修改 PID 参数操作及其他操作。

9. 调整画面

调整画面显示的是当前 PID 操作回路的信息。画面信息如图 3-48 所示。

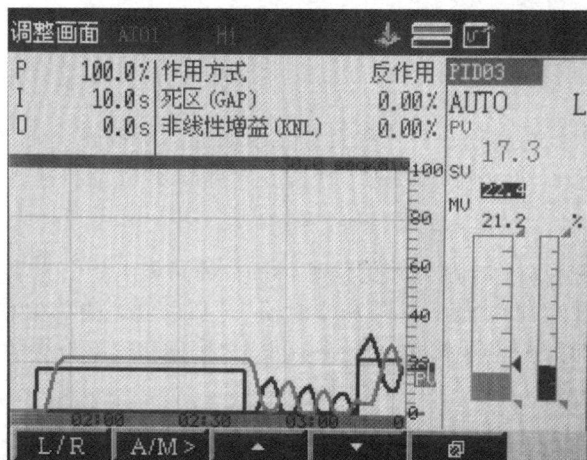

图 3-48　调整画面

在调整画面显示曲线中,设定值为紫色;测量值为绿色;输出值为蓝色。单击 ⊡,在参数显示区域和回路数值棒图显示区域之间进行切换;长按 ⊡ 返回控制画面。

(1) 参数修改操作　单击 ⊡ 切换至回路参数显示区域。旋转旋钮在各参数间切换,光标选中某参数项,然后单击 ▲ 或者 ▼ 修改该参数值。例如在回路自动内给定状态时,光标选中设定值 SV 项,可依照上面操作进行修改。

(2) 内外给定切换　单击 ⊡ 切换至回路参数显示区域,旋转旋钮光标选中"SVT"项,长按 L/R 将回路状态切换为外给定或者内给定状态。

(3) 自整定开关　单击 ⊡ 切换至回路参数显示区域,旋转旋钮光标选中"TUN"项。若已在【自整定】组态项启用自整定功能,并且设置了正确的自整定参数,则可以在调整画面进行自整定操作。

(4) 标尺的选择　如图 3-49 历史画面所示,单击标尺 ⌐0⌐ 可以改变每屏显示数据的时间范围。

10. ON/OFF 控制画面

ON/OFF 控制画面显示各控制回路的位号、手/自动状态、SV 给定方式、当前测量值

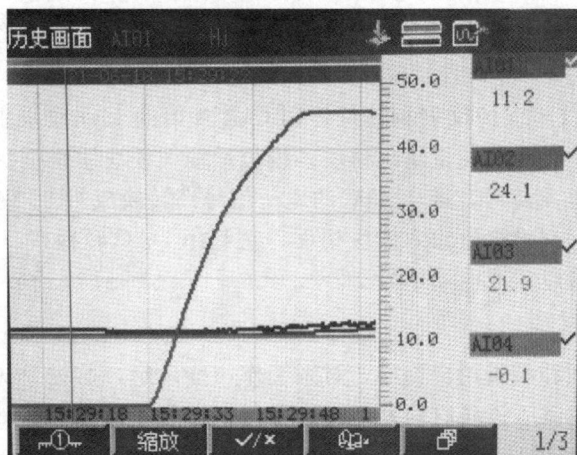

图 3-49 历史画面

及其单位、当前设定值及其单位、当前输出值 MV、测量值棒图显示、输出值棒图显示、设定值限幅、当前设定值位置、偏差报警信息以及按键等信息。ON/OFF 控制画面按键操作可进行内外给定切换、手自动切换、设定值修改等。

11. 常数修改

在需要修改常数而又不能重新启用组态的场合，可以使用常数修改功能。任意监控画面下，单击 F2，可进行常数修改。

知识点三 可编程序控制器

国际电工委员会（IEC）对 PLC 的定义：可编程序控制器（PLC）是一种数字运算操作的电子系统，专为在工业环境下应用而设计。它采用可编程序的存储器，用来在其内部存储执行逻辑运算、顺序控制、定时、计数和算术运算等操作的指令，并通过数字、模拟的输入和输出，控制各种类型的机械或生产过程。可编程序控制器及其有关设备，都应按易于与工业控制系统连成一个整体，易于扩充功能的原则设计。

一、可编程程序控制器的组成

可编程序控制器的基本组成与一般的微机系统类似，从组成形式上一般分为一体化和模块化两种结构形式，但它们的逻辑结构基本相同。主要组成部分包括：中央处理器 CPU、存储器、通信部件、输入/输出接口等。当然模块化 PLC 的应用范围更广泛，它在系统配置上表现得更为方便灵活，用户可以根据系统规模和设计要求进行配置，模块与模块之间通过外部总线连接。

1. CPU

CPU 模块是 PLC 的核心部件，负责 PLC 的运算控制，类似于人体的神经中枢。主要由中央处理单元 CPU、存储器和通信部件三个部分构成。它的作用是按 PLC 中系统程序赋予的功能，接收并存储从编程器键入的用户程序和数据；用扫描方式接收输入设备的状态或数据；诊断电源、PLC 内部电路工作状态和编程工作中的语法错误等；CPU 能从存储器逐条读取用户程序，并经过命令解释后按指令规定的任务产生相应的控制信号，去控制有关的电路，从而去执行数据的存取、传送、组合、比较和变换等，完成用户程序中规定的逻辑或数学运算等任务；根据运算结果，实现相应的输出控制、打印制表或数据通信等功能。

2. I/O 模块

PLC 通过 I/O 接口与现场仪表相连接，PLC 最常用的 I/O 模块主要包括模拟量输入、模拟量输出、开关量输入和开关量输出模块。模拟量输入模块用来把变送器输出的模拟信号（如 4～20mA 的直流电流信号，或 1～5V 的电压信号）转换成 CPU 内部的数字信号。模拟量输出模块的作用刚好与模拟量输入模块相反，它利用 DAC 转换接口，把用二进制表示的信号转换成相应的模拟电压或电流信号。

3. 编程设备

编程设备用于输入和编辑用户程序，对系统作一些设定，监控 PLC 及 PLC 所控制的系统的工作状况。常见的编程设备有简易手持编程器、智能图形编程器和基于 PC 的专用编程软件。编程设备在 PLC 的应用系统设计与调试、监控运行和检查维护中是不可缺少的部件，但不直接参与现场的控制。

4. 存储器

常用的存储器主要有 ROM、EPROM、EEPROM、RAM 等几种，用于存放系统程序、用户程序和工作数据。

5. 通信部件

通信部件的作用是建立 CPU 模块与其他模块或外部设备的数据交换。

6. 智能模块

智能模块通常是一个较独立的计算机系统，自身具有 CPU、数据存储器、应用程序、I/O 接口、系统总线接口等，可以独立地完成某些具体的工作。

7. 电源模块

PLC 一般配有工业用的开关式稳压电源供内部电路使用。与普通电源相比，一般要求电源模块的输入电压范围宽、稳定性好、体积小、质量轻、抗干扰能力强。

二、可编程序控制器的应用

可编程序控制器具有以下优点：编程方法简单易学；功能强，性价比高；硬件配套齐全，用户使用方便；可靠性高，抗干扰能力强；系统设计、安装、调试工作量少，维修方便；体积小能耗低。因而 PLC 已逐渐成为中小系统的主流控制器。

目前，PLC 在国内外已广泛应用于机械制造、钢铁、石油、化工、电力建材、汽车、纺织以及交通运输等各行各业。随着 PLC 性价比的不断提高，其应用范围还将不断扩大。其应用大致可归纳为如下几类。

1. 顺序控制

这是 PLC 应用最基本、最广泛的领域，取代了传统的继电器顺序控制，常用于单机控制、多机群控制、自动化生产线的控制，例如数控机床、注塑机、印刷机械、电梯和纺织机械等。

2. 位置控制

大多数的 PLC 制造商，目前都提供拖动步进电动机或伺服电动机的单轴或多轴位置控制模块，这一功能可广泛用于各种机械，例如金属切削机床、装配机械等。

3. 模拟量控制

PLC 通过模拟量的输入/输出模块，实现模拟量与数字量的转换，并对模拟量进行控制，有的还具有 PID 控制功能，例如用于锅炉的水位、压力和温度的控制。

4. 数据处理

现代的 PLC 具有数学运算、数据传递、转换排序和查表等功能，也能完成数据的采集、分析和处理。

5. 通信联网

PLC 的通信包括 PLC 相互之间、PLC 与上位计算机、PLC 和其他智能设备之间的通信。PLC 系统与通用计算机可以直接或通过通信处理单元、通信转接器相连构成网络，以实现信息的交换，并可构成"集中管理、分散控制"的分布式控制系统，满足工厂自动化系统的需要。

三、可编程序控制器的编程语言

PLC 是一种专门为工业控制而设计的计算机，具体控制功能的实现也是通过开发人员设计的程序来完成的。所以，采用 PLC 进行控制就涉及用相应的程序设计语言来完成编程的任务。

常见的程序设计语言有梯形图、指令表、顺序功能图、计算机高级语言等几种形式。

1. 梯形图

梯形图是使用得最多的一种编程语言，在形式上类似于继电器的控制电路，因此是非常形象易学的一种编程语言。梯形图由触点、线圈和指令框等构成。触点代表逻辑输入条件，线圈代表逻辑运算结果，指令框用来表示定时器、计数器或数字运算等功能指令。

2. 指令表

指令表是一种类似于计算机汇编语言的文本编程语言，用特定助记符来表示某种逻辑运算关系。一般由多条语句组成一个程序段。指令表适合经验丰富的程序员使用，可以实现某些梯形图不易实现的功能。

3. 顺序功能图

顺序功能图也是一种图形化的编程语言，用来编写顺序控制的程序。在进行程序设计时，工艺过程被划分为若干个顺序出现的步，每步中包括控制输出的动作，从一步到另一步的转换由转换条件控制，特别适合于生产制造过程。

4. 功能块图

功能块图使用类似布尔代数的图形逻辑符号来表示控制逻辑，一些复杂的功能用指令框表示，适合于有数字电路基础的编程人员使用。

5. 结构化文本

结构化文本是为 IEC61132-3 标准创建的一种 PLC 高级语言。与梯形图相比，易于实现复杂的数学运算，编写的程序非常简洁紧凑。

知识点四　逻辑控制

一、逻辑代数

逻辑是指事物的各种因果关系。在数字电路中，因果关系表现为电路的输入（原因或条件）与输出（结果）之间的关系。这些关系是通过逻辑运算电路来实现的。在分析和设计数字电路系统时使用的数学工具是逻辑代数，又称布尔代数。它是英国数学家乔治·布尔（George Boole）在 1849 年提出的，是描述客观事物之间逻辑关系的一种数学方法。

1. 逻辑变量和逻辑函数的关系

在逻辑代数中，固定不变的量称为逻辑常量，逻辑代数中只有 0 和 1 两个逻辑常数。逻辑代数中的变量称为逻辑变量，用字母 A，B，C，…表示。逻辑变量只能有两种可能的取值，即 0 或 1。这里的 0 或 1 并不表示数量的大小，只表示两种完全对立的状态，例如是与非、真与假、有与无等。在数字电路中，这两种对立的状态用三极管的饱和、截止来表示，分别称为低电平和高电平。在逻辑控制中，这两种对立的状态可以用阀门的开与关来表示。如果用 1 表示高电平，0 表示低电平，这种逻辑称为正逻辑。反之用 0 表示高电平，1 表示低电平，则这种逻辑称为负逻辑。一般情况下，无特殊说明，本书中均采用正逻辑。

在具有因果关系的事件中，用 1 表示条件具备或事件发生；用 0 表示条件不具备或事件不发生。如图 3-50 所示的电路中，指示灯是否亮取决于开关是否接通。如果定义：$A=1$ 表示开关接通，$A=0$ 表示开关断开，$Y=1$ 表示灯亮，$Y=0$ 表示灯灭。那么，Y 就是 A 的逻辑函数。Y 的逻辑表达式为 $Y=f(A)$。

在逻辑表达式中，A 和 Y 都称为逻辑变量，A 称为输入逻辑变量（自变量），Y 称为输出逻辑变量或逻辑函数（因变量）。如果逻辑函数是多变量的函数，则 $Y=f(A，B，C，…)$，逻辑函数的表达式就比较复杂。逻辑函数的表达式是由逻辑变量和逻辑运算符号"·"（与）、"＋"（或）、"-"（非）及括号、等号等组成。例如：$Y=(A+\bar{B})\cdot C$，其中，A、C 称为原变量，加上划线的变量称作反变量，如 $\bar{B}$ 是变量 B 的反变量。

2. 三种基本逻辑及其运算

（1）与逻辑（AND） 当决定一个事件的全部条件都具备时，事件才发生，这种因果关系称为"与"逻辑关系。如图 3-51 所示的开关串联电路中，当两个开关全部接通时，灯才亮。如果用"1"表示开关"闭合"及"灯亮"，用"0"表示开关"断开"及"灯灭"，那么灯的状态 Y 与两个开关的状态 A、B 的逻辑关系就是"与"逻辑。"与"逻辑关系又称为"与"运算或者逻辑乘。逻辑关系可用逻辑表达式来描述，式(3-25)为"与"逻辑的表达式

$$Y=A\cdot B \tag{3-25}$$

式中，"·"为"与"运算的运算符号，逻辑函数表达式读作"Y 等于 A 与 B 或 A 乘 B"。在运算中，"与"运算符号"·"可以省略，所以式(3-25)也可以用式(3-26)表示。

$$Y=AB \tag{3-26}$$

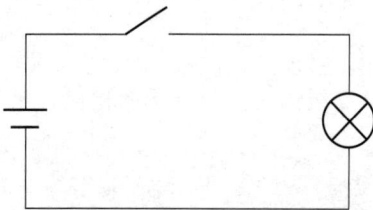

图 3-50　指示灯开关电路　　　　图 3-51　"与"逻辑

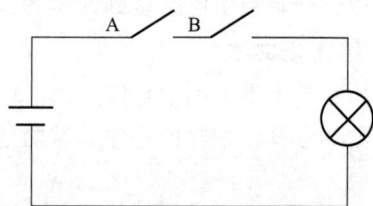

灯与开关之间的逻辑关系可以列成一个表格，这个表格称作真值表，如表 3-2 所示。

表 3-2　"与"逻辑真值表

A	B	Y
0	0	0
0	1	0
1	0	0
1	1	1

由真值表可以看出，"与"逻辑的运算规则是：仅当 A、B 的值皆为 1 时，Y 的值才为 1，在 A、B 为其他取值的情况下，Y 的值全为 0。

逻辑关系可以用电子电路来实现，这种电路称作门电路。实现"与"逻辑关系的电路称作"与"门电路，简称"与"门。在工程中，一般用逻辑符号来表示逻辑门。"与"门的逻辑符号如图 3-52 所示。

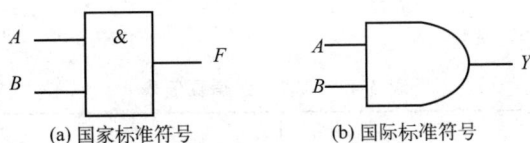

(a) 国家标准符号　　(b) 国际标准符号

图 3-52　两输入"与"门逻辑符号

（2）或逻辑（OR）　当决定一个事件的各种条件中，有一个或者几个条件具备时，事件就发生，这种因果关系称为"或"逻辑关系。"或"逻辑关系又称为"或"运算或者逻辑加。如图 3-53 所示的并联开关电路中，当两个开关中有一个接通或两个都接通时，灯就亮。和"与"门相同，如果用"1"表示开关"闭合"及"灯亮"，用"0"表示开关"断开"及"灯灭"，那么灯 Y 与开关 A、B 之间的逻辑关系就是"或"逻辑。"或"逻辑关系的表达式为

$$Y=A+B \tag{3-27}$$

式中，"+"为"或"运算的运算符号，逻辑函数表达式读作"Y 等于 A 或 B，或者 Y 等于 A 加 B"。

灯与开关之间的逻辑关系的真值表如表 3-3 所示。由真值表很容易看出，Y 与 A、B 之间的逻辑关系是"或"逻辑。"或"门的逻辑符号如图 3-54 所示。

表 3-3　"或"逻辑真值表

A	B	Y
0	0	0
0	1	1
1	0	1
1	1	1

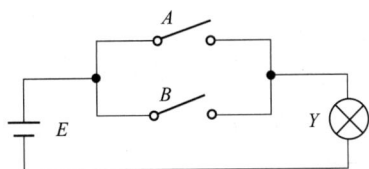

图 3-53　"或"逻辑

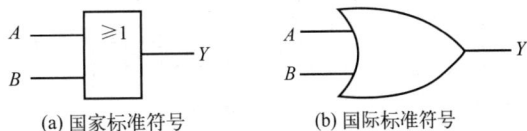

(a) 国家标准符号　　(b) 国际标准符号

图 3-54　两输入"或"门逻辑符号

（3）非逻辑（NOT）　"非"逻辑又称"非"运算或逻辑非，它的逻辑意义是：决定事

件的条件只有一个，当条件具备时事件不发生；而当条件不具备时事件发生。如图 3-55 所示，开关闭合时灯灭，开关断开时灯亮。"非"运算符号用"－"表示，非逻辑的表达式为

$$Y = \overline{A} \tag{3-28}$$

读作"Y 等于 A 非或 A 反"。

表 3-4 是非逻辑的真值表，非门的逻辑符号如图 3-56 所示。

"与"运算、"或"运算、"非"运算是逻辑代数中三种基本的逻辑运算，它们的组合可以构成各种复杂的逻辑关系。

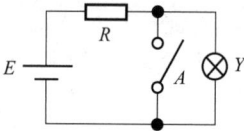

图 3-55　"非"逻辑

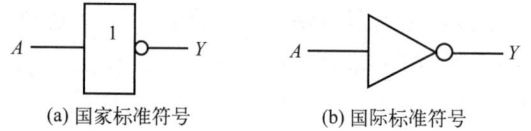

(a) 国家标准符号　(b) 国际标准符号

图 3-56　"非"门逻辑符号

表 3-4　"非"逻辑真值表

A	Y
0	1
1	0

3. 复合逻辑运算

实际的逻辑问题往往是很复杂的。但是多么复杂的逻辑问题都可以用"与""或""非"逻辑的组合来实现。常见的复合逻辑有以下三种。

(1) 与非运算　是由"与"运算和"非"运算组合而成的运算。其逻辑函数表达式为

$$Y = \overline{A \cdot B} \tag{3-29}$$

运算规则是先"与"运算，后"非"运算。其真值表和"与"运算正好相反，如表 3-5 所示。

由真值表可以看出，"与非"逻辑是这样的逻辑关系：在决定事件的所有条件都具备时，结果不发生；而当至少有一个条件不满足时，结果却发生。

表 3-5　"与非"逻辑真值表

A	B	Y
0	0	1
0	1	1
1	0	1
1	1	0

"与非"门的逻辑符号如图 3-57 所示。

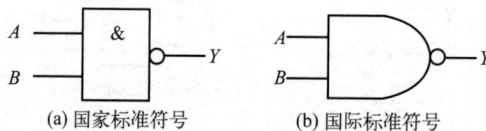

(a) 国家标准符号　　(b) 国际标准符号

图 3-57　"与非"门逻辑符号

(2) 或非运算　是"或"运算和"非"运算的组合，"或非"运算的逻辑表达式为

$$Y=\overline{A+B} \tag{3-30}$$

其真值表如表 3-6 所示。图 3-58 是"或非"门的逻辑符号。

表 3-6 "或非"逻辑真值表

A	B	Y
0	0	1
0	1	0
1	0	0
1	1	0

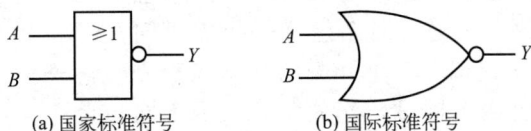

(a) 国家标准符号　　　　(b) 国际标准符号

图 3-58　"或非"门逻辑符号

（3）与或非运算　是"与"运算、"或"运算和"非"运算的组合，其逻辑表达式为

$$Y=\overline{A \cdot B+C \cdot D} \tag{3-31}$$

运算顺序是：先"与"运算，再"或"运算，最后"非"运算。"与或非"逻辑的真值表如表 3-7 所示。

表 3-7 "与或非"逻辑的真值表

输入				输出
A	B	C	D	Y
0	0	0	0	1
0	0	0	1	1
0	0	1	0	1
0	0	1	1	0
0	1	0	0	1
0	1	0	1	1
0	1	1	0	1
0	1	1	1	0
1	0	0	0	1
1	0	0	1	1
1	0	1	0	1
1	0	1	1	0
1	1	0	0	0
1	1	0	1	0
1	1	1	0	0
1	1	1	1	0

由真值表可看出，"与或非"逻辑关系是这样一种逻辑关系：把 A、B 和 C、D 看成两组变量，只有当每组至少有一个变量为 0 时，输出才为 1；否则输出为 0。

"与或非"门的逻辑符号如图 3-59 所示。

二、逻辑函数及其表示方法

逻辑代数中的变量称为逻辑变量，对逻辑变量进行"与""或""非"等各种逻辑运算得

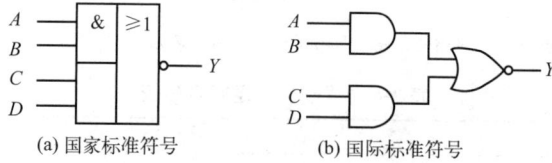

图 3-59 "与或非"门逻辑符号

到的表达式，称为逻辑函数。任何一个具体的因果关系都可以用一个逻辑函数来描述。

例如，在一个举重裁判器电路中，设有甲、乙、丙三个裁判，裁判规则规定：甲为主裁判，乙、丙为副裁判，只有甲和乙丙中的至少一个同意时，运动员才通过，否则不通过。对于这样一个因果问题，显然可以用图 3-60 来模拟。三个开关的状态代表三个裁判的意见，开关闭合表示同意，开关断开表示不同意；逻辑变量 A、B、C 对应开关状态，1 表示开关闭合，0 表示开关断开。用灯亮表示通过，灯灭表示不通过。逻辑变量 $Y=1$ 对应灯亮，$Y=0$ 对应灯灭。显然 Y 是 A、B、C 的逻辑函数，或者说，$Y=f(A，B，C)$。

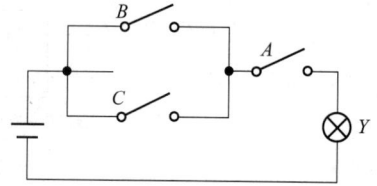

图 3-60 裁判器模拟

对于一个逻辑函数，通常有四种不同的表示方法。它们分别是：真值表表示法、逻辑表达式表示法、逻辑电路图表示法和卡诺图表示法。这里先介绍前三种表示方法。

1. 逻辑函数的真值表

将输入变量所有取值情况下对应的输出值找出来，列成表格，此表格即真值表。在前面的裁判电路中，裁判同意为 1，不同意为 0；运动员通过为 1，通不过为 0。根据这一设定，可列出表 3-8 所示的逻辑函数的真值表。

逻辑函数的真值表能直观、明了地反映函数的逻辑功能，各种取值情况下的函数值一目了然。但是它只能适用于变量少的情况。如果变量数目多时，用真值表表示逻辑函数就变得非常烦琐了。

表 3-8 裁判器真值表

输入			输出
A	B	C	Y
0	0	0	0
0	0	1	0
0	1	0	0
0	1	1	0
1	0	0	0
1	0	1	1
1	1	0	1
1	1	1	1

2. 逻辑函数的表达式

逻辑函数的表达式是一种数学公式形式，它是用输入变量的"与""或""非"等逻辑运算的组合来描述输出函数。上述裁判电路的逻辑函数表达式可由裁判规则直接表示为

$$Y=A \cdot (B+C)=AB+AC \tag{3-32}$$

A 与 B 或者 A 与 C 中至少一个为 1，运动员即通过。

从表 3-8 中也可看出，在三种情况下，运动员得分：

A、C 同意，B 不同意；

A、B 同意，C 不同意；

A、B、C 都同意。

上述三种情况可以用下面的表达式来描述：

$$Y = A\bar{B}C + AB\bar{C} + ABC \tag{3-33}$$

由以上分析可知，同一个逻辑问题，可以有不同的逻辑表达式，但是它们是逻辑相等的。不同的只是前者为两项和，每项两个变量；后者为三项和，且每项三个变量。显然前者比后者简单。

逻辑表达式的特点是：高度概括、抽象，表示简单、明了，便于运算、变换和化简。

3. 逻辑电路图

把逻辑函数用图形符号来表示，即为逻辑电路图。如前面裁判器的逻辑电路如图 3-61 所示。特点：工程上必须转化成逻辑图。

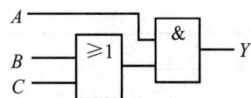

图 3-61 裁判器逻辑电路图

4. 几种表示方法之间的互换

既然同一个逻辑函数可以有几种不同的表示方法，那么这几种方法之间必然可以相互转换。

（1）由真值表到逻辑函数式 如果已知一个逻辑函数的真值表，那么可以从真值表得出逻辑函数的表达式。下面通过一个具体例子加以说明。

【例题 3-2】已知一个多数表决器的真值表如表 3-9 所示，写出它的逻辑函数式。

表 3-9 多数表决器的真值表

A	B	C	Y
0	0	0	0
0	0	1	0
0	1	0	0
0	1	1	1
1	0	0	0
1	0	1	1
1	1	0	1
1	1	1	1

解：由真值表看出，三人中有两个以上的人同意，则为通过；否则不通过。也就是说，输入变量在以下四种取值情况下，函数值为 1：

$A=0$，$B=1$，$C=1$

$A=1$，$B=0$，$C=1$

$A=1$，$B=1$，$C=0$

$A=1$，$B=1$，$C=1$

当 $A=0$，$B=1$，$C=1$ 时，必然使得乘积项 $\bar{A}BC$ 的值等于 1；当 $A=1$，$B=0$，$C=1$ 时，必然使得乘积项 $A\bar{B}C$ 的值等于 1；当 $A=1$，$B=1$，$C=0$ 时，必然使得乘积项 $AB\bar{C}$ 的值等于 1；当 $A=1$，$B=1$，$C=1$ 时，必然使得乘积项 ABC 的值等于 1。而当这些乘积项等于 1 时，逻辑函数的值也恰恰为 1。因而逻辑函数应等于这些乘积项相"或"，即

$$Y = \bar{A}BC + A\bar{B}C + AB\bar{C} + ABC \tag{3-34}$$

通过此例可以得出从真值表写出逻辑表达式的一般方法如下：

① 从真值表中找出使逻辑函数值为 1 的输入变量取值组合。

② 写出每组输入变量取值组合所对应的一个乘积项，其中取值为 1 写成原变量，取值为 0 写成反变量。

③ 将这些乘积项相加，即得函数的逻辑函数式，这样得到的函数式称作最小项表示式。

（2）由逻辑函数式到真值表　由逻辑函数的表示式已知，只要将输入变量的所有组合状态代入逻辑函数式中，求出函数值，列成表格，即为逻辑函数的真值表。

【例题 3-3】一个逻辑函数的函数表达式为 $Y=AB+\bar{B}C$，求出它的真值表。

解：把输入变量 A、B、C 取值的八种组合分别代入逻辑表达式，计算出对应的函数值，列成表格，即是函数的真值表，如表 3-10 所示。

表 3-10　例题 3-3 真值表

A	B	C	Y
0	0	0	0
0	0	1	1
0	1	0	0
0	1	1	0
1	0	0	0
1	0	1	1
1	1	0	1
1	1	1	1

另外，也可以利用公式把函数的表达式进行变换，然后直接填出真值表。过程如下：

$$Y=AB+\bar{B}C=AB(C+\bar{C})+(A+\bar{A})\bar{B}C$$
$$=\bar{A}\bar{B}C+A\bar{B}C+AB\bar{C}+ABC \tag{3-35}$$

和例题 3-2 中的方法相反，只要在真值表的表格中，在输入变量取值组合为 001、101、110、111 处，函数值填 1，其他情况填 0 即可。

（3）从逻辑函数式到逻辑图　在实际应用中，总需要将逻辑函数式变换为逻辑电路图，以方便用逻辑门实现。变换的方法是：将表达式中的所有"与""或""非"运算符号用图形符号代替，然后依照运算优先顺序把这些图形符号连接起来即可。

（4）从逻辑图到逻辑式　对于从逻辑图到逻辑式，只要从输入端到输出端，逐个写出每个图形符号对应的逻辑式，就可以得到输出的逻辑函数式了。

5. 逻辑控制的应用

监控精馏塔底部产物排出，如图 3-62 所示。考虑到运行安全性的原因，通过两个泵确保从精馏塔底部泵出产物（泵运行时的信号状态为 1）。如果一个或者两个泵发生故障，则警报灯会亮起（信号状态 1）。此时用"与非"逻辑电路。

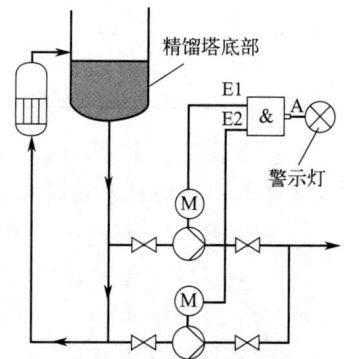

图 3-62　精馏塔底部产物排出监控电路

知识点五　顺序控制

所谓顺序控制，就是按照生产工艺预先规定的顺序，在各个输入信号的作用下，各个执行机构在生产过程中根据外部输入信号、内部状态和时间的顺序，自动而有秩序地进行操作。

如果一个控制系统可以分解成几个独立的控制动作或工序，且这些动作或工序必须严格按照一定的先后次序执行才能保证生产的正常进行，这样的控制系统称为顺序控制系统。可以看出，顺序控制系统的特点是系统按照一定的顺序一步一步地运行。在工业控制领域中，顺序控制系统存在的范围较广。

顺序控制设计法，就是根据顺序功能图，以步为核心，用转换条件控制代表各步的编程元件，从起始步开始使它们的状态按一定的顺序变化，然后用代表各步的编程元件去控制各输出继电器。

一、顺序功能图的画法

功能图（SFC）是描述控制系统的控制过程、功能和特征的一种图解表示法。具有简单、直观等特点，不涉及控制功能的具体技术，是一种通用的语言，是 IEC（国际电工委员会）首选的编程语言，近年来在 PLC 的编程中已经得到了普及与推广。在 IEC848 中称顺序功能图，在我国国家标准 GB/T 6985.1—2008 中称功能表图。西门子称为图形编程语言 S4-Graph 和 S4-HiGrapho。

顺序功能图是设计 PLC 顺序控制程序的一种工具，适合于系统规模较大、程序关系较复杂的场合，特别适合于对顺序操作的控制。在编写复杂的顺序控制程序时，采用 S4-Graph 和 S4-HiGraph 比梯形图更加直观。

功能图的基本思想是：设计者按照生产要求，将被控设备的一个工作周期划分成若干个工作阶段（简称"步"），并明确表示每一步要执行的输出，"步"与"步"之间通过指定的条件进行转换。在程序中，只要通过正确连接进行"步"与"步"之间的转换，就可以完成被控设备的全部动作。

PLC 执行功能图程序的基本过程是：根据转换条件选择工作"步"，进行"步"的逻辑处理。组成功能图程序的基本要素是步、转换条件和有向连线，如图 3-63 所示。

1. 步

一个顺序控制过程可分为若干个阶段，也称为步或状态。系统初始状态对应的步称为初始步，初始步一般用双线框表示。在每一步中施控系统要发出某些"命令"，而被控系统要完成某些"动作"，"命令"和"动作"都称为动作。当系统处于某一工作阶段时，则该步处于激活状态，称为活动步。

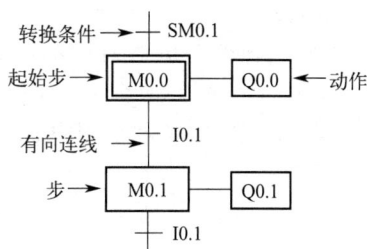

图 3-63　功能图

2. 转换条件

使系统由当前步进入下一步的信号称为转换条件。顺序控制设计法用转换条件控制代表各步的编程元件，让它们的状态按一定的顺序变化，然后用代表各步的编程元件去控制输出。不同状态的"转换条件"可以不同，也可以相同。当"转换条件"各不相同时，在功能图程序中每次只能选择其中一种工作状态（称为"选择分支"）；当"转换条件"都相同时，在功能图程序中每次可以选择多个工作状态（称为"选择并行分支"）。只有满足条件状态，才能进行逻辑处理输出，因此，"转换条件"是功能图程序选择工作状态（步）的"开关"。

3. 有向连线

步与步之间的连接线就是"有向连线","有向连线"决定了状态的转换方向与转换途径。在有向连线上有短线，表示转换条件。当条件满足时，转换得以实现，即上一步的动作结束而下一步的动作开始，因而不会出现动作重叠。步与步之间必须有转换条件。

图 3-63 中的双框为初始步，M0.0 和 M0.1 是步名，I0.0、I0.1 为转换条件，Q0.0、Q0.1 为动作。当 M0.0 有效时，输出指令驱动 Q0.0。有向连线的箭头省略未画。

4. 功能图的结构分类

根据步与步之间的进展情况，功能图分为以下 3 种结构。

（1）单一顺序　单一顺序动作是一个接一个地完成，完成每步只连接一个转移，每个转移只连接一个步，如图 3-64(a) 所示。功能图和梯形图有对应关系，以下用"启保停"电路来介绍这种对应关系。

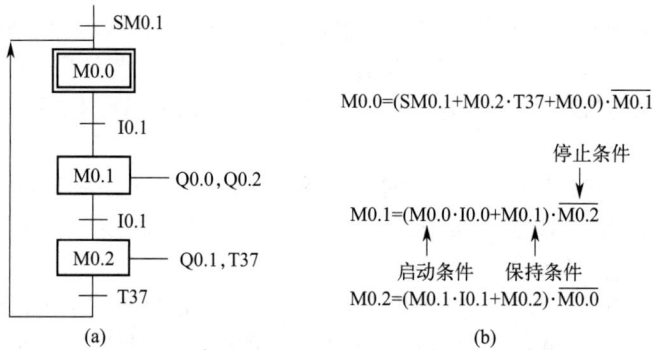

图 3-64　顺序功能图和对应的布尔代数式

为了便于将顺序功能图转换为梯形图，采用代表各步的编程元件的地址（比如 M0.2）作为步的代号，并用编程元件的地址来标注转换条件和各步的动作和命令，当某步对应的编程元件置 1，代表该步处于活动状态。

①"启保停"电路对应的布尔代数式。标准的"启保停"梯形图如图 3-65 所示，图中 I0.0 为 M0.2 的启动条件，当 I0.0 置 1，M0.2 得电；I0.1 为 M0.2 的停止条件，当 I0.1 置 1，M0.2 断电；M0.2 的辅助触点为 M0.2 的保持条件。该梯形图对应的布尔代数式为

$$M0.2 = (I0.0 + M0.2) \cdot \overline{I0.1} \quad (3\text{-}36)$$

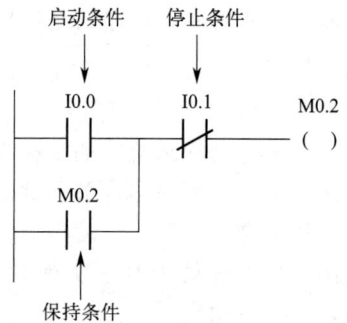

图 3-65　标准"启保停"梯形图

②顺序控制梯形图储存位对应的布尔代数式。如图 3-64(a) 所示的功能图，M0.1 转换为活动步的条件是 M0.1 步的前一步是活动步，相应的转换条件（I0.0）得到满足，即 M0.1 的启动条件为 M0.0×I0.0。当 M0.2 转换为活动步后，M0.1 转换为不活动步，因此，M0.2 可以看成 M0.1 的停止条件。由于大部分转换条件都是瞬时信号，即信号持续的时间比激活的后续步的时间短，因此应当使用有记忆功能的电路控制代表步的储存位。在这种情况下，我们注意到，启动条件、停止条件和保持条件就全部有了，就可以用"启保停"方法来设计顺序功能图的布尔代数式和梯形图。顺序控制功能图中储存位对应的布尔代数式如图 3-64(b) 所示，参照图 3-65 所示的标准"启保停"梯形图，就可以轻松地将图 3-66 所示

的顺序功能图转换为如图 3-67 所示的梯形图。

（2）选择序列　选择顺序是指某一步后有若干个单一顺序等待选择，称为分支，一般只允许选择进入一个顺序，转换条件只能标在水平线之下。选择顺序的结束称为合并，用一条水平线表示，水平线以下不允许有转换条件，如图 3-68 所示。

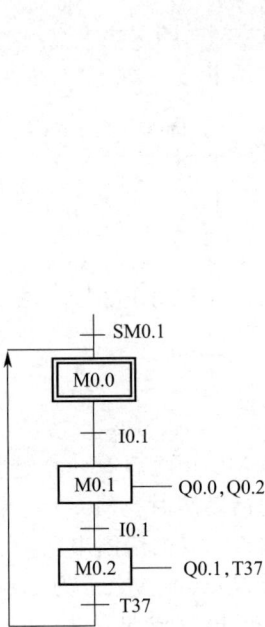

图 3-66　功能图

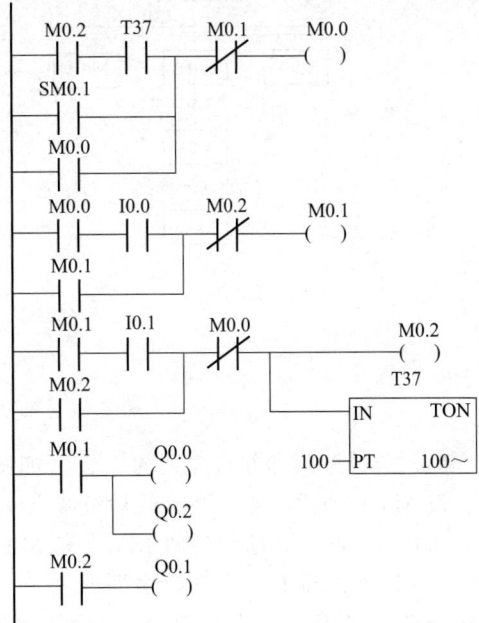

图 3-67　梯形图

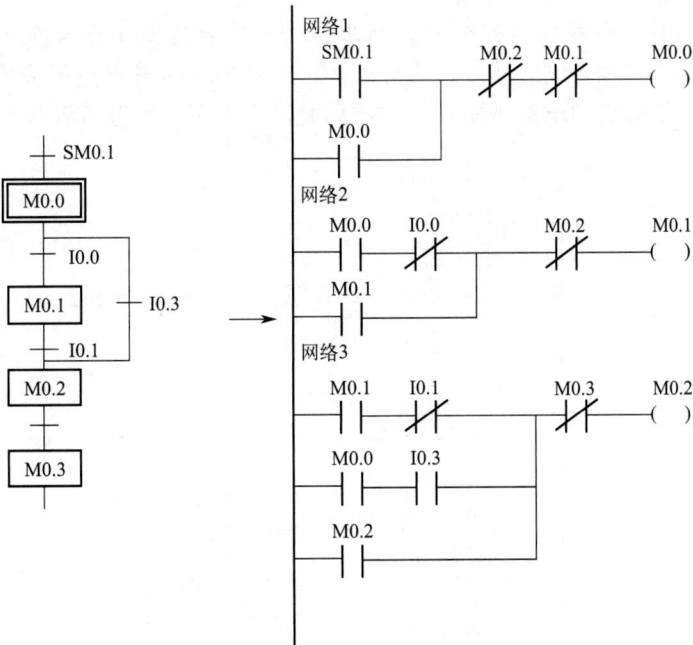

图 3-68　选择顺序功能图与梯形图

（3）并行顺序　并行顺序是指在某一转换条件下同时启动若干个顺序，也就是说转换条件实现导致几个分支同时激活。并行顺序的开始和结束都用双水平线表示，如图 3-69 所示。

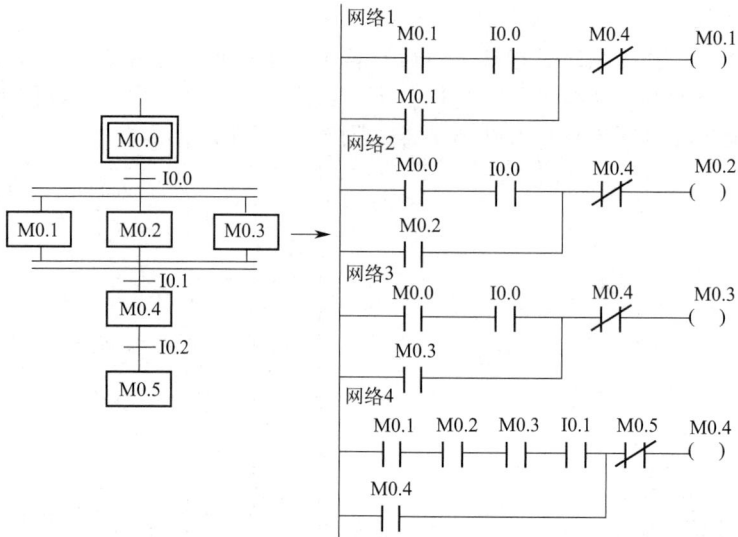

图 3-69　并行顺序功能图与梯形图

（4）选择序列和并行序列的综合　如图 3-70 所示，步 M0.0 之后有一个选择序列的分支，设 M0.0 为活动步，当它的后续步 M0.1 或 M0.2 变为活动步时，M0.0 变为不活动步，即 M0.0 为 0 状态，所以应将 M0.1 和 M0.2 的常闭触点与 M0.0 的线圈串联。

步 M0.2 之前有一个选择序列合并，当步 M0.1 为活动步（即 M0.1 为 1 状态），并且转换条件 I0.1 满足，或者步 M0.0 为活动步，并且转换条件 I0.2 满足，步 M0.2 变为活动步，所以该步的存储器 M0.2 的"启保停"电路的启动条件为 M0.1·I0.1＋M0.0·I0.2，对应的启动电路由两条并联支路组成。

步 M0.2 之后有一个并行序列分支，当步 M0.2 是活动步并且转换条件 I0.3 满足时，步 M0.3 和步 M0.5 同时变成活动步，这时用 M0.2 和 I0.3 常开触点组成的串联电路，分别作为 M0.3 和 M0.5 的启动电路来实现，与此同时，步 M0.2 变为不活动步。

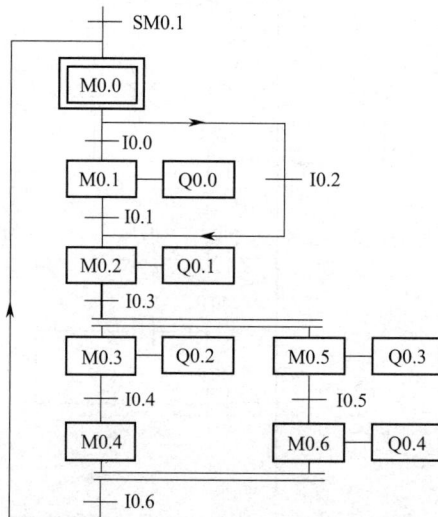

图 3-70　选择序列和并行序列功能图

步 M0.0 之前有一个并行序列的合并，该转换实现的条件是所有的前级步（即 M0.4 和

M0.6）都是活动步及转换条件 I0.6 满足。由此可知，应将 M0.4、M0.6 和 I0.6 的常开触点串联，作为控制 M0.0 的"启保停"电路的启动电路。图 3-70 所示的功能图对应的梯形图如图 3-71 所示。

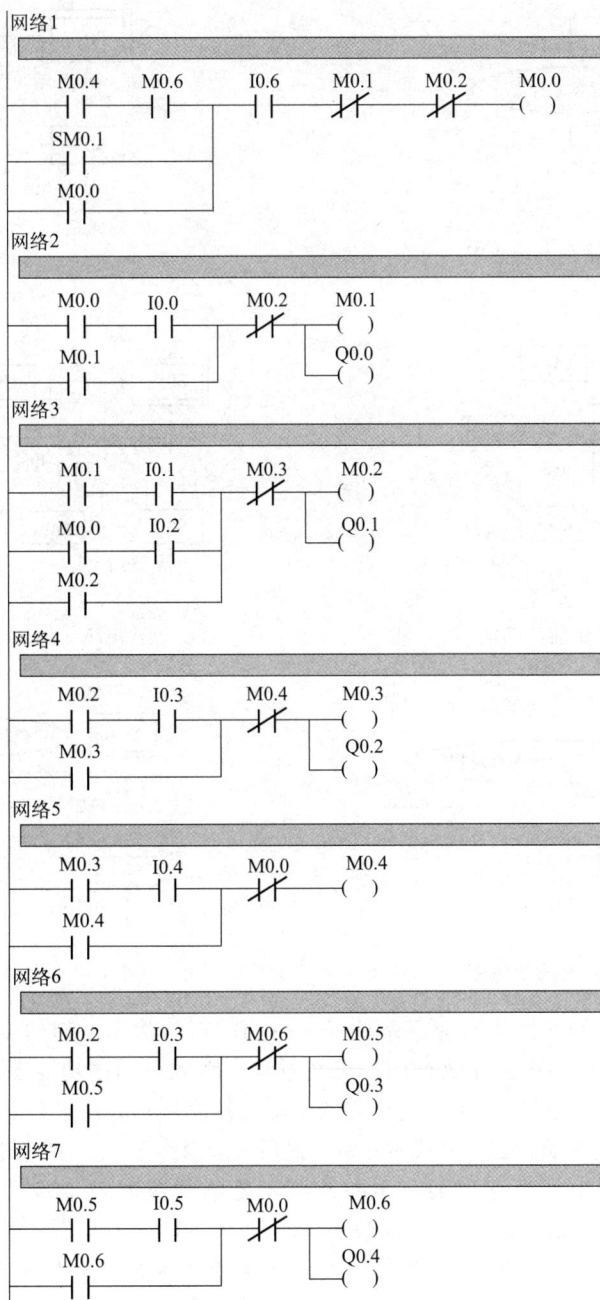

图 3-71　选择序列和并行序列梯形图

5. 功能图设计的注意点

① 两个步绝对不能直接相连，必须用一个转换将它们隔开。状态之间要有转换条件，如图 3-72 所示，状态之间缺少"转换条件"是不正确的，应改成如图 3-73 所示的功能图。必要时转换条件可以简化，例如应将图 3-74 简化成图 3-75。

② 转换条件之间不能有分支，例如，图 3-76 应该改成如图 3-77 所示的合并后的功能图，合并转换条件。

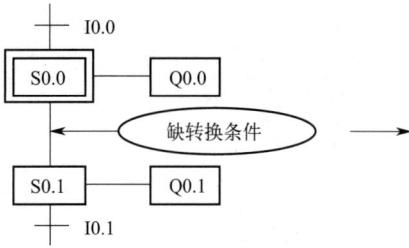

图 3-72　错误的功能图

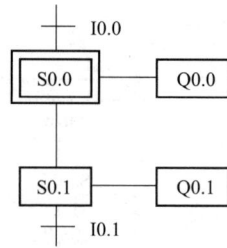

图 3-73　正确的功能图

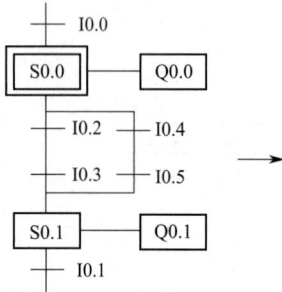

图 3-74　简化前的功能图

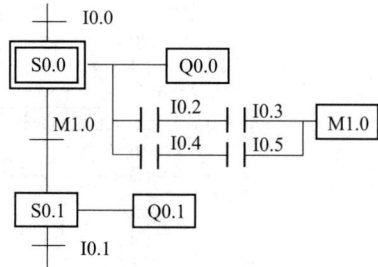

图 3-75　简化后的功能图

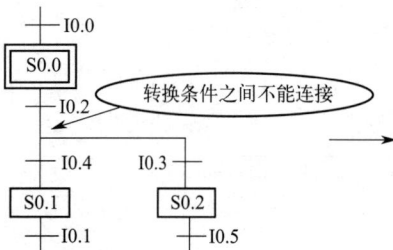

图 3-76　错误的功能图

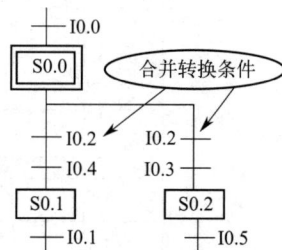

图 3-77　合并后功能图

③ 顺序功能图中的初始步对应于系统等待启动的初始状态，初始步是必不可少的。

④ 自动控制系统应多次重复执行同一工艺过程，因此在顺序功能图中一般应有由步和有向连线组成的闭环，即在完成一次工艺过程的全部操作之后，应从最后一步返回初始步，系统停留在初始状态。在连续循环工作方式时，将从最后一步返回下一工作周期开始运行的第一步。

⑤ 在顺序功能图中，只有当某一步的前级步是活动步时，该步才有可能变成活动步。如果用没有断电保持功能的编程元件代表各步，进入 RUN 工作方式时，它们均处于 OFF 状态，必须用初始化脉冲 M8002 的动合触点作为转换条件，将初始步预置为活动步，否则因顺序功能图中没有活动步，系统将无法工作。如果系统有自动、手动两种工作方式，顺序功能图是用来描述自动工作过程的，这时还要在系统由手动工作方式进入自动工作方式时，用一个适当的信号将初始步置为活动步。

二、梯形图编程的原则

尽管梯形图与继电器电路图在结构形式、元件符号及逻辑控制功能等方面相类似，但它们又有许多不同之处，梯形图有自己的编程规则。

① 每一逻辑行总是起于左母线，然后是触点的连接，最后终止于线圈或右母线（右母线可以不画出）。这仅仅是一般原则，S4-200PLC 的左母线与线圈之间一定要有触点，而线圈与右母线之间则不能有任何触点，如图 3-78 所示，与西门子 S4-300 的左母线相连的不一定是触点，而且其线圈不一定与右母线相连。

图 3-78 梯形图

② 无论选用哪种机型的 PLC，所用元件的编号必须在该机型的有效范围内。例如 S4-200 系列的 PLC 的辅助继电器默认状态下没有 M100.0，若使用就会出错，而 S4-300 则有 M100.0。

③ 梯形图中的触点可以任意串联或并联，但继电器线圈只能并联而不能串联。

④ 触点的使用次数不受限制，例如，只要需要，辅助继电器触点 M0.0 可以在梯形图中出现无限制的次数，而实物继电器的触点一般少于 8 对，只能用有限次。

⑤ 在梯形图中同一线圈只能出现一次。如果在程序中，同一线圈使用了两次或多次，称为"双线圈输出"。对于"双线圈输出"，有些 PLC 将其视为语法错误，绝对不允许；有些 PLC 则将前面的输出视为无效，只有最后一次输出有效（如西门子 PLC）；而有些 PLC 在含有跳转指令或步进指令的梯形图中允许双线圈输出。

⑥ 对于不可编程梯形图必须经过等效变换，变成可编程梯形图，如图 3-79 所示。

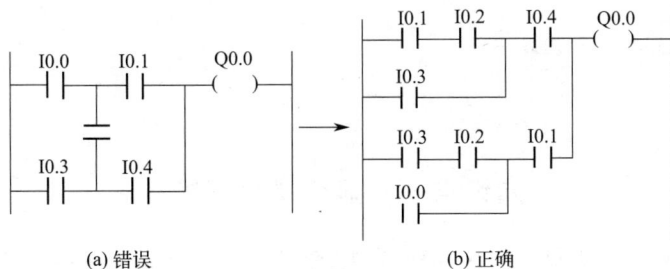

图 3-79 梯形图

⑦ 有几个串联电路相并联时，应将串联触点多的回路放在上方，归纳为"多上少下"的原则，如图 3-80(b) 所示。在有几个并联电路相串联时，应将并联触点多的回路放在左方，归纳为"多左少右"原则，如图 3-81(b) 所示。这样所编制的程序简洁明了，语句较少。但要注意，图 3-80(a) 和图 3-81(a) 所示的梯形图逻辑上是正确的。

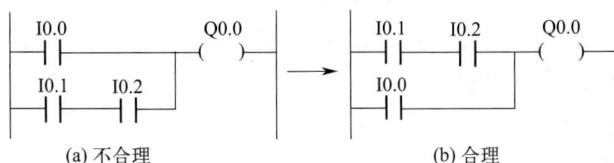

图 3-80 梯形图

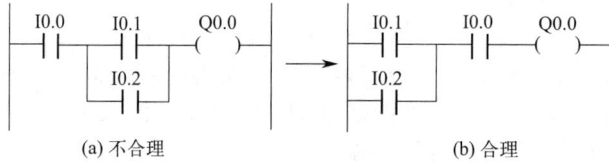

图 3-81　梯形图

单元五　认识显示仪表

学习目标

知识目标：1. 掌握显示仪表的作用和分类；

　　　　　2. 熟悉数字式显示仪表的结构及性能特点；

　　　　　3. 了解新型显示仪表的性能特点。

能力目标：1. 能正确使用数字显示仪表；

　　　　　2. 能说出数字显示仪表的特点；

　　　　　3. 能说出新型显示仪表的特点。

素养目标：1. 提高对比研究、归纳整理的能力；

　　　　　2. 提升沟通交流和语言表达能力。

学习导入

在网络上搜索显示仪表的图片。

知识链接

知识点一　显示仪表概述

在化工生产过程中，不仅需要用各种检测方法来测量生产过程中的工艺参数，而且还要求把这些测量值及时、准确地指示并记录下来，记录生产所必需的数据，使操作者了解生产过程的全部情况，更好地监视、操纵和管理生产。凡能将生产过程中各种参数进行指示、记录或累积的仪表统称为显示仪表。

一、显示仪表的作用

显示仪表一般安装在生产现场或控制室的仪表盘上。它和各种测量元件或变送单元配套使用，连续地显示或记录生产过程中各参数的变化情况。它又能与控制单元配套使用，对生产过程中的各参数进行自动控制和显示。

二、显示仪表的种类

随着仪器科学与技术的发展和生产过程自动化的需要，目前，我国已生产的显示仪表种类很多。按照能源来分，可分为电动显示仪表、气动显示仪表、液动显示仪表；按照显示的方式来分，可分为模拟式、数字式和屏幕显示三种。

1. 模拟式显示仪表

模拟式显示仪表是以仪表的指针（或记录笔）的线性位移或角位移来模拟显示被测参数连续变化的仪表。这类仪表多数要使用磁电偏转机构或机电式伺服机构，因此，测量速度较慢，精度较低，读数容易造成多值性。但它结构简单、工作可靠、价廉且又能反映出被测值的变化趋势，因而目前大量地应用于工业生产中。

2. 数字式显示仪表

数字显示仪表是直接以数字形式显示被测参数值大小的仪表。这类仪表由于避免了使用磁电偏转机构或机电式伺服机构，因而测量速度快、精度高、读数直观，对所测参数便于进行数值控制和数字打印记录，尤其是它能将模拟信号转换为数字量，便于和数字计算机或其他数字装置联用。因此，这类仪表得到迅速的发展。

3. 屏幕显示仪表

屏幕显示是将工艺参数用图形、曲线、字符和数字等在屏幕上进行显示，并配以打印、记录装置，可根据需要对各种工艺参数进行打印、记录。它是随着计算机的推广应用而相应发展起来的一种新型显示仪器，可以是计算机控制系统的一个组成部分。目前屏幕显示装置在计算机集散控制系统（DCS）中广泛应用。

知识点二 数字式显示仪表

数字式显示仪表简称数显仪表，数显仪表直接用数字量来显示测量值或偏差值，采用模块化设计方法，即不同品种的数显仪表都是由为数不多的、功能分离的模块化电路组合而成的，因此有利于制造、调试和维修，降低了生产成本。

一、数字式显示仪表的类型

数字式显示仪表按输入信号的形式来分，有电压型和频率型两类：电压型的输入信号是电压或电流；频率型的输入信号是频率、脉冲及开关信号。按被测信号的点数来分，可分成单点和多点两种。在单点和多点中，根据仪表所具有的功能不同，又可分为数字显示仪、数字显示报警仪、数字显示输出仪、数字显示记录仪以及具有复合功能的数字显示报警输出记录仪等。其分类如图 3-82 所示。

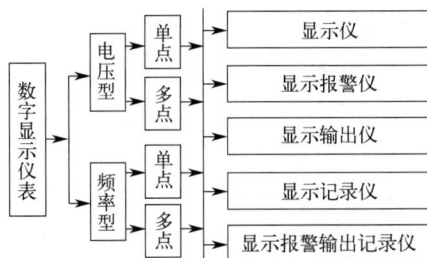

图 3-82 数字式显示仪表分类图

二、数字式显示仪表的结构

数显仪表品种繁多，结构各不相同，通常包括信号变换、前置放大、非线性校正或开方运算、模/数（A/D）转换、标度变换、数字显示、电压/电流（V/I）转换及各种控制电路等部分。

1. 信号变换电路

将生产过程中的工艺变量经过检测变送后的信号，转换成相应的电压或电流值。由于输入信号不同，可能是热电偶的热电势信号，也可能是热电阻信号，等等。因此数显仪表有多种信号变换电路模块供选择，以便与不同类型的输入信号配接。在配接热电偶时还有参比端温度自动补偿功能。

2. 前置放大电路

输入信号往往很小（如热电势信号是毫伏信号），必须经前置放大电路放大至伏级电压幅度，才能供线性化电路或 A/D 转换电路工作。有时输入信号夹带测量噪声（干扰信号），因此也可以在前置放大电路中加滤波电路，抑制干扰影响。

3. 非线性校正或开方运算电路

许多检测元件（如热电偶、热电阻）具有非线性特性，需将信号经过非线性校正电路处理成线性特性，以提高仪表测量精度。开方运算电路的作用是将来自差压变送器的差压信号转换成流量值。

4. 模/数转换电路（A/D 转换）

A/D 转换是把在时间上和数值上均连续变化的模拟量变换成为一种断续变化的脉冲数字量。数显仪表的输入信号多数为连续变化的模拟量，需经 A/D 转换电路将模拟量转换成断续变化的数字量，再加以驱动，点燃数码管进行数字显示。因此 A/D 转换是数显仪表的核心。

5. 标度变换电路

标度变换环节，是将数显仪表的显示值和被测原始参数值统一起来，使仪表能以工程量值形式显示被测参数的大小。

标度变换的实质就是量程变换，它使仪表的显示数字能直接表征被测参数的工程量，即直接显示温度、压力、流量或液位的数值，所以是一个量纲的还原。

6. 数字显示电路及光柱电平驱动电路

数字显示装置通过计数器对所接收的脉冲信号进行比较，再经译码器等，将被测结果用十进制数显示出来，以便操作人员能直接精确地读取所需数据。

7. V/I 转换电路和控制电路

数显仪表除了可以进行数字显示外，还可以直接将被测电压信号通过 V/I 转换电路转换成 0～10mA 或 4～20mA 直流电流标准信号，以便使数显仪表可与电动单元组合仪表、可编程序控制器或计算机联用。数显仪表还可以具有控制功能，它的控制电路可以根据偏差信号按 PID 控制规律或其他控制规律进行运算，输出控制信号，直接对生产过程加以控制。

有些数显仪表，除了一般的数字显示和控制功能外，还可以具有笔式和打点式模拟记录、数字量打印记录、多路显示、越限报警等功能。

知识点三　新型显示仪表

当前的新型显示仪表主要是应用微处理技术、新型显示技术、记录技术、数据存储技术和控制技术等，将信号的检测、处理、显示、记录、数据储存、通信、控制及复杂数学运算等多个或全部功能集合于一体的新型仪表，具有使用方便、观察直观、功能丰富、可靠性高等优点。

无纸记录仪是近年来快速发展起来的一种记录仪表。无纸记录仪以微处理器为核心，采用全电子化设计，直接将记录信号转化成数字信号送至随机存储器加以保存，采用大屏幕液晶显示屏（LCD）或用 VGA 监视器显示和记录被测参数，克服了传统有纸记录仪卡纸、卡笔、断线等故障，免去了现场换纸、换笔、添墨等大量日常维护工作，提高了记录仪的可靠性，节省了耗材费用，达到了高精度、高可靠性和全微机化操作，维护量趋于零。

由于记录信号是由工业专用微型处理器 CPU 来进行转化保存显示的，因此记录信号可以随意放大、缩小地显示在显示屏上，为观察记录信号状态带来极大的方便。必要时可把记录曲线或数据送往打印机进行打印或送往个人计算机加以保存和进一步处理。

该仪表输入信号多样化，可与热电偶、热电阻、辐射感温器或其他产生直流电压、直流电流的变送器配合使用。对温度、压力、流量、液位等工艺参数进行数字显示、数字记录；对输入信号可以组态或编程，直观地显示当前测量值。并有报警功能。

无纸记录仪内另配有打印控制器和通信控制器，CPU 内的数据可通过它们，与外接的微型打印机、个人计算机（PC）连接，实现数据的打印和通信。

单元六　组建简单控制系统

学习目标

知识目标： 1. 掌握被控变量、操纵变量的选取原则；

2. 掌握控制器参数整定的方法；

3. 掌握控制系统的投运步骤。

能力目标： 1. 能组建简单控制系统；

2. 能进行控制参数的工程整定；

3. 能按步骤正确进行控制系统投运。

素养目标： 1. 培养安全生产和绿色环保的意识；

2. 养成严谨认真、刻苦钻研的科学态度。

学习导入

在生产过程中，什么样的工艺参数可以作为被控变量？

知识链接

知识点一　简单控制系统概述

流量控制系统

简单控制系统是目前使用最普遍、结构最简单的一种自动控制系统，是复杂控制系统的基础。简单控制系统所需的自动化装置少，投资低，操作维护方便，能解决生产过程中的大量控制问题，生产过程中绝大多数的控制系统是简单控制系统。

简单控制系统，通常是指由一个测量变送装置、一个控制器、一个执行器和一个被控对象构成的。由于该系统中只有一条由输出端引向输入端的反馈路线，因此，也称单回路控制系统，其方块图如图 3-83 所示。图 3-84 所示的温度控制系统是典型的简单控制系统。

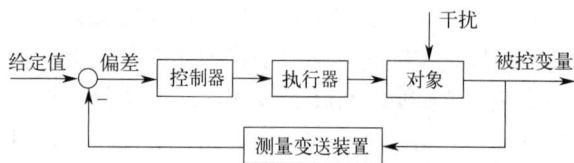

图 3-83　简单控制系统的方块图

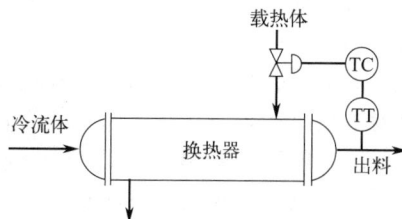

图 3-84　温度控制系统

图 3-84 所示的温度控制系统，由四个基本环节组成，即一个被控对象（简称对象），一个控制器（用小圆圈表示，圈内写有两位或三位、四位字母，第一位字母表示被测变量，后续字母表示仪表的功能），一个执行器，一个测量元件及变送器。该温度控制系统通过改变进入换热器的载热体流量，来维持换热器出口物料的温度在工艺规定的数值上。被控对象为换热器，被控变量为物料出口温度，操纵变量为载热体流量。不同对象的简单控制系统，均可用图 3-83 所示的方块图来表示。

知识点二　简单控制系统的设计

一、被控变量的选择

在生产过程中，借助自动控制系统保持恒定值的变量称为被控变量。在构成一个自动控制系统时，被控变量的选择十分重要。它关系到生产的稳定操作、产品产量和质量的提升、劳动条件的改善以及生产安全等。如果被控变量选择不当，将无法达到预期的控制目标。

被控变量的选择与生产工艺密切相关。影响一个生产过程的因素很多，但并不是所有影响因素都必须加以自动控制。所以设计自动控制方案时，必须深入研究、分析生产工艺，找到影响生产的关键变量作为被控变量。所谓"关键"变量，是指对产品的产量、质量以及生产过程的安全具有决定性作用的变量，且这些变量由人工控制无法满足工艺要求。

例如工艺操作参数是液位、压力、流量、温度等，很显然，可以直接选用液位、压力、流量、温度作为被控变量，如果被控对象的输出参数是浓度、酸碱度等，也可以考虑直接选用这些质量指标作为被控变量。这种被控变量本身就是需要控制的工艺指标，称之为直接指标控制。

如果采用质量指标作为被控变量，就会涉及产品成分或物性参数的测量。目前，关于成分和物性参数的测量，往往没有合适的测量仪表，或者虽有测量仪表，但价格非常昂贵，这种情况下，可选取与直接质量指标有单值对应关系且反应又快的参数，如温度、压力等作为间接控制指标。

在多个变量中选择被控变量，应遵循下列原则：

① 被控变量应能代表一定的工艺操作指标或能反映工艺操作状态，一般都是工艺过程中比较重要的变量，且被控变量应是独立可控的。

② 采用直接指标作为被控变量最直接也最有效。当不能选择质量指标参数作被控变量时，可选择一个与产品质量指标有单值对应关系的间接指标参数作为被控变量。

③ 被控变量应比较容易测量，并具有较小的滞后和足够大的灵敏度。

④ 选择被控变量时，必须考虑工艺的合理性和国内外仪表产品的现状。

二、操纵变量的选择

在确定了被控变量以后，就要考虑影响被控变量变化的因素有哪些，并确定这些影响因素中哪些是可控的，哪些是不可控的。在对象的所有输入变量中，选择一个对被控变量影响最大的可控变量作为操纵变量，以有效克服干扰的影响。在影响被控变量变化的诸多因素中，确定了操纵变量以后，其他因素均为干扰因素。

操纵变量的选择应遵循下列原则：

① 操纵变量必须是可控的，即在工艺上是允许调节的变量。

② 所选的操纵变量，应使控制通道的放大系数适当大一些，干扰通道的放大系数尽可能得小。

③ 所选的操纵变量，使控制通道纯滞后的时间越短越好。

④ 所选的操纵变量，应使控制通道的时间常数短一些，而干扰通道的时间常数越大越好。

⑤ 在选择操纵变量时，除了从自动化角度考虑外，还要考虑工艺的合理性与生产的经济性。一般说来，不宜选择生产负荷作为操纵变量，因为生产负荷直接关系到产品的产量，是不宜经常波动的。另外，从经济性考虑，应尽可能地降低物料与能量的消耗。

三、控制器控制规律的选择

前面已经讲过，简单控制系统是由被控对象、控制器、执行器和测量变送装置四大基本部分组成的。其中被控对象、执行器和测量变送装置合在一起称为广义对象。在广义对象特性已确定，不能任意改变的情况下，只能通过控制规律的选择来提高系统的稳定性与控制质量。

控制器的控制规律对控制质量影响很大。根据不同的过程特性和要求，选择相应的控制规律，以获得较高的控制质量；确定控制器作用方向，以满足控制系统的要求，也是控制系统设计的一个重要内容。

1. 位式控制

常见的位式控制器有两位式和三位式。位式控制适用于对控制质量要求不高，时间常数较大、纯滞后较小、负荷变化不大也不剧烈，工艺允许被控变量波动范围较宽的场合。如常用的恒温箱、电烘箱等温度控制系统。

2. 比例控制

比例控制的特点是控制器的输出与偏差成比例变化，阀门位置与偏差有对应关系，当负荷变化时，克服干扰能力强，过渡过程时间短，过程终了存在余差，且负荷变化越大余差越大。比例控制适用于对象控制通道滞后较小而时间常数不大、负荷变化较小、控制质量要求不高、工艺允许被控变量存在余差的场合。

3. 比例积分调节

引入积分作用能消除余差，使被控变量最终回到给定值。因此比例积分控制是使用最多、应用最广的控制规律。但加入积分作用后要保持系统原有的稳定性，必须加大比例度，但超调量和振荡周期都会加大，过渡过程时间也会相应增加，导致控制质量有所下降。

比例积分控制器适用于对象控制通道滞后较小、时间常数也不大、负荷变化较小，工艺不允许被控变量存在余差的场合。如流量控制系统、管道压力控制系统和要求严格的液位控制系统等。

4. 比例积分微分调节

微分作用可以很好地克服容量滞后。对于控制通道容量滞后大、负荷变化较大的对象，引入微分控制规律，利用微分的超前作用，可以使系统的稳定性增加，最大偏差减小，提高控制质量。对于控制通道时间常数和容量滞后较大、纯滞后较小、负荷变化大但不频繁、控制质量要求较高不允许有余差的对象，采用 PID 控制，可以较全面地改善调节质量。例如温度控制系统多采用 PID 控制器。

四、控制器正、反作用的选择

对于一个闭环控制系统来说，要使系统稳定，必须采用负反馈。要使自动控制系统形成一个负反馈系统，就有一个作用方向的问题。控制器的正反作用是关系到控制系统能否正常运行与安全操作的重要问题。

作用方向是指，当一个环节的输入增加时，其输出也增加，则称该环节为"正作用"方向；反之，当环节的输入增加时，输出减少，则称该环节为"反作用"方向。

在自动控制系统中，不仅是控制器，被控对象、测量元件及变送器和执行器都有各自的作用方向。作用方向组合不当，使总的作用方向构成正反馈，则控制系统不但不能起控制作用，反而会破坏生产过程的稳定。所以，在系统投运前必须检查各环节的作用方向，通过改变控制器的正、反作用，来保证整个控制系统是一个具有负反馈的闭环系统。

被控对象的作用方向，因具体对象而不同，可以是正的，也可以是负的。如图 3-85 所示的液位控制系统，通过控制进水阀来控制液位，对象为正作用，通过控制出水阀来控制液位，对象为反作用。

对于测量元件及变送器，其作用方向一般都是"正"的，因为当被控变量增加时，其输出量（测量值）一般也是增加的，所以在考虑整个控制系统的作用方向时，可不考虑测量元件及变送器的作用方向，只需要考虑控制器、执行器和被控对象三个环节的作用方向，使它们组合后能起到负反馈的作用。

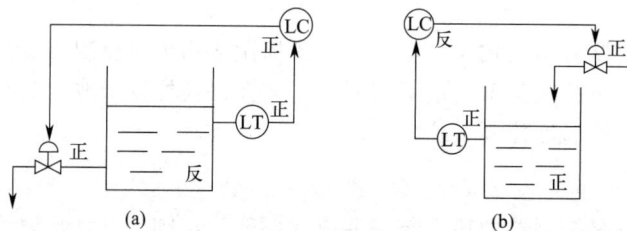

图 3-85 液位控制系统控制器作用方向的选择

执行器正、反作用的确定是从工艺安全角度来选定的，即当控制信号中断时，应保证设备和操作人员的安全。在没有控制信号输入时，阀门处于全关闭状态的为气开阀，气开阀为"正作用"方向。反之，在没有控制信号输入时，阀门处于全开状态的为气关阀；作用方向为"反作用"。

控制器正、反作用确定的步骤如下：首先，结合生产工艺，确定对象的正、反作用方向；其次，根据生产工艺安全原则来确定执行器的正、反作用方向；最后，根据闭环负反馈控制系统的原则，来确定控制器的正、反作用，要使自动控制系统四个组成部分作用方向的乘积为"负"。

知识点三 控制器参数的工程整定

自动控制系统的控制方案确定以后，被控对象的特性也就确定了，这时控制系统的控制质量就主要取决于控制器参数的整定。控制器参数整定的过程，就是通过试验的方法寻找控制器最佳参数值，具体来说，就是确定最佳的比例度、积分时间和微分时间的组合，目前常用的方法有临界比例度法、衰减曲线法、经验凑试法。

一、临界比例度法

临界比例度法是目前应用较广的一种控制器参数整定方法。它先将控制器放在纯比例作用上，施加干扰作用，从大到小逐渐改变比例度，直到系统出现等幅振荡的过渡过程，这时的比例度 δ_k 称为临界比例度，振荡周期称为临界振荡周期 T_k，再通过简单的计算，求出衰减振荡时控制器的参数。其具体步骤如下。

① 让 $T_I = \infty$，$T_D = 0$，根据广义对象特性选择一个较大的 δ 值，并在工况稳定的情况下将控制系统投入自动状态。

② 做给定值扰动试验，逐步减小比例度 δ，直至出现等幅振荡为止，如图 3-86 所示。记下此时控制器的比例度 δ_k 和振荡曲线的周期 T_k。

图 3-86 临界比例度实验曲线

③ 按表 3-11 的经验公式计算出衰减振荡时控制器的参数值并设置于控制器上，再做给定值扰动试验，观察过渡过程曲线。若记录曲线不满足控制质量要求，再对计算值做适当的调整。

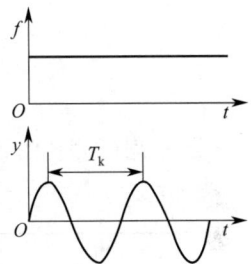

表 3-11 临界比例度法参数计算公式表

控制作用	比例度%	积分时间/min	微分时间/min
比例	$2\delta_k$		
比例＋积分	$2.2\delta_k$	$0.85T_k$	
比例＋微分	$1.8\delta_k$		$0.85T_k$
比例＋积分＋微分	$1.7\delta_k$	$0.5T_k$	$0.125T_k$

在使用临界比例度法整定控制器参数时，应注意以下几个问题：

① 当控制通道的时间常数很长时，由于控制系统的临界比例度 δ 很小，常使控制阀处于时而全开、时而全关的状态，即处于位式控制状态，对生产不利，因而不宜用此法进行控制器的参数整定。

② 当生产工艺过程不允许被控变量做较长时间的等幅振荡时也不能用此法。例如，锅炉给水控制系统和燃烧控制系统。

二、衰减曲线法

衰减曲线法通过使系统产生衰减振荡来整定控制器的参数值。要求过渡过程达到 4：1 衰减比，其整定步骤如下。

① 将控制器变为纯比例控制器，让 $T_I = \infty$，$T_D = 0$，在系统稳定后，用改变给定值的方法给系统施加阶跃干扰，按经验法整定比例度，直至出现 4：1 衰减过渡过程为止。此时的比例度记为 δ_s，衰减振荡周期为 T_s，如图 3-87(a) 所示。

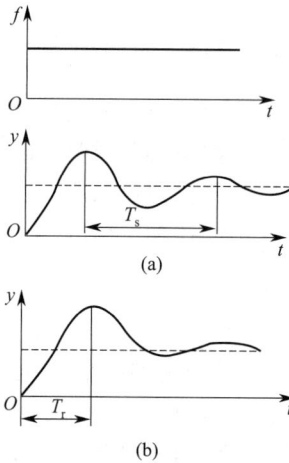

图 3-87　4：1 和 10：1 衰减振荡过程

② 根据已测得的 δ_s、T_s 值，按表 3-12 中的经验关系计算出控制器的整定参数值。

表 3-12　4：1 衰减曲线法控制器参数计算表

控制作用	比例度 $\delta/\%$	积分时间 T_I/min	微分时间 T_D/min
比例	δ_s		
比例＋积分	$1.2\delta_s$	$0.5T_s$	
比例＋积分＋微分	$0.8\delta_s$	$0.3T_s$	$0.1T_s$

③ 根据上述计算结果设置控制器的参数值，做给定值扰动试验，观察过渡过程曲线，如果过渡过程曲线不理想，再适当调整参数值，直至符合要求为止。

应用衰减曲线法整定控制器参数时，应注意下列事项：

a. 对于响应较快的系统，如管道压力、流量和小容量的液位控制等，要在记录曲线上严格得到 4：1 衰减曲线比较困难，一般以被控变量来回波动两次达到稳定，就可以近似地认为达到 4：1 衰减过程了。

b. 以获得 4：1 衰减比为最佳过程，这符合大多数控制系统。但在有的过程中，4：1 衰减振荡得还是过于厉害，可采用 10：1 衰减曲线法。10：1 衰减曲线法整定控制器参数的步骤和要求与 4：1 衰减曲线法完全相同，得到 10：1 衰减曲线，记下此时的比例度 δ_s' 和最大偏差时间 T_r（又称上升时间），如图 3-87（b）所示。然后根据表 3-13 中的经验公式，求出相应的比例度、积分时间和微分时间的数值。

c. 必须在工艺参数稳定的情况下施加干扰，否则得不到正确的 δ_s、T_s、T_r。

表 3-13　10：1 衰减曲线法控制器参数计算表

控制作用	比例度 $\delta/\%$	积分时间 T_I/min	微分时间 T_D/min
比例	δ_s'		
比例＋积分	$1.2\delta_s'$	$2T_r$	
比例＋积分＋微分	$0.8\delta_s'$	$1.2T_r$	$0.4T_r$

衰减曲线法比较简单，适用于一般情况下的各种参数的控制系统。但对于干扰频繁、记录曲线不规则、不断有小摆动的情况，由于不易得到准确的衰减比例度和衰减周期，使得这种方法难以应用。

三、经验凑试法

经验凑试法是工程技术人员在长期生产实践中总结出来的，不需要进行事先的计算和实验，而是根据运行经验，先确定一组控制器参数经验数据，如表 3-14 所示，将系统投入运行，通过观察加入人为扰动后的过渡过程曲线，再根据各种控制作用对过渡过程的不同影响来改变相应的控制参数值，并进行反复试凑，直到获得满意的控制品质为止。

表 3-14　控制器参数的经验数据表

被控变量	对象特性	$\delta/\%$	T_I/min	T_D/min
流量	对象时间常数小，参数有波动，δ 要大，T_I 要短，不用微分	40～100	0.3～1	
温度	对象容量滞后较大，即参数受干扰后变化迟缓，δ 应小；T_I 要长；一般需加微分	20～60	3～10	0.5～3
压力	对象容量滞后一般，不算大，一般不需要加微分	30～70	0.4～3	
液位	对象时间常数范围较大。要求不高时，δ 可在一定范围内选取，一般不用微分	20～80	—	—

表 3-14 中给出的只是一个大体范围，有时变动较大。例如，流量控制系统的 δ 值有时需在 200% 以上；有的温度控制系统，由于容量滞后大，T_I 往往在 15min 以上。另外，选取 δ 值时还应注意测量部分的量程和控制阀的尺寸，如果量程小（相当于测量变送器的放大系数 K_m 大）或控制阀的尺寸选大了（相当于控制阀的流量系数 K_V 大）时，δ 应适当选大一些，即 K_C 小一些，这样可以适当补偿 K_m 大或 K_V 大带来的影响，使整个回路的放大系数保持在一定范围内。

由于比例作用是最基本的控制作用，经验凑试法主要通过调整比例度的大小来满足品质指标。有以下两种整定途径：

① 先用纯比例作用进行凑试，即寻找合适的比例度 δ，将人为加入扰动后的过渡过程调整为 4:1 的衰减振荡过程。然后加入积分（I）作用，一般先取积分时间 T_I 为衰减振荡周期的一半左右。由于积分作用将使振荡加剧，在加入积分作用之前，要先减弱比例作用，通常将比例度增大 10%～20%。调整积分时间常数的大小，直到出现 4:1 的衰减振荡过渡过程。

必要时，再加入微分（D）作用，即从零开始，逐渐加大微分时间 T_D。由于微分作用能抑制振荡，在加入微分作用之前，可把比例度调整到比纯比例作用时更小些，还可把积分时间常数也缩短一些。对微分时间常数进行试凑，使过渡时间最短、超调量最小。

② 先根据表 3-14 选取积分时间常数 T_I 和微分时间常数 T_D，通常取 $T_D = (1/4 \sim 1/3) T_I$，然后对比例度 δ 进行反复试凑，直至得到满意的结果。如果开始时 T_I 和 T_D 设置得不合适，则有可能得不到要求的理想曲线。这时，应适当调整 T_I 和 T_D，再重新试凑，使曲线最终符合控制要求。

经验凑试法适用于各种控制系统，特别适用于对象扰动频繁、过渡过程曲线不规则的控制系统。但是，使用此法主要靠经验，对于缺乏经验的操作人员来说，整定所花费的时间会很长。

最后必须指出，在一个自动控制系统投运时，控制器的参数必须整定，才能获得满意的控制质量。同时，在生产进行的过程中，如果工艺操作条件改变，或负荷有很大变化，被控对象的特性就要改变，因此，控制器的参数必须重新整定。由此可见，整定控制器参数是经常要做的工作，对工艺操作人员与仪表技术人员来说，都是需要掌握的。

知识点四　控制系统的投运

控制系统安装完毕后，或经过停车检修，再次开车投产都需要进行控制系统的投运，也就是将控制系统投入运行。在控制系统投入运行前必须进行全面细致的检查和准备工作。

一、投运前的准备工作

1. 熟悉工艺过程

了解主要工艺流程、主要设备的功能、控制指标和要求，以及各种工艺参数之间的关系。

2. 熟悉控制方案

全面掌握设计意图和各控制方案的构成，熟悉测量元件和控制阀的安装位置、管线走向、工艺介质性质等。

3. 熟悉仪表情况

要知道测量元件和调节阀的规格，执行器采用何种形式（气开、气关），掌握仪表的单校和联校方法。

二、投运前的全面检查

（1）电气线路检查

① 检查气动系统的气源，要保证有稳定、纯净的气源供应；

② 对气动线路进行查线，主要是查差错、查堵、查漏；

③ 检查电动系统的电源，接线是否正常，保险是否接牢；

④ 检查接线情况，导线接头表面需整洁，端子螺栓需拧牢，不可松动；

⑤ 对线路进行查错，检查绝缘电阻；

⑥ 检查温度系统中的热电偶、热电阻的补偿导线，极性是否接反。

（2）引压导管的检查　对引压导管进行查差错、查漏和查堵。同时检查三阀组及排污阀是否有堵塞现象。

（3）检查控制器的正反作用及控制阀的气开、气关形式　确保该控制系统是具有被控变量负反馈的闭环系统。

三、控制系统的投运

当控制器从手动位置切换到自动位置时，要求为无扰动切换。也就是说，从手动切换到自动过程中，不应该破坏系统原有的平衡状态，即切换过程中不能改变控制阀的原有开度。

控制系统各组成部分的投运顺序如下：

① 检测系统投运。温度、压力等检测系统的投运较为简单，可逐个开启仪表。对于采用差压变送器的流量或液位系统，应从检测元件的根部开始，逐个缓慢地打开根部阀、截止阀等。

② 阀门手动遥控。把控制器置于手动位置，改变手动操作器的输出，使控制阀处于正常工况下的开度，将被控变量稳定在给定值上。

③ 控制器的投运。将控制器参数设定为合适的参数，通过手动操作使给定值与测量值相等（偏差为零）后，切入自动。观察系统过渡过程曲线，进行控制器参数调整，直到满意为止。

当系统正确投运、控制器参数整定好后，若其品质指标一直不能达到要求，则应考虑系统设计是否存在问题，如控制阀特性是否选择不当等。此时，应将系统由自动切换到手动，并研究解决方案。

？ 练一练

一、选择题

1. 描述对象特性的参数有（　　　）。

A. 时间常数　　　　B. 积分时间　　　　C. 滞后时间　　　　D. 放大系数

2. 在控制系统中，控制器的输出信号送至（　　　）。

A. 执行器　　　　B. 被控对象　　　　C. 测量元件及变送器　D. 调节器

3. 比例环节的特点是当输入信号变化时，输出信号会（　　　）复现输入信号的变化。

A. 同时以一定比例　B. 按积分规律

C. 按微分规律　　　D. 按比例规律

4. 自动控制系统的基本控制规律有（　　　）。

A. 位式控制　　　　B. 比例控制　　　　C. 积分控制　　　　D. 微分控制

5. 比例控制规律的缺点是（　　　）。

A. 存在滞后　　　　　　　　　B. 系统的稳定性降低

C. 易使系统产生波动　　　　　D. 存在余差

6. 控制系统中 PI 是指（　　　）控制器。

A. 比例　　　　　　B. 比例积分　　　　C. 比例微分　　　　D. 积分微分

7. 控制系统中 PD 是指（　　　）控制器。

A. 比例　　　　　　B. 比例积分　　　　C. 比例微分　　　　D. 积分微分

8. 表征控制规律的参数有（　　　）。

A. 比例度　　　　　B. 积分时间　　　　C. 微分时间　　　　D. 滞后时间

9. 为了使控制作用具有预见性，需要引入（　　　）调节规律。

A. P　　　　　　　　B. PI　　　　　　　C. PD　　　　　　　D. I

10. 一般情况下，压力和流量对象选（　　　）控制规律。

A. D　　　　　　　　B. PI　　　　　　　C. PD　　　　　　　D. PID

11. 当需要控制温度参数时，应选择（　　　）控制规律。

A. P　　　　　　　　B. PI　　　　　　　C. PD　　　　　　　D. PID

12. 凡能将生产过程中各种参数进行指示、记录或累积的仪表统称为（　　　）。

A. 显示仪表　　　　B. 二次仪表　　　　C. 数字式仪表　　　D. 累积仪表

13. 按显示方式的不同，显示仪表可以分为（　　　）。

A. 模拟式　　　　　B. 现场显示　　　　C. 数字式　　　　　D. 屏幕显示

14. 无笔、无纸记录仪的核心组件是（　　　）。

A. ROM　　　　　　B. RAM　　　　　　C. CPU　　　　　　D. DCS

15. （　　　）用来存储 CPU 处理后的数据。

A. ROM　　　　　　B. RAM　　　　　　C. 显示控制器　　　D. A/D 转换器

16. 可编程控制器的简称是（　　　）。

A. PAC   B. PLC   C. RTU   D. DCS

17. 下面的真值表属于（　　）逻辑元件。

A. E1—&—A   B. E1—&—A   C. E1—≥1—A   D. E1—≥1—A

A	B	Y
0	0	0
0	1	1
1	0	0
1	1	0

18. 图 3-88 所示是运用逻辑控制作了安全保护。在点 1 和点 2 之间出现一个中断（0 信号）。针对这种情况，选项（　　）是正确的。

	A	B	C	Y
A	0	1	1	1
B	1	1	1	1
C	1	1	0	1
D	1	0	0	1

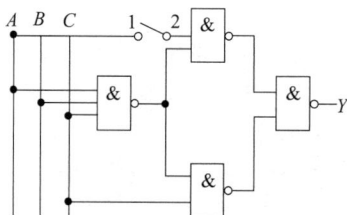

图 3-88　逻辑控制图

二、填空题

1. 控制规律是控制器的＿＿＿＿＿＿＿与＿＿＿＿＿＿＿之间成比例的规律。

2. 比例控制器的放大倍数越大，则比例度越＿＿＿＿＿；控制作用越＿＿＿＿＿。

3. 积分控制器的积分时间越小，则积分作用越＿＿＿＿＿。

4. 微分控制器的微分时间越小，微分作用越＿＿＿＿＿。

5. 在自动控制系统中，被控变量的测量值与给定值之差为＿＿＿＿＿＿＿。

6. 对象的通道有＿＿＿＿＿＿和＿＿＿＿＿＿。

7. 干扰通道的时间常数愈大，对被控变量的影响＿＿＿＿，控制越＿＿＿＿。

8. 对象特性是指对象在输入作用下，其输出变量＿＿＿＿＿＿＿的特性。

9. 在自动控制系统中，由于种种干扰作用，被控变量偏离了设定值，即产生＿＿＿＿＿。

10. 显示仪表一般安装在＿＿＿＿＿＿＿或＿＿＿＿＿＿＿的仪表盘上。

11. ＿＿＿＿＿＿＿是数显仪表的核心。

12. 输入信号往往很小，必须经＿＿＿＿＿＿＿电路放大至伏级电压，才能供线性化电路或 A/D 转换电路工作。

13. 可编程序控制器简称＿＿＿＿＿＿＿。

14. 可编程序控制器主要由＿＿＿＿＿＿＿、＿＿＿＿＿＿＿、＿＿＿＿＿＿＿

三部分组成。

三、判断题

（　　）1. 对于比例控制器来说，比例度就是放大倍数。

（　　）2. 控制系统为了消除余差，应引入微分调节控制规律来克服。

（　　）3. 在自动控制系统中，执行器是控制系统的核心。

（　　）4. 气开阀在气源中断时，阀门是全开的。

（　　）5. 执行器气开、气关形式选择原则是，一旦信号中断，调节阀的状态能保证人员和设备的安全。

（　　）6. 气开阀在没有气源时，阀门是全开的。

（　　）7. 在加热炉的燃料控制系统中，从安全角度考虑，控制燃料的气动调节阀应选用气开阀。

（　　）8. 编程器是 PLC 必不可少的重要外部设备。

（　　）9. PLC 有两种编程方式，即在线编程方式和离线编程方式。

（　　）10. 梯形图语言是可编程序控制器常用的编程语言之一。

四、简答题

1. 什么是对象特性？为什么要研究对象特性？

2. 什么是对象的数学模型？静态数学模型与动态数学模型有什么区别？

3. 什么是控制器的控制规律？控制器有哪些基本的控制规律？

4. 什么是双位控制规律？双位控制规律有何优缺点？

5. 什么是比例控制规律？比例控制规律有何优缺点？

6. 为什么比例控制规律会产生余差？

7. 什么是积分控制规律？积分控制规律有何优缺点？

8. 微分时间的大小对过渡过程有什么影响？

9. 在控制系统中，为什么不单独使用微分控制规律？

10. 为什么一般不单独使用积分控制规律？

11. 比例控制器的比例度对控制过程有什么影响？选择比例度时要注意哪些问题？

12. 什么是积分时间？积分时间对过渡过程有何影响？

13. 反映对象特性的参数有哪些？各有什么物理意义？它们对自动控制系统有什么影响？

14. 为什么说放大系数 K 是对象的静态特性？为什么说时间常数 T 和滞后时间 τ 是对象的动态特性？

15. 对象的纯滞后和容量滞后各是什么原因造成的？对控制过程有什么影响？

16. 气动执行器由哪两部分组成？这两部分的作用是什么？

17. 试分别说明什么叫控制阀的流量特性、理想流量特性和工作流量特性。

18. 什么叫气动执行器的气开式与气关式？选择原则是什么？

19. 如何选择控制阀的口径？

20. 如何将一台气关阀改为气开阀？

21. 电-气阀门定位器由哪几部分组成？

22. 气动执行器的安装和日常维护都需要注意什么？

23. 如果控制阀的旁路流量较大，会出现什么情况？

24. 试分别说明不同结构的控制阀的使用场合。

25. C3000 过程控制器可实现哪些控制方案？

26. C3000 过程控制器操作用户按权限可分为哪几个等级？其中拥有最高权限的是哪一个等级？

27. C3000 过程控制器有哪几幅基本的实时监控画面？

28. C3000 过程控制器如何进行用户登录？

29. C3000 过程控制器总貌画面有几幅？显示哪些内容？

30. C3000 过程控制器的 PID 控制画面最多可以显示几个控制回路的信息？每个回路显示的信息主要有哪些内容？

31. 数字式显示仪表主要由哪几部分组成？各部分有何作用？

32. 在无笔、无纸记录仪原理方框中，每个方框有何作用？

33. 简述虚拟显示仪表的特点。

34. 什么是可编程序控制器？

35. 可编程序控制器有哪些特点？

模块四

复杂控制系统

模块导读

简单控制系统解决了大量的工艺参数定值控制问题。然而，随着生产的发展、工艺的革新，生产规模不断扩大，对自动化的要求不断提高。此外，现代化生产对产品质量有了更高要求，更加注重安全生产与环境保护，简单控制系统已不能满足化工自动化的需求，需要使用更为复杂的控制系统来控制化工生产过程。作为化工企业操作人员，要在熟悉工艺流程的基础上，掌握自动控制系统的理论知识，明确自动控制方案。

单元一 串级控制系统

学习目标

知识目标：1. 掌握串级控制系统的基本概念、特点；
　　　　　2. 熟悉串级控制系统的设计方法；
　　　　　3. 熟悉串级控制系统的应用场合。

能力目标：1. 能组建串级控制系统；
　　　　　2. 能进行串级控制系统控制参数的工程整定；
　　　　　3. 能按步骤正确进行串级控制系统投运。

素养目标：1. 提升安全生产与自我保护意识；
　　　　　2. 培养积极进取的职业精神。

学习导入

在生产过程中，温度、压力、流量、液位，哪个工艺参数最难控制？

知识链接

知识点一 串级控制系统概述

串级控制系统是在简单控制系统的基础上发展起来的，它是复杂控制系统中应用最早、效果最好、使用最广泛的一种。串级控制系统的特点是将两个控制器串接，主控制器的输出作为副控制器的给定。当被控对象的滞后较大，干扰比较剧烈、频繁，采用简单控制系统往往控制质量较差，满足不了工艺上的要求时，可考虑采用串级控制系统。

串级控制
系统

一、串级控制的作用

以管式加热炉为例，其任务是将加热物料加热到一定温度，然后送到下一工序进行继续加工。为了控制原料油出口温度，可以设置图 4-1 所示的温度控制系统，根据原料油出口温度的变化来控制燃料阀门的开度，即通过改变燃料量来使原料油出口温度保持在工艺规定的数值上，这是一个简单的温度控制系统。

但是，由于加热炉温度滞后大，燃料量的变化要先使炉膛温度发生变化，才会影响原料油出口温度，再去控制燃料量。而燃料的量改变后，又要经过一段时间，才能影响原料油出口温度。这样，如果燃料的压力、燃料本身的热值频繁波动，控制器既不能及早发现扰动，又不能及时做出反应，从而影响了控制效果，所以这种控制方案并不十分理想。

要想获得好的控制效果，我们先对管式加热炉的工艺作进一步的分析。管式加热炉内是一根很长的受热管道，它的热负荷很大。燃料在炉膛燃烧后，通过炉膛与原料油的温差将热量传给原料油。因此，燃料量的变化或燃料热值的变化，首先使炉膛温度发生变化。如果以炉膛温度作为被控变量组成单回路控制系统，会使控制通道容量滞后减少，时间常数约为 3min，控制作用比较及时，但是炉膛温度毕竟不能真正代表原料油的出口温度。如果炉膛温度控制好了，其原料油的出口温度并不一定就能满足生产的要求，这是因为即使炉膛温度恒定，原料油本身的流量或入口温度变化仍会影响其出口温度。

为了解决管式加热炉的原料油出口温度的控制问题，在生产实践中，首先根据炉膛温度的变化，控制燃料量，然后再根据原料油出口温度与其给定值之差，进一步控制燃料量，以保持加热炉出口温度的恒定。这就构成了以原料油出口温度为主要被控变量的炉出口温度与炉膛温度的串级控制系统，图 4-2 是这种系统的示意图。

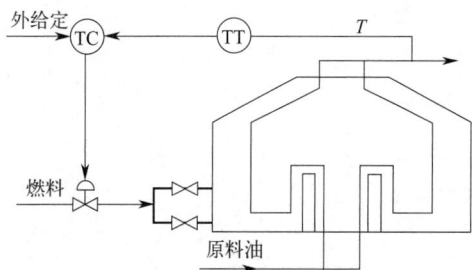

图 4-1　管式加热炉出口温度控制系统　　　　图 4-2　管式加热炉出口温度串级控制系统

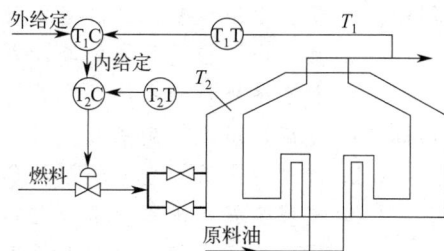

二、串级控制系统的组成

由前面的分析可知，串级控制系统由两个测量元件及变送器、两个控制器、两个对象、一个执行器组成。常用术语如下。

（1）主变量　工艺最终要求控制的被控变量，如上例中的加热炉出口温度 T_1。

（2）副变量　为了稳定主变量而引入的辅助变量，如上例中的炉膛温度 T_2。

（3）主对象　表征主变量的生产设备，如上例中从加热炉炉膛温度检测点到加热炉出口温度检测点间的工艺生产设备，主要是指炉内原料油的受热管道。

（4）副对象　表征副变量的工艺生产设备，如上例中执行器至炉膛温度检测点间的工艺生产设备，主要指燃料油燃烧装置及炉膛部分。

（5）主控制器　按主变量的测量值与给定值的偏差工作，其输出作为副变量给定值的控制器，如上例中的温度控制器 T_1C。

（6）副控制器　其给定值来自主控制器的输出，并按副变量的测量值与给定值的偏差而工作的控制器，如上例中的温度控制器 T_2C。

（7）主测量元件及变送器　对主变量进行测量及信号转换的变送器，如上例中的 T_1T。

（8）副测量元件及变送器　对副变量进行测量及信号转换的变送器，如上例中的 T_2T。

（9）主回路　是由主变量的测量变送装置，主、副控制器，执行器和主、副对象构成的外回路，亦称外环或主环。

（10）副回路　是由副变量的测量变送装置，副控制器，执行器和副对象所构成的内回路，亦称内环或副环。

图 4-3 是上述串级控制系统的方块图。

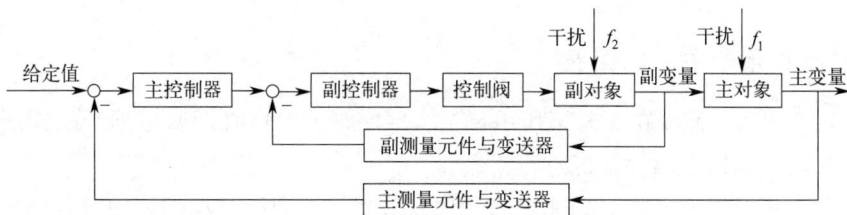

图 4-3　串级控制系统典型方块图

三、串级控制系统的特点

① 结构上是主副控制器串联，主控制器的输出作为副控制器的外给定，形成主、副两个回路，系统通过副控制器操纵执行器。

② 主回路是一个定值控制系统，而副回路是一个随动控制系统，要使副变量能准确、快速地跟随主控制器输出的变化而变化。

③ 副回路具有先调、粗调、快调的特点，主回路具有后调、细调、慢调的特点。同时，主回路还能对副回路进行进一步补偿，最终彻底克服干扰影响。

④ 抗扰动能力强，对进入副回路的扰动抑制力更强，控制精度高，滞后小。因此，特别适用于温度对象等滞后大的场合。

知识点二　串级控制系统的工作过程

下面以管式加热炉出口温度控制为例，正常情况下，进料温度、压力、组分温度，燃料油压力、流量稳定，则加热炉出口物料温度也会稳定在给定值。但当干扰出现时，上述平衡被破坏。下面就干扰出现位置的不同进行分析。

一、干扰作用于副回路

当系统的干扰只是燃料油的压力或组分波动时，干扰 f_1 不存在，只有干扰 f_2 发生变化。若采用如图 4-1 所示的简单控制系统，干扰 f_2 先引起炉膛温度 T_2 变化，然后通过炉膛传热才能引起原料油出口温度 T_1 变化。只有当 T_1 变化以后，控制器才开始起到控制作用，因此控制作用迟缓、滞后大。在设置了副回路后，干扰 f_2 引起炉膛温度 T_2 变化，温

度控制器 T_2C 及时进行控制，使其很快稳定下来，如果干扰量小，经过副回路控制后，此干扰一般不会影响加热炉出口温度 T_1；如果干扰幅度较大，由于副环的控制作用，即使对主变量有一定影响，也是很小的，可以由主环进一步消除。

由于副回路时间常数小，可以获得比单回路控制系统超前的控制作用，有效地克服燃料油压力或热值变化对加热炉出口温度的影响，从而可以大大提高控制质量。

二、干扰作用于主回路

如原料油的进口流量发生变化，该干扰直接进入主回路，使原料油出口温度 T_1 受到影响，偏离给定值，它与给定值间的偏差使主控制器的输出发生变化，从而使副控制器的给定值改变。该给定值与副变量之间也出现偏差，偏差可能很大，于是副控制器采取强有力的控制作用，使燃料量大幅度变化，从而使原料油出口温度很快回到给定值，因此对于进入主回路的扰动，串级控制系统也要比简单控制系统的控制作用更快更有力。

三、干扰同时作用于主、副回路

如果干扰 f_1、f_2 都存在，分别作用在主、副回路上。这时可以根据干扰作用下主、副变量变化的方向，分以下两种情况进行讨论。

一种是在干扰作用下，主、副变量的变化方向相同，即同时增加或同时减小。例如，由于炉膛温度 T_2 和加热炉出口温度 T_1 都增加，这时 T_1C 的输出减小，T_2C 由于给定值减小、测量值 T_2 增加，其输出大大减小，以使气开式的执行器关得更小些。由于此时主、副控制器的工作都是使阀门关小的，所以加强了控制作用，缩短了控制过程。

另一种情况是主、副变量的变化方向相反，一个增加，另一个减小。譬如在上例中炉膛温度 T_2 增加、原油出口温度 T_1 降低，这时 T_1C 输出增大。对于副控制器 T_2C 来说，其给定值增大、测量值 T_2 也增大，两者能互相抵消掉一部分，因而偏差不大，只要执行器稍稍动作一点，即可使系统达到稳定。

综上所述，串级控制系统有很强的克服干扰的能力，特别是对进入副环的干扰，控制力度更大。因此，在串级控制系统中，主、副回路相互配合、相互补充，充分发挥了控制作用，大大提高了控制质量。

知识点三 串级控制系统控制方案的确定

一、副变量的选择

根据生产工艺的实际情况，选择一个合适的副变量，构成一个以副变量为被控变量的副回路。串级控制系统中主变量和控制阀的选择与简单控制系统的被控变量与控制阀的选用原则相同。副变量的选择是设计串级控制系统的关键，为了使串级系统充分发挥优势，副变量的选择应考虑如下几个原则。

① 副回路应包括尽可能多的干扰，尤其是主要干扰。

② 副回路应尽量不包含纯滞后环节，以提升副回路的快速抗干扰能力。

③ 主、副对象的时间常数不能太接近。副对象的时间常数应小于主对象的时间常数，一般主、副对象的时间常数之比为 $3 \sim 10$。

二、主、副控制器控制规律的选择

　　串级控制系统主、副回路所发挥的控制作用是不同的。主控制器的目的是稳定主变量，主变量是工艺操作的主要指标，它直接关系到生产的平稳、安全或产品的质量和产量，工艺上对它的要求比较严格。一般来说，主变量不允许有余差。因此，主控制器通常选用比例积分控制规律或比例积分微分控制规律。设置副变量的目的是稳定主变量，副变量本身可在一定范围内波动，因此，副控制器一般选用比例控制规律，很少使用积分控制规律，因为它会使控制时间变长，在一定程度上减弱副回路的快速性和及时性。在以流量为副变量的控制系统中，为了保持系统稳定，可适度引入积分作用。副控制器的微分作用是不需要的，因为当副控制器有微分作用时，一旦主控制器输出稍有变化，就容易引起控制阀大幅度变化，这对控制系统不利。

三、主、副控制器正、反作用的选择

　　串级控制系统中，必须根据不同情况，保证整个系统构成负反馈系统的原则，先确定控制阀的开关形式，再选择控制器的正、反作用形式。

　　串级控制系统中的副控制器作用方向的确定与简单控制系统一样，只要把副回路看作一个简单控制系统即可。

　　串级控制系统中主控制器正、反作用形式的确定方法是：当主、副变量在增大（或减小）时，为把主、副变量调回来，如果由工艺分析得出，对控制阀动作方向要求一致时，主控制器应选用"反"作用；反之，则应选用"正"作用。

　　【例题 4-1】 如图 4-2 所示的管式加热炉出口温度串级控制系统，工艺要求加热炉出口温度不允许过高，否则物料会分解，甚至烧坏炉管。试确定主、副控制器的作用方向。

　　根据工艺要求，加热炉出口温度不允许过高，所以当气源中断时，应停止供给燃料，则执行器选择气开阀，即正作用方向。当燃料量增加，炉膛温度 T_2 增加，副对象为正作用方向，为使副回路构成一个负反馈系统，副控制器应选择反作用方向。当炉膛温度和加热炉出口温度都升高时，为了使温度下降，控制阀的动作方向一致，都应关小，因此，主控制器应选"反"作用方向。

知识点四　串级控制系统的参数整定及投运

一、串级控制系统主、副控制器的参数整定

　　串级控制系统设计完成后，需要进行控制器的参数整定才能使系统运行在最佳状态。串级控制系统主、副控制器的参数整定方法主要有下列两种。

1. 两步整定法

　　按照串级控制系统主、副回路的情况，先整定副控制器，后整定主控制器的方法叫作两步整定法，整定过程如下：

　　① 先进行副控制器的参数整定。在工况稳定的情况下，主、副控制器都置于纯比例作用，将主、副控制器的比例度均设置为 100%，用简单控制系统参数整定的方法整定副回路的参数，求取副变量按 $4:1$ 衰减时的比例度 δ_{2S} 和振荡周期 T_{2S}。

　　② 进行主控制器的参数整定。在副控制器比例度等于 δ_{2S} 的条件下，逐步减小主控制器的比例度，直至主回路得到 $4:1$ 衰减比下的过渡过程，记下此时主控制器的比例度 δ_{1S}

和操作周期 T_{1S}。

③ 根据前面两次整定得到的 δ_{1S}、T_{1S}、δ_{2S}、T_{2S}，参照 4：1 衰减曲线法控制器参数计算表，计算主、副控制器的比例度、积分时间和微分时间。

④ 按"先副后主""先比例后积分再微分"的整定顺序，将计算出的控制器参数加到控制器上。

⑤ 观察过渡过程曲线，必要时进行适当调整，直到获得满意的过渡过程。

2. 一步整定法

两步整定法虽能满足主、副变量的要求，但要分两步进行，需寻求两个 4：1 的衰减振荡过程，比较麻烦。为了简化步骤，串级控制系统中主、副控制器的参数整定可以采用一步整定法，即根据经验先将副控制器的参数一次性设置好，不再变动，然后按简单控制系统的参数整定方法直接整定主控制器参数。

在串级控制系统中，主变量是直接关系到产品质量和产量的指标，一般要求较高，而对副变量的要求不高，允许它在一定范围内波动。

人们经过长期的实践，大量的经验积累，总结得出表 4-1 所示的不同的副变量情况下，副控制器的参数值。

表 4-1 采用一步整定法时副控制器比例度经验值

副变量	压力	温度	流量	液位
比例度/%	30～70	20～60	40～80	20～80

二、串级控制系统的投运

串级控制系统的投运和简单控制系统一样，要求投运过程无扰动切换，投运的一般顺序是"先投副回路，后投主回路"。

① 主控制器置内给定，副控制器置外给定，主、副控制器均切换到手动。

② 在副控制器手动方式下，待主、副参数趋于稳定后，调整主控制器手动输出，使副控制器的给定值等于测量值，然后将副控制器切入自动。

③ 主控制器手动调整给定值，当副回路控制稳定并且主参数也稳定时，将主控制器无扰动切入自动。

单元二　均匀控制系统

学习目标

知识目标：1. 掌握均匀控制系统的基本概念、特点；

2. 熟悉均匀控制系统的设计方法；

3. 熟悉均匀控制系统的应用场合。

能力目标：1. 能组建均匀控制系统；

2. 能进行均匀控制系统控制参数的工程整定；

3. 能按步骤正确进行均匀控制系统投运。

素养目标： 1. 培养无私奉献、吃苦耐劳的劳动精神；

2. 增强科技创新理念。

学习导入

设备 A 的出料是设备 B 的进料，在出现干扰时，如何使设备 A 的出料和设备 B 的进料同时满足工艺要求？

知识链接

知识点一　均匀控制系统原理

化工生产过程大部分是连续生产过程，各生产设备都是前后紧密联系在一起的。前一设备的出料，往往是后一设备的进料，各设备的操作情况也是互相关联、互相影响的。

图 4-4 所示的是一个连续精馏的多塔分离过程，其中，甲塔的出料为乙塔的进料。对甲塔来说，为了稳定操作需保持塔釜液位在一定范围内，为此配备一台液位控制系统，这就必然频繁地改变塔底的排出量，即改变乙塔的进料量。而对乙塔来说，从稳定操作要求出发，希望进料量尽量不变或少变，所以设计并安装了流量控制系统。这样甲、乙两塔间的供求关系就出现了矛盾。甲塔的液位需要稳定，乙塔的进料流量也需要稳定，按此设计的控制系统是相互矛盾的。如果采用图 4-4 所示的控制方案，两个控制系统是无法同时正常工作的。如果甲塔的液位上升，则液位控制器 LC 就会开大出料阀 1，而这将引起乙塔进料量增大，于是乙塔的流量控制器 FC 又要关小阀 2，其结果会使甲塔液位升高，出料阀 1 继续开大，如此下去，顾此失彼，解决不了供求之间的矛盾。

为了解决前后两个塔供求之间的矛盾，可在两塔之间设置一个中间缓冲罐，既满足甲塔控制液位的要求，又缓冲了乙塔进料流量的波动。但是由此会增加设备，使流程复杂化的同时也加大了投资，而且有些生产过程连续性生产要求高，不宜增设中间储罐。所以此法不能完全解决问题。因此，设计出了均匀控制系统。

从工艺和设备上分析，甲塔具有一定容量，其容量虽不像储罐那么大，但是液位并不要求保持在定值上，允许在一定的范围内变化，因此，可以将甲塔看作一个缓冲罐。至于乙塔的进料，如不能做到定值控制，但若能使其缓慢变化，与进料流量剧烈的波动相比，对乙塔的操作也是很有益的。为了解决前后工序供求矛盾，达到前后兼顾协调操作，使液位和流量均匀变化，组成的系统称为均匀控制系统。均匀控制系统可以把液位、流量统一在一个控制系统中，从控制系统内部解决工艺参数之间的矛盾。均匀控制通常是对液位和流量两个变量同时兼顾，通过均匀控制，使两个互相矛盾的变量在控制过程中都缓慢变化，使两个参数都能满足工艺要求。

假设把图 4-4 中的流量控制系统删去，只剩下一个液位控制系统，如图 4-5 所示，这时可能出现三种情况，如图 4-6 所示。

可以看出，图 4-6(a) 中把液位控制成比较平稳的直线，那么下一设备的进料量必然波动很大，这样的控制过程只能看作液位的定值控制，而不能看作均匀控制；图 4-6(b) 中把后一设备的进料量控制成比较平稳的直线，那么，前一设备的液位就必然波动得厉害，所以，它只能被看作流量的定值控制。只有如图 4-6(c) 所示的液位和流量的控制曲线才符合均匀控制的要求，两者都有一定程度的波动，但波动都比较缓慢，符合均匀控制的要求。

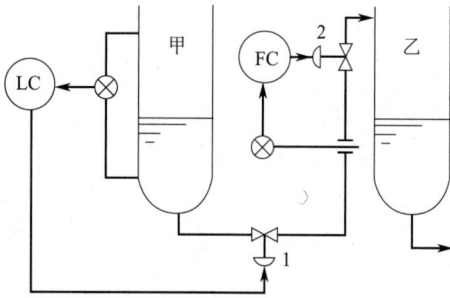

图 4-4　连续精馏的多塔分离过程
1—出料阀；2—小阀

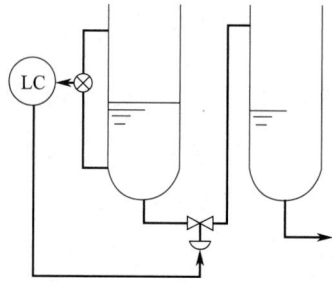

图 4-5　甲塔液位控制系统

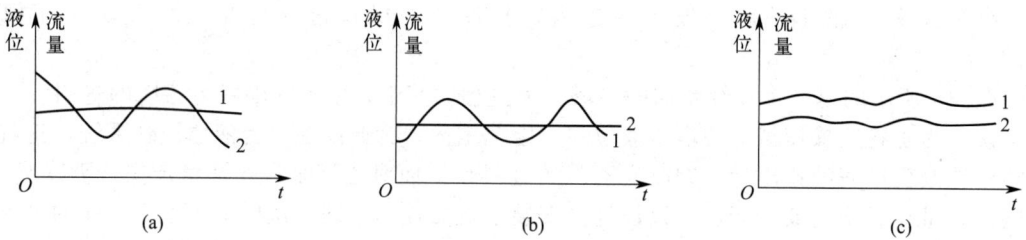

图 4-6　前后设备液位和进料量关系
1—液位变化曲线；2—流量变化曲线

知识点二　均匀控制系统的特点

控制结构上无特殊性。均匀控制系统可以是简单控制系统。因此均匀控制是以控制目的而言的，而不是以结构来定的。所以，一个普通的均匀控制系统，能否实现均匀控制的目的，主要在于控制器的参数如何整定。可以说，均匀控制是通过降低控制回路的灵敏度来获得的，而不是靠结构变化得到的。

前后互相联系又互相矛盾的两个变量应应保持在所允许的范围内变化。

知识点三　均匀控制方案

1. 简单均匀控制方案

简单均匀控制系统采用单回路控制系统的结构形式，如图 4-5 所示。外表看起来与简单的液位定值控制系统一样，但系统设计的目的不同。定值控制是通过改变排出流量来保持液位稳定的，而简单均匀控制为了协调液位与排出流量之间的关系，允许它们都在各自许可的范围内作缓慢的变化。

均匀控制的目标是通过控制器的参数整定来实现的。简单均匀控制系统中的控制器一般都是纯比例作用的，比例度的整定不能按 4：1（或 10：1）衰减振荡过程来整定，而是将比例度整定得很大，以使当液位变化时，控制器的输出变化很小，排出流量只作微小缓慢的变化。有时为了克服连续发生的同一方向干扰所造成的过大偏差，防止液位超出规定范围，引入积分作用。这时比例度一般大于100%，积分时间也要放得大一些。因为微分作用是和均匀控制的目的背道而驰的，故不采用。

2. 串级均匀控制方案

简单均匀控制方案，虽然结构简单，但有局限性。当塔内压力或排出端压力变化时，即使控制阀开度不变，流量也会随前后压差变化而改变。等到流量改变影响到液位变化后，液位控制器才进行控制，显然这是不及时的。为了克服这一缺点，可在原方案基础上增加一个流量副回路，即构成串级均匀控制。

如图 4-7 所示，串级均匀控制系统在系统结构上与串级控制系统是相同的。液位控制器 LC 的输出，作为流量控制器 FC 的给定值，用流量控制器的输出来控制执行器。由于增加了副回路，串级均匀控制系统可以及时克服由塔内或排出端压力改变所引起的流量变化。这些都是串级控制系统的特点。但是，设计串级均匀控制系统的目的是协调液位和流量两个变量的关系，使之在规定的范围内作缓慢的变化，所以虽然其在结构上与串级控制系统相同，但本质上是均匀控制。

串级均匀控制系统也是通过控制器参数整定来实现均匀控制的。在串级均匀控制系统中，参数整定的目的不是使变量尽快地回到给定值，而是要求变量在允许的范围内作缓慢

图 4-7 串级均匀控制

的变化。参数整定的方法也与一般的串级控制系统不同。一般串级控制系统的比例度和积分时间是由大到小地进行调整，串级均匀控制系统却正相反，是由小到大地进行调整。均匀控制系统的控制器参数数值一般都比较大。

串级均匀控制系统的主、副控制器一般都采用纯比例作用。只有在对控制质量有较高要求时，为防止偏差过大而超过允许范围，才会适当地引入积分作用。

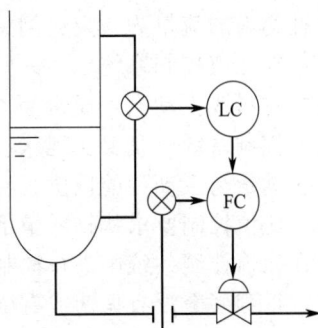

单元三　比值控制系统

学习目标

知识目标： 1. 掌握比值控制系统的基本概念、特点；
2. 熟悉比值控制系统的设计方法；
3. 熟悉比值控制系统的应用场合。

能力目标： 1. 能组建比值控制系统；
2. 能进行比值控制系统控制参数的工程整定；
3. 能按步骤正确进行比值控制系统的投运。

素养目标： 1. 养成严谨认真、精益求精的工匠精神；
2. 培养心怀祖国、不忘责任的家国情怀和使命担当精神。

学习导入

如何使 A、B 两种物料的流量保持一定的比值关系？

知识链接

知识点一   比值控制系统原理

在化工生产过程中，经常需要两种或两种以上的物料按一定的比例混合或参加反应，一旦比例失调，就会降低产品质量，甚至造成生产事故或发生危险。比如，燃烧过程，燃料与空气要保持一定的比例关系，才能满足生产和环保的要求。

工业上为了保持两种或两种以上物料的比值一定的控制叫比值控制，通常把保持两种或几种物料的流量为一定比例关系的系统，称为流量比值控制系统。

在比值控制系统中，需要保持比值关系的两种物料中必有一种处于主导地位，称此物料为主物料或主动量，通常用 Q_1 表示；另一种物料称为从物料或从动量，通常用 Q_2 表示。比值控制系统就是要实现从动量与主动量的对应比值关系，即满足关系式：$k = Q_1/Q_2$，k 为从动量与主动量的比值。

比值控制要求从物料量迅速跟上主物料量的变化，而且越快越好，一般不希望振荡。所以在比值控制系统中进行控制器参数整定时，不希望得到衰减振荡过程，而是要通过参数整定，得到一个没有振荡或有微弱振荡的过程。

知识点二   开环比值控制

开环比值控制如图 4-8 所示，它是最简单的比值控制方案，当主物料 Q_1 变化时，要控制从物料 Q_2 跟上主物料 Q_1 变化，使 $k = Q_1/Q_2$，以保持一定的比值关系。由于测量信号取自 Q_1，而控制器的输出信号却送至 Q_2，所以是开环系统。

这种方案的优点是简单，只需一台纯比例控制器就可以实现，其比例度可以根据比值要求来设定。但这种方案仅适合于从物料 Q_2 在阀门开度一定时，流量相当稳定的场合，否则就不能保证两流量的稳定。但实际上，Q_2 的流量往往是波动的，所以这种方案使用较少。

知识点三   单闭环比值控制

单闭环比值控制系统如图 4-9 所示。这种方案与开环比值控制相比，增加了一个从物料 Q_2 的流量闭环控制系统，并以主物料的流量控制器（或其他比值装置）的输出作为副控制器的给定。形式上有点像串级控制系统，但主回路不闭合。

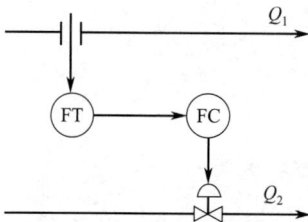

图 4-8 开环比值控制

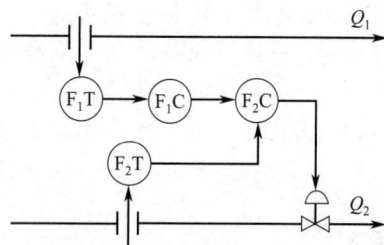

图 4-9 单闭环比值控制

当主物料 Q_1 变化时，通过主、副控制器去控制 Q_2 与 Q_1 保持一定的比值关系；当 Q_1 不变化，Q_2 波动时，通过副控制器来使 Q_2 流量稳定。

单闭环比值控制的优点是不但能实现副流量跟随主流量的变化而变化，而且可以克服副流量本身干扰对比值的影响，因此主副流量的比值较为精确。它结构形式简单，实施起来亦较方便，所以得到广泛的应用，尤其适用于主物料在工艺上不允许进行控制的场合。

知识点四　变比值控制系统

前面介绍的两种方案都是属于定比值控制系统。控制过程的目的是要保持主、从物料的比值关系为定值。但有些化学反应过程，要求两种物料的比值能灵活地随第三参数的需要而加以调整，这样就出现了一种变比值控制系统。

图 4-10 是变换炉的煤气与水蒸气的变比值控制系统的示意图。在变换炉生产过程中，煤气与水蒸气的量需保持一定的比值，但其比值系数要能随一段催化剂层的温度变化而变化，才能在较大负荷变化下保持良好的控制质量。从系统的结构上来看，实际上是变换炉催化剂层温度与蒸汽/煤气的比值串级控制系统。系统中控制器的选择：温度控制器按串级控制系统中主控制器要求选择；比值系统按单闭环比值控制系统来确定。

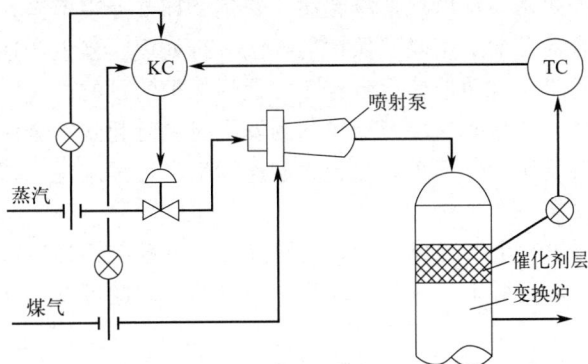

图 4-10　变比值控制系统

单元四　选择性控制系统

学习目标

知识目标：1. 掌握选择性控制系统的基本概念、特点；
　　　　　　2. 熟悉选择性控制系统的应用场合。

能力目标：1. 能说出选择性控制系统的作用；
　　　　　　2. 能说出选择性控制系统的特点。

素养目标：1. 提升归纳总结和语言表达能力；
　　　　　　2. 培养心怀祖国、不忘责任的家国情怀和使命担当精神。

学习导入

在化工生产过程中，需要有哪些保护措施？

知识链接

选择性控制系统是指在控制回路中引入选择器的系统，又叫取代控制系统或自动保护系统，有些选择性控制系统可以实现自动开、停车操作。

在大型生产工艺过程中，除了要求控制系统在生产处于正常运行情况下能克服外界干扰，维持生产的平稳运行外，还要求当生产操作达到安全极限时，控制系统有一种应变能力，能采取相应的保护措施，促使生产操作离开安全极限，返回到正常情况，或者使生产暂时停止下来，以防止事故的发生或进一步扩大。

知识点一　生产过程的保护性措施

生产过程的保护性措施有两类：硬保护措施，软保护措施。

硬保护措施，就是联锁保护系统，是指当生产操作达到安全极限时，有声、光报警产生，使生产过程处于相对安全的状态。此时由人工将控制器切换到手动，进行手动操作、处理；或是通过联锁保护线路，实现自动停车，达到安全生产的目的。就人工保护来说，由于大型生产过程限制性条件多而且严格，安全保护的逻辑关系往往比较复杂，即使编写出详尽的操作规程，人工操作也难免出错。此外，由于生产过程进行的速度往往很快，操作人员的生理反应难以跟上，因此，一旦出现事故状态，若某个环节处理不当，就会使事故扩大。所以，当遇到这类问题时，常常采用联锁保护的办法进行处理。当生产达到安全极限时，通过专门设置的联锁保护线路，自动地使设备停车，达到保护的目的。

通过联锁保护线路，虽然能在生产操作达到安全极限时起到安全保护的作用，但是，这种硬性保护方法，动辄就使设备停车，对于大型连续生产过程来说，即使是短暂的设备停车也会造成巨大的经济损失。

软保护措施，是通过一个特定设计的自动选择性控制系统，当生产短期内处于不正常情况时，不使设备停车又起到对生产进行自动保护的目的。由此可见，软保护措施比硬保护措施更为合理。

在这种自动选择性控制系统中，设置两套控制系统，一套为正常生产情况下的自动控制系统，另一套为非正常生产情况下的安全保护系统。当生产操作条件趋向限制条件时，用于控制不安全情况的自动保护系统自动取代正常情况下工作的控制系统。直到生产操作重新回到安全范围时，正常情况下工作的控制系统又自动恢复对生产过程的正常控制。

选择性控制系统的构成：一是生产操作上有一定的选择规律；二是组成控制系统的各环节中必须包含具有选择性功能的选择单元。

知识点二　选择性控制系统的种类

常用的选择性控制系统有开关型选择性控制系统、连续型选择性系统、混合型选择性系统。

一、被控变量的选择性控制系统

被控变量的选择性控制系统的特点是，两个控制器共用一个控制阀。在生产正常的情况下，两个控制器的输出信号同时送至选择器，选出正常控制器输出的控制信号送给控制阀，实现对生产过程的自动控制。此时，取代控制器处于开路状态，对系统不起控制作用。当生产不正常时，通过选择器选出取代控制器代替正常控制器对系统进行控制。此时，正常控制器处于开路状态，对系统不起控制作用。当系统的生产情况恢复正常时，通过选择器的自动切换，仍由原正常控制器来控制生产的正常进行。

二、被控变量测量值的选择性控制系统

被控变量测量值的选择性控制系统的特点是几个变送器合用一个控制器。通常选择的目的有两个：一是选出几个检测变送信号的最高或最低信号用于控制；二是为了防止仪表故障造成事故，对同一检测点采用多个仪表测量，选出可靠的测量值。

如图 4-11 所示的蒸汽压力与燃料气压力的选择性控制系统，在锅炉的运行中，蒸汽负荷常常随用户的需要而波动。在正常情况下，用控制燃料量的方法来维持蒸汽压力的稳定。当蒸汽用量增加时，蒸汽总管压力将下降，此时，正常控制器输出信号去开大控制阀，以增加燃料量。同时，燃料气压力也随燃料量的增加而升高。当燃料气压力超过某一安全极限时，会产生脱火现象，可能造成生产事故。

从安全角度考虑，燃料气控制阀应为气开式。正常情况下，燃料气压力低于给定值，由于 P_2C 是反作用方式，其输出 a 将是高信号，而蒸汽压力控制器 P_1C 的输出 b 为低信号。此时，低选器选择 a 信号来

图 4-11　锅炉压力选择性控制系统

控制阀门的开度，从而构成了一个以蒸汽压力作为被控变量的简单控制系统。而当燃料气压力上升到超过脱火压力时，由于 P_2C 是反作用方式，其输出 a 将是低信号，a 被低选器选中，这样便取代了蒸汽压力控制器，防止脱火现象的发生，构成了一个以燃料气压力为被控变量的简单控制系统。当燃料气压力恢复正常时，蒸汽压力控制器 P_1C 的输出 b 又成为低信号，经自动切换，蒸汽压力控制系统重新恢复运行。

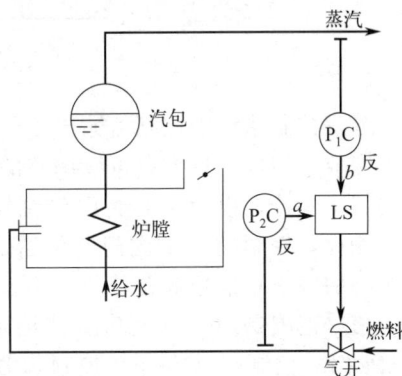

单元五　分程控制系统

学习目标

知识目标：1. 掌握分程控制系统的基本概念、特点；

2. 熟悉分程控制系统的设计方法；

3. 熟悉分程控制系统的应用场合。

能力目标：1. 能说出分程控制系统的适用场合；

2. 能根据工艺条件组建分程控制系统。

素养目标：1. 养成积极进取的职业素养；

2. 培养社会责任感和奉献精神。

学习导入

前面学过的控制系统中，都有几个执行器？

知识链接

知识点一　分程控制系统的原理

一般来说，一台控制器的输出仅控制一只控制阀。若一台控制器的输出可以控制两只或

两只以上的控制阀，并且是按输出信号的不同区间控制不同的阀门，这种控制方式称为分程控制。分程控制系统的方块图如图 4-12 所示。

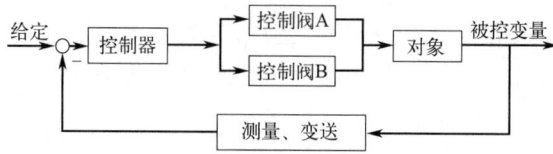

图 4-12 分程控制系统方块图

分程控制系统中控制器输出信号的分段是由阀门定位器来实现的。阀门定位器相当于一只可变放大倍数，且零点可以调整的放大器。利用控制器输出不同区段的压力信号控制不同的阀门定位器，由相应的阀门定位器转化为 20~100kPa 的压力信号，使控制阀全行程动作。例如，控制阀 A 的阀门定位器的输入信号范围为 20~60kPa，阀门定位器的输出（即控制阀的输入）信号范围是 20~100kPa，控制阀 A 作全行程动作；控制阀 B 的阀门定位器输入信号范围是 60~100kPa，使控制阀 B 全行程动作。也就是说，当控制器输出信号小于60kPa 时，控制阀 A 动作，控制阀 B 不动作；当信号大于 60kPa 时，控制阀 A 已动作到极限位置，控制阀 B 动作，因此这两个阀门均可作全行程动作。

分程控制系统中，阀的开闭形式，可分控制阀同向动作和控制阀异向动作两种。

控制阀同向动作的分程控制，即随着控制器输出的增大或减小，分程控制阀都逐渐开大或逐渐关小。其动作过程如图 4-13 所示。这种情况大多用于扩大控制阀的可调范围，改善系统品质。控制阀异向动作的分程控制，即随着控制器输出信号增大或减少，一只控制阀逐渐开大（或逐渐关小），另一只控制阀逐渐关小（或逐渐开大）。其动作过程如图 4-14 所示。

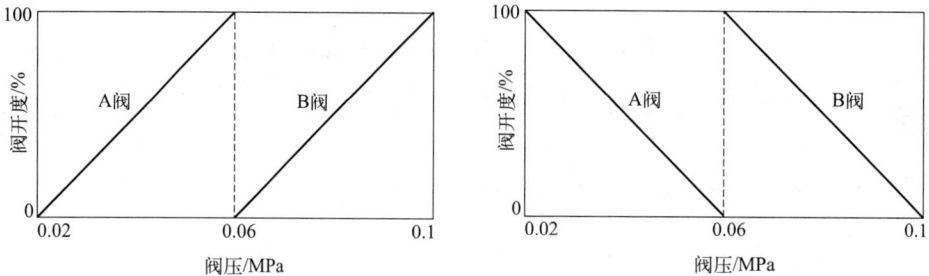

图 4-13 控制阀同向动作

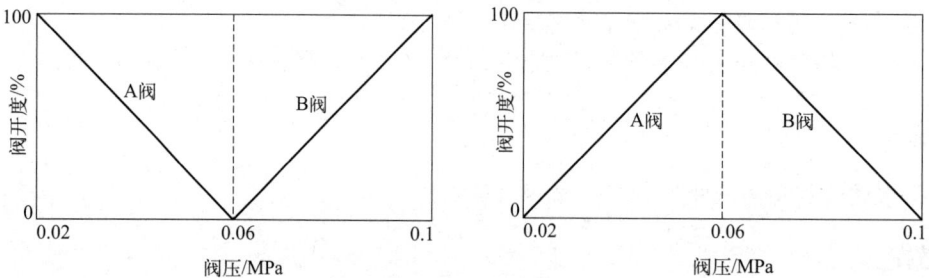

图 4-14 控制阀异向动作

控制阀同向或异向动作的选择问题，要根据生产工艺安全的原则来确定。

知识点二 分程控制系统的应用

1. 扩大控制阀的可调范围，改善控制品质

在过程控制中，有些场合需要执行器的可调范围很宽。如果仅用一个执行器，那么可调范围有可能满足不了生产需要，或者在使用中阀的工作特性会变得很差。这时如果采用不同口径大小的两个执行器进行分程控制，在需要小流量时使用小口径阀，在负荷增大时，将大口径阀也逐渐打开，就扩大了阀的可调范围，并且在小流量时控制更精确，阀的工作特性能够得到改善。

2. 需要控制两种不同介质的场合

在某些间歇式生产的化学反应过程中，当反应物料投入设备后，为了使其达到反应温度，往往在反应开始前，需要给它提供一定的热量。一旦达到反应温度后，随着化学反应的进行不断放出热量，这时，放出的热量如不及时移走，反应就会越来越剧烈，甚至会有爆炸的危险。对这种间歇式化学反应器，既要考虑反应前的预热问题，又需要考虑反应过程中移走热量的问题。因此，需要配置蒸汽和冷水两种传热介质，并分别安装控制阀，以满足工艺上冷却和加热的不同需要。为此设计了如图 4-15 所示的分程控制系统。

从安全角度考虑，为了避免气源故障时反应器温度过高，冷水控制阀 A 选择气关式，蒸汽控制阀 B 选择气开式。一旦出现供气中断情况，A 阀将处于全开状态，B 阀将处于全关状态。这样，就不会因为反应器温度过高而导致生产事故。温度控制器 TC 选反作用，两阀的分程情况如图 4-16 所示。

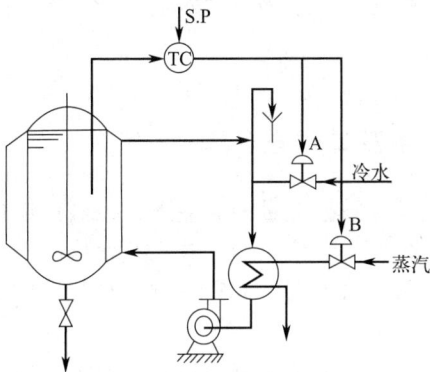

图 4-15 间歇反应器分程控制

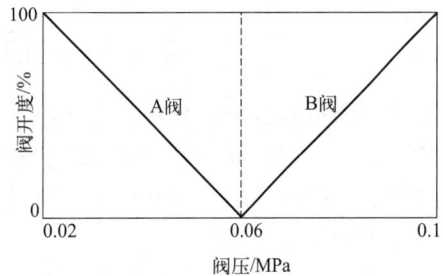

图 4-16 A、B 阀特性图

该系统的工作过程如下：

反应器在进行化学反应前的升温阶段，由于温度测量值小于给定值，控制器 TC 为反作用，控制器这时的输出较大（大于 60kPa），因此，A 阀将关闭，B 阀被打开，此时蒸汽通入热交换器使循环水被加热，循环热水再通入反应器夹套为反应物加热，以便使反应物温度慢慢升高。

当反应物温度达到反应温度时，化学反应开始，于是就有热量放出，反应物的温度将逐渐升高。由于控制器 TC 是反作用的，故随着反应物温度的升高，控制器的输出逐渐减小。与此同时，B 阀将逐渐关闭。待控制器输出小于 60kPa 以后，B 阀全关，A 阀则逐渐打开。这时，反应器夹套中流过的将不再是热水而是冷水。这样一来，反应所产生的热量就不断被冷水带走，从而达到维持反应温度不变的目的。

3. 用作生产安全的防护措施

有些生产过程在接近事故状态或某个参数达到极限值时，应当改变正常的控制手段，采

用补充手段或放空来维持安全生产。一般控制系统很难兼顾正常与事故两种不同状态。采用分程控制系统，用不同的阀门，分别使用在控制器输出信号的不同范围内，就可保证在正常或事故状态下，系统都能安全运行。

单元六　前馈控制系统

学习目标

知识目标： 1. 掌握前馈控制系统的基本概念、特点；
2. 熟悉前馈控制系统的设计方法；
3. 熟悉前馈控制系统的应用场合。

能力目标： 1. 能说出前馈控制系统的适用场合；
2. 能根据工艺条件组建前馈控制系统。

素养目标： 1. 提升发现问题、分析问题、解决问题的能力；
2. 培养学生的民族自豪感。

学习导入

控制系统都是按照被控变量的测量值与给定值之间的偏差进行控制的，能否组成一个按照干扰量的变化进行控制的控制系统呢？这种控制系统会有哪些优缺点呢？

知识链接

知识点一　前馈控制系统及其特点

前面的简单控制系统都属于反馈控制，它的特点是按被控变量的偏差进行控制。反馈控制是测量偏差、纠正偏差的过程，控制信号总是在干扰已经造成影响、被控变量偏离给定值以后才产生，控制作用是不及时的。特别是在干扰频繁、对象有较大滞后时，对控制质量的提升有很大的限制作用。

考虑到偏差产生的直接原因是干扰，如果直接按照干扰的情况进行控制，而不是按照偏差进行控制，那么理论上控制会更及时、没有滞后发生。由于干扰发生后，在被控变量还未明显变化前，控制器就进行控制，所以这种控制称为前馈控制。

如图 4-17 所示的换热器出口温度的反馈控制中，所有影响被控变量的因素，如进料流量、温度的变化，蒸汽压力的变化等，它们对出口物料温度的影响都可以通过反馈控制来克服。

如果已知影响换热器出口物料温度变化的主要干扰是进口物料流量的变化，为了及时克服这一干扰对被控变量的影响，可以测量进料流量，根据进料流量大小的变化直接去改变加热蒸汽量的大小，这就是所谓的"前馈"控制。图 4-18 是换热器的前馈控制系统示意图。当进料流量变化时，通过前馈控制器 FC 去开大或关小加热蒸汽阀，以克服进料流量变化对出口物料温度的影响。

为了对前馈控制有进一步的认识，下面仔细分析一下前馈控制的特点，并与反馈控制作简单的比较。

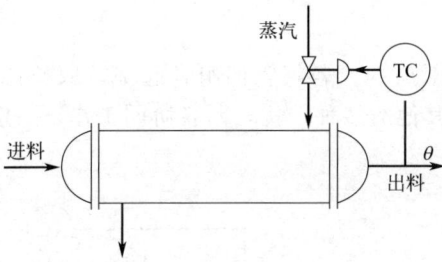

图 4-17 换热器的反馈控制

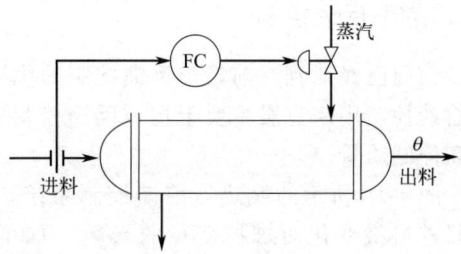

图 4-18 换热器的前馈控制

1. 前馈控制是基于不变性原理工作的，比反馈控制及时、有效

前馈控制是根据干扰的变化产生控制作用的。如果能使干扰作用对被控变量的影响与控制作用对被控变量的影响在大小上相等、方向上相反的话，就能完全克服干扰对被控变量的影响。

① 反馈控制的依据是被控变量与给定值的偏差，检测的信号是被控变量，控制作用发生时间是在偏差出现以后。

② 前馈控制的依据是干扰的变化，检测的信号是干扰量的大小，控制作用的发生时间是在干扰作用的瞬间而不需等到偏差出现之后。

2. 前馈控制属于"开环"控制系统

由图 4-18 可以看出，在前馈控制系统中，被控变量根本没有被检测。当前馈控制器按扰动量产生控制作用后，对被控变量的影响并不返回来影响控制器的输入信号——扰动量，所以整个系统是一个开环系统。根据干扰施加了前馈作用后，对于被控变量是否达到所希望的值，控制系统并不理会。

3. 前馈控制使用的是视对象特性而定的"专用"控制器

一般的反馈控制系统均采用通用类型的 PID 控制器，而前馈控制要采用专用前馈控制器（或前馈补偿装置）。对于不同的对象特性，前馈控制器的控制规律将是不同的。为了使干扰得到完全克服，干扰通过对象的干扰通道对被控变量的影响，应该与控制作用通过控制通道对被控变量的影响大小相等、方向相反。所以，前馈控制器的控制规律取决于干扰通道的特性与控制通道的特性。对于不同的对象特性，就应该设计具有不同控制规律的控制器。

4. 一种前馈作用只能克服一种干扰

由于前馈控制作用是按干扰进行工作的，而且整个系统是开环的，因此根据一种干扰设置的前馈控制就只能克服这一干扰对被控变量的影响，而对于其他干扰，由于这个前馈控制器无法感受到，也就无能为力了。而反馈控制只用一个控制回路就可克服多个干扰，所以说这一点也是前馈控制系统的一个弱点。

知识点二　前馈控制的主要形式

一、单纯的前馈控制形式

前面列举的图 4-18 所示的换热器出口物料温度控制就属于单纯的前馈控制系统，它是按照干扰的大小来进行控制的。

二、前馈-反馈控制

前面已经谈到，前馈与反馈控制的优缺点是相对应的。若将它们组合起来，取长补短，使前馈控制用来克服主要干扰，反馈控制用来克服其他的多种干扰，两者协同工作，一定能提高控制质量。

图 4-18 所示的换热器前馈控制系统，仅能克服进料量变化对被控变量的影响。如果还同时存在其他干扰，例如进料温度、蒸汽压力的变化等，它们对被控变量的影响通过这种单纯的前馈控制系统是得不到克服的。因此，往往用"前馈"来克服主要干扰，再用"反馈"来克服其他干扰，组成如图 4-19 所示的前馈-反馈控制系统。

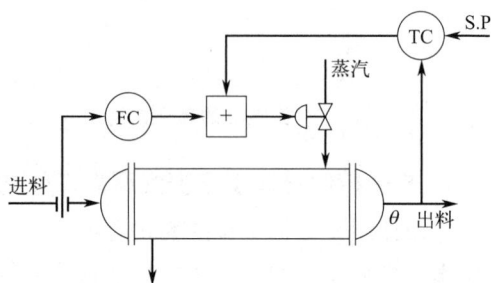

图 4-19　换热器的前馈-反馈控制系统

图 4-19 中的控制器 FC 起前馈控制作用，用来克服进料量波动对被控变量的影响，而温度控制器 TC 起反馈控制作用，用来克服其他干扰对被控变量的影响，前馈和反馈控制共同改变加热蒸汽量，以使出料温度维持在给定值上。这种控制方案综合了前馈和反馈两者的优点，因此能使控制质量进一步提高。

知识点三　前馈控制的应用场合

前馈控制主要的应用场合有下面几种。

① 干扰幅值大而频繁，对被控变量影响剧烈，仅采用反馈控制达不到控制要求的对象。

② 主要干扰是可测而不可控的变量。所谓可测，是指干扰量可以运用检测变送装置将其在线转化为标准的电信号或气信号。但目前对某些变量，特别是某些成分量还无法实现上述转换，也就无法设计相应的前馈控制系统。所谓不可控，主要是指这些干扰难以通过设置单独的控制系统予以稳定，这类干扰在连续生产过程中是经常遇到的，其中也包括一些虽能控制但生产上不允许控制的变量，例如负荷量等。

③ 当对象的控制通道滞后大，反馈控制不及时，控制质量差，可采用前馈或前馈-反馈控制系统，以提高控制质量。

？ 练一练

一、选择题

1. 串级控制系统的副回路一般采用（　　）控制规律。

A. 比例　　　　　B. 比例微分器　　　　C. 比例积分　　　　D. 比例积分微分

2. 串级控制系统的副回路应能够（　　）。

A. 消除所有干扰　　　　　　　　　B. 消除余差

C. 快速克服主要干扰　　　　　　　D. 快速克服次要干扰

3. 串级控制系统中的主回路是（　　）控制系统，副回路是（　　）控制系统。

A. 随动　定值　　B. 定值　随动　　C. 定值　定值　　　D. 随动　随动

4. 串级控制系统的主要结构特征是（　　）。

A. 有 2 个控制器、1 个调节阀　　　　B. 具有主副两个控制回路

C. 有 2 个变送器　　　　　　　　D. 具有中间被测参数

5. 前馈控制系统的主要特点是（　　　）。

A. 属于超前控制　　　　　　　　B. 控制输出按干扰大小变化

C. 属于非反馈控制系统　　　　　D. ABC 均有

6. 分程控制系统的主要特征是（　　　）。

A. 有 2 个控制器　B. 必须有比值器　C. 有 2 个调节阀　D. 必须有运算器

7. 串级控制系统的主回路包含（　　　）。

A. 主控制器　　　B. 副控制器　　　C. 主、副控制器　　D. 不确定

二、填空题

1. 化工企业常用的复杂控制系统有_____、_____、_____、_____、_____。

2. 比值控制方案有_____、_____、_____。

3. 前馈控制属于_____控制系统。

4. 分程控制可以有_____只控制阀。

三、判断题

（　　）1. 前馈控制其实是一种超前控制。

（　　）2. 串级控制在结构上的主要特征是具有主副两个控制回路。

（　　）3. 串级控制系统的主回路应该选择 PD 或 PID 控制作用。

（　　）4. 串级控制系统中的副回路主要控制副变量，保证副变量稳定。

（　　）5. 串级控制系统有主副两个控制回路、主副两个控制器、主副两个执行器和主副两个被控变量。

四、简答题

1. 串级控制系统有哪些特点？主要适用于什么场合？

2. 为什么说串级控制系统中的主回路是定值控制系统，而副回路是随动控制系统？

3. 均匀控制系统的目的和特点是什么？

4. 一般情况下，为什么串级控制系统中的主控制器应选择 PI 或 PID 作用，而副控制器选择 P 作用？

5. 串级控制系统中主、副控制器的参数整定有哪两种主要方法？

6. 什么是比值控制系统？

7. 前馈控制系统有哪些特点？适用于什么场合？

8. 选择性控制系统有哪些特点？

9. 分程控制系统适用于哪些场合？

计算机控制系统

模块导读

计算机控制系统是利用数字计算机作为自动化装置实现生产过程的自动控制，数字计算机的出现和发展，在科学技术上引起了一场深刻的革命。数字计算机直接参与控制，承担了控制系统中控制器的任务，从而形成了计算机控制系统。计算机控制系统正逐步取代传统的模拟控制系统，应用于工业生产自动化过程中。作为新时代化工企业员工，我们要了解检测技术和控制技术的最新发展动态，不断学习新知识、新技术，为现代化化工生产过程的快速发展添砖加瓦。

单元一　认识计算机控制系统

学习目标

知识目标：1. 了解计算机控制系统的基本概念；
　　　　　2. 掌握计算机控制系统的组成；
　　　　　3. 熟悉计算机控制系统的发展趋势。

能力目标：1. 能说出计算机控制系统的组成；
　　　　　2. 能说出计算机各主要部件的作用。

素养目标：1. 提升科技创新能力；
　　　　　2. 培养文化自信、家国情怀。

学习导入

你对计算机控制系统了解吗？

知识链接

知识点一　计算机控制系统的基本组成

计算机控制系统就是以计算机为主体，即以计算机为主要控制装置的控制系统。图 5-1

所示是典型的计算机控制系统方块图。在计算机控制系统中，计算机的输入、输出信号都是数字信号，因此在典型的计算机控制系统中需要有输入与输出的接口装置（I/O），以实现模拟量与数字量的转换，其中包括模/数转换器（A/D）和数/模转换器（D/A）。

计算机控制的工作过程可以归纳为三个步骤：数据采集、控制决策与控制输出。①数据采集，是实时检测来自传感器的被控变量的瞬时值；②控制决策，是根据采集到的被控变量按一定的控制规律进行分析和处理，产生控制信号，决定控制行为；③控制输出，根据控制决策实时地向执行器发出控制信号，完成控制任务。

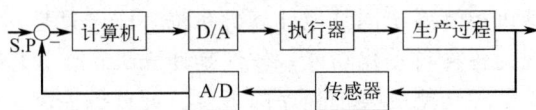

图 5-1　计算机控制系统原理方块图

计算机控制系统由计算机控制装置、测量变送装置、执行器和被控对象等几大部分组成。从系统构成上看，计算机控制装置只是取代了常规仪表控制系统中的控制器部分，如图5-2所示。计算机控制装置可概括地分为计算机硬件和计算机软件两个部分。

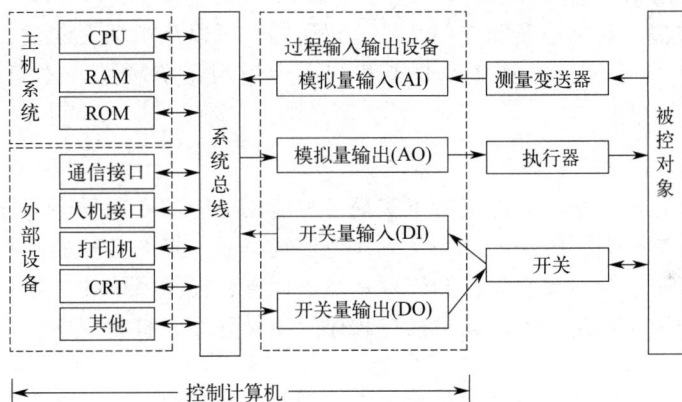

图 5-2　计算机控制系统组成框图

一、硬件

计算机控制系统的硬件部分通常可理解为由一般意义上的计算机系统和特定的过程输入输出设备组成。

计算机系统可以细分为主机、外部设备、系统总线等几部分。主机系统是整个计算机控制装置的核心，包括中央处理器（CPU）、内存储器（RAM、ROM）等部件，主要进行数据处理、数值计算等工作。作为控制用的主机系统主要是完成计算机控制系统的数据采集、控制决策和控制输出三个步骤。

外部设备按功能分为三类：输入设备、输出设备和外存储器。最常用的输入设备是鼠标和键盘，用来输入程序、数据和操作命令；输出设备有打印机、CRT 等，它们以字符、曲线、表格和图形等几种形式来反映生产工况和控制信息；外存储器用来存放程序和数据。

系统总线包括内部总线和外部总线两种。内部总线是计算机系统内部各组成部分进行信息传送的公共通道；外部总线是计算机控制装置与其他计算机系统及各种数字式控制设备进行信息交互的公共通道。

过程输入输出设备是计算机与现场仪表之间信号传递和变换的连接通道。过程输入设备把生产过程的信号变换成计算机能够识别和接收的二进制代码，如模拟量输入模块、开关量输入模块等，以便计算机进行处理；过程输出设备把主机输出的控制命令和数据变换成执行机构和电气开关的控制信号，包括模拟量输出模块、开关量输出模块等。

二、软件

仅由硬件构成的计算机控制系统同其他计算机系统一样，只是一个硬壳而已，必须配备相应的软件系统才能实现的各种自动化功能。软件是计算机工作程序的统称，软件系统即程序系统，是实现预期信息处理功能的各种程序的集合。计算机控制系统的软件程序不仅决定其硬件功能的发挥，也决定了控制系统的控制质量和操作管理水平。

软件通常由系统软件和应用软件组成。

1. 系统软件

系统软件是计算机的通用性、支撑性软件，是为用户使用、管理、维护计算机提供方便的程序的总称。它主要包括操作系统、数据库管理系统、各种计算机语言编译和调试系统、诊断程序以及网络通信等软件。

系统软件通常由计算机厂商和专门软件公司研制，可以从市场上购置，不需要计算机控制系统的设计人员自行研制。但是需要了解和学会使用系统软件，才能更好地开发应用软件。

2. 应用软件

应用软件是计算机在系统软件支持下实现各种应用功能的专用程序。计算机控制系统的应用软件是设计人员根据要解决的某一个具体生产过程而开发的各种控制和管理程序。其性能优劣直接影响控制系统的控制品质和管理水平。计算机控制系统的应用软件一般包括过程输入和输出接口程序、控制程序、人机接口程序、显示程序、打印程序、报警和故障联锁程序、通信和网络程序等。

一般情况下，应用软件应由计算机控制系统设计人员根据所确定的硬件系统和软件环境来开发编写。

知识点二　计算机控制系统的特点

以计算机为主要控制设备的计算机控制系统与常规控制系统比较，其主要特点如下。

① 随着生产规模的扩大，模拟控制盘越来越长，这给集中监视和操作带来困难；而计算机采用分时操作，用一台计算机可以代替许多台常规仪表，在一台计算机上操作与监视则方便了许多。

② 常规模拟式控制系统的功能实现和方案修改比较困难，常需要进行硬件重新配置调整和接线更改；而计算机控制系统，由于其所实现功能的软件化，复杂控制系统的实现或控制方案的修改可能只需修改程序、重新组态即可实现。

③ 常规模拟控制无法实现各系统之间的通信，不便全面掌握和调度生产情况；计算机控制系统可以通过通信网络而互通信息，实现数据和信息共享，能使操作人员及时了解生产情况，改变生产控制和经营策略，使生产处于最优状态。

④ 计算机具有记忆和判断功能，它能够综合生产中各方面的信息，在生产发生异常情

况下，及时做出判断，采取适当措施，并提供故障原因的准确指导，缩短系统维修和排除故障时间，提高系统运行的安全性，提高生产效率，这是常规仪表所达不到的。

单元二　集散控制系统

学习目标

知识目标：1. 了解集散控制系统的特点；
　　　　　　2. 掌握集散控制系统的组成；
　　　　　　3. 熟悉集散控制系统的发展趋势。

能力目标：1. 能说出集散控制系统的组成及特点；
　　　　　　2. 能操作集散控制系统。

素养目标：1. 养成合作、敬业、严谨的职业素养；
　　　　　　2. 提升自主学习的能力。

学习导入

你知道目前化工生产过程中有哪些常用的控制系统吗？

知识链接

知识点一　集散控制系统的发展

集散控制系统（Distributed Control System，DCS）是 20 世纪 70 年代中期发展起来的以微处理器为基础的分散型计算机控制系统。它是控制技术、计算机技术、通信技术、阴极射线管（CRT）图形显示技术和网络技术相结合的产物。该装置是利用计算机技术对生产过程进行集中监视、操作、管理和分散控制的一种全新的分布式计算机控制系统。

20 世纪 50 年代末期，人们开始将电子计算机用于过程控制。计算机控制发展初期，控制计算机采用的是中、小型计算机，价格昂贵，为充分发挥其功能，对复杂生产对象的控制都是采用集中控制方式，一台计算机控制多个设备、多条回路，以便充分利用计算机。这种方式中计算机的可靠性对整个生产过程举足轻重，一旦计算机故障，对生产过程影响极大。为了提高计算机的可靠性，一般都采用双机、双工运行或常规仪表备用，这样不仅维修工作量大，而且成本将成倍增加，如果工厂的生产规模不大，则经济性更差。

为继承常规模拟仪表及集中计算机控制系统的优点，并摒弃其不足，人们开始了新的探索。20 世纪 70 年代初，随着微处理机技术的高速发展，价格低廉的微型机、微处理器的出现，可用分散在不同地点的若干台微型机分摊原先由一台中、小型计算机完成的控制与管理任务，并用数据通信技术把这些计算机互联，构成网络式计算机控制系统。人们按控制功能或按区域将微处理机进行分散配置，每个微处理机只需控制少数几个回路，使危险性大大分散。系统又使用若干彩色图像显示器进行监视和操作，并运用通信网络，将各微机连接起来，它比常规模拟仪表有更强的通信、显示、控制功能，又比集中过程控制计算机安全可靠。这是一种分散型多台微处理机综合过程控制系统，这种系统具有网络分布结构，所以称为分散（分布）控制系统。但在自动化行业更多称其为集散控制系统，因为集散控制反映了分散控制系统的重要特点：操作管理功能的集中和控制功能的分散（集中管理，分散控制）。

也就是说，整个生产过程中，由于生产过程复杂，设备分布广，其中各工序、各设备同时并行工作，且基本上是独立的，故系统很复杂，用分散控制代替集中控制，可避免传输误差及系统的复杂化。

1975 年，美国霍尼韦尔（Honey Well）公司首次研制出了 TDC2000 集散型控制系统，自此之后，世界各国也相继推出了自己的第一代集散型控制系统。DCS 经历了三个大的发展阶段，或者说经历了三代产品。

（1）第一代 DCS（初创期）　是指从其诞生的 1975～1980 年间所出现的第一批系统，以 Honey well 的 TDC-2000 为代表，还有横河公司的 Yawpark 系统、Foxboro 公司的 Spectrum 系统、Bailey 公司的 Network90 系统等。第一代 DCS 是由过程控制单元、数据采集单元、CRT 操作站、上位管理计算机及连接各个单元和计算机的高速数据通道等部分组成的，奠定了 DCS 的基础体系结构。这个时期的系统特点是：比较注重控制功能的实现，系统的设计重点是现场控制站；系统的人机界面功能则相对较弱，在实际中只用 CRT 操作站进行现场工况的监视，使得提供的信息也有一定的局限；在功能上更接近仪表控制系统；各个厂家的系统均由专有产品构成，包括高速数据通道、现场控制站、人机界面工作站及各类功能性的工作站等，不仅系统的购买价格高，系统的维护运行成本也高。可以说，DCS 的这个时期是超利润时期，其应用范围也受到一定的限制。

（2）第二代 DCS（成熟期）　是在 1980～1985 年推出的各种系统，其中包括 Honey well 公司的 TDGC-3000、Fisher 公司的 PROVOX、Taylor 公司的 MOD300 及 Westinghouse 公司的 WDPF 等。第二代 DCS 的最大特点是引入了局域网（LAN）作为系统骨干，按照网络节点的概念组织过程控制站、中央操作站、系统管理站及网关，使得系统的规模、容量进一步增加，系统的扩充有更大的余地，也更加方便。在功能上，这个时期的 DCS 逐步走向完善，除回路控制外，还增加了顺序控制、逻辑控制等功能，加强了系统管理站的功能，可实现一些优化控制和生产管理功能。

（3）第三代 DCS（扩展期）　以 1987 年 Foxboro 公司推出的 I/A Series 为代表，该系统采用了 ISO 标准 MAP（制造自动化规约）网络。这一时期代表产品还有 Honey well 公司的 TDC-3000/UCN、Yokogawa 公司的 Centum-XL/μXL、Bailey 公司的 INFI-90、Westinghouse 公司的 WDPFⅡ等。这个时期的 DCS 在功能上实现了进一步扩展，增加了上层网络，将生产的管理功能纳入到系统中，形成了直接控制、监督控制和协调优化、上层管理三层功能结构；在网络方面，各个厂家已普遍采用了标准的网络产品；由 IEC61132-3 所定义的五种组态语言为大多数 DCS 厂家所采纳；在构成系统的产品方面，除现场控制站基本上还是各个 DCS 厂家的专有产品外，人机界面工作站、服务器和各种功能站的硬件和基础软件，如操作系统等，已全部采用了市场采购的商品，使系统的成本大大降低，DCS 已逐步成为一种大众产品，在越来越多的应用中取代了仪表控制系统而成为控制系统的主流。

新一代 DCS 的技术特点包括全数字化、信息化和集成化。DCS 发展到第三代，尽管采用了一系列新技术，但是生产现场层仍然没有摆脱沿用了几十年的常规模拟仪表，生产现场层的模拟仪表与 DCS 各层形成极大的反差和不协调，并制约了 DCS 的发展。因此，需将现场模拟仪表改为现场数字仪表，并用现场总线互联。由此带来 DCS 控制站的变革，即将控制站内的软功能模块分散地分布在各台现场数字仪表中，并可统一组态构成控制回路，实现彻底的分散控制。

知识点二　集散控制系统的特点

集散控制系统具有集中管理和分散控制的显著特征，与模拟仪表控制系统和集中式工业控制计算机系统相比具有显著的特点。从仪表控制系统的角度看，DCS 的最大特点在于其具有传统模拟仪表所没有的通信功能。从计算机控制系统的角度看，其最大特点则在于它将整个系统的功能分给若干台不同的计算机去完成，各个计算机之间通过网络实现互相之间的协调和系统的集成。在 DCS 中，检测、计算和控制这三项功能由称为现场控制站的计算机完成，而人机界面则由称为操作员站的计算机完成。而在一个系统中，往往有多台现场控制站和多台操作员站，每台现场控制站或操作员站对部分被控对象实施控制或监视，这种划分是功能相同而范围不同的。因此，DCS 中多台计算机的划分有功能上的，也有控制、监视范围上的。

1. 控制功能丰富

DCS 系统具有多种运算控制算法和其他数学、逻辑运算功能，如四则运算、逻辑运算、PID 控制、前馈控制、自适应控制和滞后时间补偿等；还有顺序控制和各种联锁保护、报警等功能。可以通过组态把以上这些功能有机地组合起来，形成各种控制方案，满足系统的要求。

2. 监视操作方便

DCS 系统通过 CRT 显示器和键盘、鼠标操作可以对被控对象的变量值及其变化趋势、报警情况、软硬件运行状况等进行集中监视，实施各种操作功能，画面形象直观。

3. 信息和数据共享

DCS 系统的各站独立工作，同时，通过通信网络传递各种信息和数据来协调工作，使整个系统信息共享。DCS 系统通信采用国际标准通信协议，符合 OSI 七层体系，具有极强的开放性，便于系统间的互联，提高了系统的可用性。

4. 系统扩展灵活

DCS 系统采用标准化、模块化设计，可以根据不同规模的工程对象要求，硬件设计上采用积木搭接方式进行灵活配置，扩展灵活。

5. 安装维护方便

DCS 采用专用的多芯电缆、标准化插接件和规格化端子板，便于装配和维修更换。DCS 具有强大的自诊断功能，为故障判别提供准确的指导，维修迅速准确。

6. 系统可靠性高

集散控制系统管理集中而控制分散，使得危险分散，故障影响面小。系统的自诊断功能和采用的冗余措施等，支持系统无中断工作，平均无故障时间（MTBF）可达十万小时以上。

知识点三　集散控制系统的基本组成

集散控制系统的基本组成通常包括现场监控站、操作站（操作员站和工程师站）、上位机和通信网络等部分。

现场监测站又叫数据采集站，直接与生产过程相连接，实现对过程变量进行数据采集。它完成数据采集和预处理，并对实时数据进一步加工，为操作站提供数据，实现对过程变量和状态的监视和打印，实现开环监视，或为控制回路运算提供辅助数据和信息。

现场控制站完成系统的主要控制功能，是 DCS 的核心。系统控制站直接与生产过程相连接，对控制变量进行检测、处理，并产生控制信号驱动现场的执行机构，实现生产过程的闭环控制。它可控制多个回路，具有极强的运算和控制功能，能够自主地完成回路控制任务，实现连续控制、顺序控制和批量控制等。

操作员站简称操作站，是操作人员进行过程监视、过程控制操作的主要设备。操作站提供良好的人机交互界面，用以实现集中显示、集中操作和集中管理等功能。有的操作站可以进行系统组态的部分或全部工作，兼具工程师站的功能。

工程师站主要用于对 DCS 进行离线的组态工作和在线的系统监督、控制与维护。工程师能够借助于组态软件对系统进行离线组态，并在 DCS 在线运行时实时地监视 DCS 网络上各站的运行情况。

全系统的信息管理和优化控制由上位计算机完成。上位计算机通过网络收集系统中各单元的数据信息，根据建立的数学模型和优化控制指标实现后台计算、优化控制等功能。

通信网络是集散控制系统的中枢，它连接 DCS 的监测站和控制站、操作站、工程师站、上位计算机等部分。实现各部分之间的信息传递，完成数据、指令及其他信息的传递，从而实现整个系统协调一致地工作，并进行数据和信息共享。

可见，操作站、工程师站和上位计算机构成集中管理部分；现场监测站、现场控制站构成分散控制部分；通信网络是连接集散系统各部分的纽带，是实现集中管理、分散控制的关键。

左栏图标说明：

DCS 控制室之操作站

DCS 控制室之电源柜

DCS 控制室之柜内卡件

DCS 控制室之控制室

单元三　现场总线控制系统

学习目标

知识目标： 1. 了解现场总线控制系统的发展历程；
2. 熟悉现场总线控制系统的技术特点；
3. 熟悉现场总线控制系统的应用。

能力目标： 1. 能说出现场总线控制系统的特点；
2. 能说出现场总线控制系统的优缺点。

素养目标： 1. 塑造吃苦耐劳、迎难而上的劳动精神；
2. 养成实事求是、精益求精的职业精神。

学习导入

你了解现场总线控制系统吗？

知识链接

知识点一　现场总线控制系统的发展

现场总线控制系统是控制技术、计算机技术和网络通信技术发展的产物，现场总线控制系统是由现场总线和现场设备组成的控制系统，这是继电气式自动仪表控制系统、电动单元组合式模拟仪表控制系统、集中式数字控制系统、集散控制系统 DCS 后的新一代控制系统。由于它适应了工业控制系统向数字化、分散化、网络化、智能化方向发展的要求，给自动化系统的最终用户带来更大实惠和更多方便，并促使目前生产的自动化仪表、集散控制系统、可编程控制器（PLC）产品面临体系结构、功能等方面的重大变革，致使工业自动化产品的又一次更新换代。

现场总线的发展是与计算机技术、通信技术、网络技术、控制技术、信息技术等高新科学技术的发展分不开的。早在 1983 年，Honeywell 公司就推出 Smart 智能变送器，它采用在模拟信号上叠加数字信号的方法，为现场总线仪表提出了新的方向。其后，Rosemount 公司推出 1151 智能变送器，Foxboro 公司推出 820、860 智能变送器等，这些智能变送器带有微处理器和存储器，能够进行模拟信号到数字信号的转换处理，还可进行各种信号的滤波和预处理，为自动化仪表的现代化和现场总线仪表的诞生奠定了基础。

1984 年，美国仪表协会（ISA）下属的标准与实施工作组中的 ISA/SP50 开始制订现场总线标准。1985 年，国际电工委员会（IEC）成立 IEC/TC65/SC65C/WG6 工作组，开始研究和制订现场总线体系结构和标准。1986 年，德国开始制订过程现场总线标准（Process Fieldbus），简称为 PROFIBUS 标准，该标准于 1990 年问世，并成为欧洲标准 EN150170。由此拉开了现场总线标准制订及其产品开发的序幕。

1992 年，国际电工委员会批准了 ISA/SP50 的物理层标准。同年，由 Siemens、Foxboro、Rosemount、Fisher、ABB、Yokogawa 等 8 家公司联合，成立了 ISP（Interoperable System Protocol）组织，以德国 PROFIBUS 标准为基础，制订现场总线标准。当年，第一个现场总线的芯片诞生。1993 年，由 Honeywell 公司等百余家公司成立 World FIP（Factory Instrumentation Protocol）组织，以法国 FIP 标准为基础，开始研究并制订现场总线标准。

1986 年，Rosemount 公司提出 HART（可寻址远程传感器数据通路）通信协议，在 4～20mA 模拟信号上叠加频移键控（FSK）的调制数字信号，实现了混合信号的传输，它使模拟信号和数字信号可在同一线路中实现通信，是模拟通信向数字通信的过渡。1993 年，成立了 HART 通信基金会 HCF。

虽然各仪表制造商已经看到制订统一现场总线标准的重要性，广大用户对现场总线控制系统的需求也十分强烈，但现场总线标准的制订并非想象的那样顺利。受经济利益的驱使，各制造商都希望他们的产品是符合国际标准的现场总线产品，但因现场总线产品应用时间、应用地域的不同和发展的不平衡，使现场总线标准的制订工作进展十分缓慢，直到 1993 年现场总线物理层规范 IEC61158.2 才正式成为国际标准。

1994 年，ISA 的 ISP 组织和 World FIP 北美分部合并，成立了不以赢利为目的的现场总线基金会（Fieldbus Foundation），推动了现场总线标准的制订和产品开发。1996 年，现场总线基金会发布 H1 低速总线标准，安装了示范系统，使不同厂商的符合 FF 规范的仪表互连为控制系统和通信网络，使 H1 低速总线开始步入实用阶段。1997 年，应用层服务定义 IEC61158.5 和应用层协议规范 IEC61158.6 成为国际标准最终草案，并发布对基金会现场总线性能实验和互操作性测试结果。同时，现场总线通信栈圆片被注册。1998 年，现场总线的链路层服务定义 IEC61158.3 和链路层协议规范 IEC61158.4 成为国际标准最终草案，并放弃原定的高速 H2 现场总线开发计划，转而开发高速以太网 HSE 的高速现场总线方案。

在生产过程中，需求不同，要考虑现有的各种总线产品的投资效益和各公司的商业利益，预计在今后一段时间内，会出现几种现场总线标准共存，同一生产现场有几种异构网络互联通信的局面。但共同遵从统一的标准规范，是大势所趋。

知识点二　典型现场总线控制系统简介

一、基金会现场总线 (FF)

FF 模型是一种全数字、串行、双向通信协议，用于现场设备如变送器、控制阀和控制器等的互联。现场总线是存在于过程控制仪表间的一个局域网，以实现网内过程控制的分散化。FF 现场总线最根本的特点是它是专门针对工业过程自动化而开发的，在满足要求苛刻的使用环境、本质安全、危险场合、多变过程，以及总线供电等方面，都有完善的措施。由于采用了标准功能块及设备描述语言的设备描述技术，确保了不同厂家的产品有很好的可互操作性和互换性。

FF 是在过程自动化领域得到广泛支持和具有良好发展前景的现场总线。基金会现场总线分低速 H1 和高速 H2 两种通信速率。采用 A 屏蔽双绞线时，H1 通信速率 31.25kb/s，通信距离 1900m；H2 通信速率可为 2.5Mb/s 和 1.0Mb/s 两种，通信距离分别为 500m 和 750m。目前，FF 总线的应用领域以过程自动化为主，如化工、电力系统、废水处理、油田等行业。

FF 可采用总线型、树型、菊花链等网络拓扑结构，网络中的设备数量取决于总线带宽、通信段数、供电能力和通信介质的规格等因素。FF 支持双绞线、同轴电缆、光缆和无线发射等传输介质，物理传输协议符合 IEC155-2 标准，编码采用曼彻斯特编码。FF 拥有非常出色的互操作性，这是由于 FF 采用了功能模块和设备描述语言 DDL，使得现场结点之间能准确、可靠地实现信息互通。

二、 Profibus 现场总线

Profibus 现场总线是一种用于工厂自动化车间级监控和现场设备层数据通信与控制的现场总线技术，Profibus 是一种国际化、开放式、不依赖于设备生产商的现场总线标准，广泛适用于制造业自动化、流程工业自动化和楼宇、交通电力等其他领域自动化。它由 3 个兼容部分组成，即 Profibus-DP、Profibus-PA 和 Profibus-FMS。传输速率为 9.6kb/s 到 12Mb/s，传输距离 12Mb/s 为 100m，1.5Mb/s 为 400m。DP 是一种高速低成本通信，用于分散外设间的高速数据传输；PA 专为过程自动化设计，可使传感器和执行机构连在一根总线上，并有本质安全规范；FMS 适用于纺织、楼宇、电力等。

三、 LonWorks 总线

LonWorks 总线是又一具有强劲实力的现场总线技术，但未列入 IEC61158。它采用 ISO/OS 模型的全部七层通信协议，采用面向对象的设计方法，通过网络变量把网络通信设计简化为参数设置，其通信速率从 300b/s 至 15Mb/s 不等。直接通信距离可达到 2700m（78kb/s，双绞线），支持双绞线、同轴电缆、光纤、射频、红外线电源线等多种通信介质，并开发相应的本安防爆产品。

LonWorks 技术采用 LonTalk 协议，被封装在称为 Neuron 的芯片中并得以实现。集成芯片中有 3 个 8 位 CPU，分别用于访问控制处理、网络处理、应用信息处理。LonWorks 总线应用广泛，主要应用于楼宇自动化、家庭自动化、保安系统、数据采集、SCADA 系统等。

四、　CAN 总线

CAN 总线最早用于汽车内部测量与执行部件之间的数据通信，广泛应用于离散控制领域，通信速率最高可达 1Mb/s（通信距离<40m），直接传输距离最远 100km（通信速率<5kb/s），具有较强的抗干扰能力。

五、　HART 总线

HART 总线的特点是在现有模拟信号传输线上实现数字信号通信，属于模拟系统向数字系统转变过程的过渡产品，因而在当前的过渡时期具有较强的市场竞争能力，并得到了较好的发展。HART 通信采用在 4～20mA 直流模拟信号上叠加交流高频信号作为数字信号。数字信号采用 Bell202 国际标准，数据传输速率为 1200b/s，逻辑 "0" 的信号传输频率为 2200Hz，逻辑 "1" 的信号传输频率为 1200Hz。

HART 通信协议的信息格式，包括开头码、设备地址、字节数、设备状态与通信状态、数据、奇偶校验等。HART 的指令有 3 类：第一类称为通用命令，这是所有设备理解、执行的命令；第二类称为一般行为命令，它所提供的功能可以在多数现场设备中实现，这类命令包括最常用的现场设备的功能库；第三类称为特殊设备命令，以便在某些设备中实现特殊功能。HART 支持点对点主从应答方式和多点广播方式。按主从答应方式工作时的数据更新速率为 2～3 次/s，按广播方式工作时的数据更新速率为 3～4 次/s。它还可支持两个通信主设备，总线上可挂设备数最多 15 个，每个现场设备可有 256 个变量，最大传输距离 3000m。

HART 采用统一的设备描述语言 DDL 来描述设备特性，由 HART 基金会负责登记管理这些设备描述并把它们编为设备描述字典。HART 能利用总线供电，可满足本安防爆要求。

知识点三　现场总线控制系统的技术特点

1. 系统的开放性

开放是指对相关标准的一致性、公开性，强调对标准的共识与遵从。一个开放系统，是指它可以与世界上任何地方遵守相同标准的其他设备或系统连接。通信协议一致公开，不同厂家的设备之间可实现信息交换。现场总线开发者就是要致力于建立统一的工厂底层网络的开放系统。用户可按自己的需要和考虑，把来自不同供应商的产品组成大小随意的系统，通过现场总线构筑自动化领域的开放互联系统。

2. 互可操作性与互用性

这里的互可操作性，是指实现互联设备间、系统间的信息传送与沟通，可实行点对点、一点对多点的数字通信。而互用性则意味着不同生产厂家的性能类似的设备可进行互换而实现互用。

3. 现场设备的智能化

它将传感测量、补偿计算、工程量处理与控制等功能分散到现场设备中完成，仅靠现场设备即可完成自动控制的基本功能，并可随时诊断设备的运行状态。现场总线仪表可以摆脱传统仪表功能单一的制约，可以在一个仪表中集成多种功能，做成多变量变送器，甚至做成集检测、运算、控制于一体的变送控制器。

4. 系统结构的高度分散性

由于现场设备本身已可完成自动控制的基本功能，使得现场总线已构成一种新的全分布式控制系统。从根本上改变了现有 DCS 集中与分散相结合的集散控制系统体系，简化了系统结构，提高了可靠性。

5. 对现场环境的适应性

现场总线工作在现场设备前端，作为工厂网络的底层，是专为在现场环境下工作而设计的，它可支持双绞线、同轴电缆、光缆、射频、红外线、电力线等，具有较强的抗干扰能力，能采用两线制实现供电与通信，并可满足本质安全防爆要求等。

6. 全数字化

数字化信号固有的高精度、干扰特性能提高控制系统的可靠性。分布在 FCS 中各现场设备有足够的自主性，它们彼此之间相互通信，完全可以把各种控制功能分散到各种设备中，而不再需要一个中央控制计算机，实现真正的分布式控制。

7. 双向传输

传统的 $4\sim20mA$ 电流信号，一条线只能传递一路信号。现场总线设备则在一条线上既可向上传递传感器信号，也可向下传递控制信息。现场总线仪表本身具有自诊断功能，而且诊断信息可以送到中央控制室，以便于维护，而这在只能传递一路信号的传统仪表中是做不到的。

8. 节省布线及控制室空间

传统的控制系统每个仪表都需要一条线连到中央控制室，在中央控制室装备一个大配线架。而在 FCS 系统中多台现场设备可串行连接在一条总线上，大量节省了布线费用，同时也降低了控制室的造价。

9. 增强了信息采集能力

现场总线不单纯取代 $4\sim20mA$ 信号，还可实现设备状态、故障和参数信息传送。系统除完成远程控制，还可完成远程参数化工作。

10. 系统可靠性高、可维护性好

现场总线设备的智能化、数字化，与模拟信号相比，从根本上提高了测量与控制的精确度，减少了传送误差，提高了系统的准确性与可靠性。同时，由于系统的结构简化，设备与连线减少，现场仪表内部功能加强，减少了信号的往返传输，提高了系统的工作可靠性。

知识点四 现场总线控制系统的意义

现场总线的产生，在自动控制领域具有划时代的意义，具体表现如下：

① 现场总线控制系统实现了全数字化控制，被誉为第五代控制系统。

② 现场总线实现了网络向现场的最后扩张，传统的现场控制设备犹如"信息孤岛"。而现场总线技术中采用的智能现场设备则可以很好地融入信息网络。

③ 现场总线为企业的信息集成奠定了坚实的基础。随着现场设备的智能化和自动化，现场信息的集成能力大大提高。除了控制信号，设备的状态、故障的诊断和参数的设置均可传输、统计和设定，甚至可实现远距离调控，为企业的信息化建设和信息集成提供了强大的基础平台。

④ 现场总线技术打破了传统垄断。由于现场总线是标准化、开放性的解决方案，彻底打破了大企业在产品和技术上的垄断。大企业为了推广产品和提高市场占有率，也只好公开

有关的技术方案，其结果是专用控制器将被通用硬件平台取代（如工控机），专用大规模模块将被通用的、小规模的分布式 I/O 模块取代，专用软件与编程环境将被通用软件和编程环境取代。与此相反，现场级的设备及其内置软件则会向专业化方向发展。因为开放的市场需要优秀的产品，大而全的产品系列将难以为继，小而精的产品系列终将占领市场。

⑤ 现场总线技术带来了新的机遇。现场总线技术带来两大变化：一是控制器与系统软件通用化；二是现场设备及内置软件专业化，这两大变化的力量撕裂了大企业采用软硬件捆绑的方法进行的垄断。垄断打破给国内厂家的发展带来了新的机遇。随着现场总线国际标准的颁布，国内外的企业处在了同一起跑线上。国内的系统集成可利用通用化趋势降低成本，发挥系统设计和软件设计的优势参与竞争，开发出具有自主知识产权的、面向优势行业的、具有专家及智能控制功能的系统；国内的硬件设备开发商则可利用专业化趋势独辟蹊径，集中突破逐步形成系列，开发出专业化、性能高、价格低、具有自主知识产权的产品参与竞争。

？ 练一练

一、选择题

1. （　　） 不是现场总线控制系统的优点。

A. 硬件数量多　　　　　　B. 节省安装费用

C. 节省维修费用　　　　　D. 提高系统的准确性和可靠性

2. DCS 控制系统最主要的特点是（　　）。

A. 集中管理，分散控制　　B. 通信能力强　　C. 易于组网　　D. 全数字化

二、填空题

1. 集散控制系统的基本组成有 _____ 、 _____ 、 _____ 、 _____ 。

2. _____ 控制器可以实现集中管理、分散控制。

三、判断题

（　　） 1. DCS 又叫现场总线控制系统。

（　　） 2. HART 总线系统是目前比较流行的现场总线系统之一。

四、简答题

1. 什么是计算机控制系统？

2. 计算机控制系统的主要组成及各部分作用是什么？

3. 计算机控制系统有哪些特点？

4. 什么是集散控制系统？它有哪些特点？

5. 集散控制系统由哪几部分组成？

6. 什么是现场总线控制系统？

附录一　常用弹簧管压力表型号与规格

名称	型号	测量范围	准确度等级
普通弹簧管压力表	Y-40 Y-40Z	0～0.1,0.16,0.25,0.4,0.6,1,1.6,2.5,4,6	2.5
	Y-60 Y-60T Y-60TQ Y-60Z Y-60ZT	低压：0～0.06,0.1,0.16,0.25,0.4,0.6,1,2.5,4,6 中压：0～10,16,25,40	1.5 2.5
	Y-100 Y-100T Y-100TQ Y-100Z Y-100ZT	低压：0～0.06,0.1,0.16,0.25,0.4,0.6,1,2.5,4,6 中压：0～10,16,25,40,60	1.5 2.5
	Y-150 Y-150T Y-150TQ Y-150Z Y-150ZT	低压：0～0.06,0.1,0.16,0.25,0.4,0.6,1,2.5,4,6 中压：0～10,16,25,40,60 高压：0～100,160,250(Y-150)	1.5 2.5
	Y-200 Y-200T Y-200ZT	低压：0～0.06,0.1,0.16,0.25,0.4,0.6,1,2.5,4,6 中压：0～10,16,25,40,60 高压：0～100,160,250(Y-200)	1.5 2.5
	Y-250 Y-250T Y-250ZT	低压：0～0.06,0.1,0.16,0.25,0.4,0.6,1,2.5,4,6 中压：0～10,16,25,40,60 高压：0～100,160,250(Y-150) 超高压：0～400,600,1000(Y-250)	1.5
标准压力表	YB-150	−0.1～0,0～0.1,0.16,0.25,0.4,0.6,1,1.6,2.5,4,6, 10,16,25,40,60,100,160,250	0.25 0.35 0.5
真空表	Z-60 Z-100 Z-150 Z-200 Z-250	−0.1～0	1.5

续表

名称	型号	测量范围	准确度等级
压力真空表	YZ-60 YZ-100 YZ-150 YZ-200	−0.1～0,0～0.1,0.16,0.25,0.4,0.6,1,1.6,2.5	1.5
氨用压力表	YA-100 YA-150	0～0.25,0.4,0.6,1,1.6,2.5,4,6,10,16,25,40,60, 100,160	1.5 2.5
氨用真空表	ZA-100 ZA-200	−0.1～0	1.5 2.5
氨用压力真空表	YZA-100 YZA-150	−0.1～0,0.1,0.16,0.25,0.4,0.6,1,1.6,2.5	1.5 2.5
电接点压力表	YX-150 YXA-150(氨用)	0～0.1,0.16,0.25,0.4,0.6,1,1.6,2.5,4,6,10,16,25, 40,60	1.5 2.5
电接点真空表	ZX-150 ZXA-150(氨用)	−0.1～0	1.5 2.5
电接点压力 真空表	YZX-150 YZXA-150	−0.1～0.1,0.16,0.25,0.4,0.6,1,1.6,2.5	1.5 2.5

注：Y——压力；Z——真空；B——标准；A——氨用表；X——信号电接点。型号后面的数字表示表盘外壳直径（mm）。数字后面的符号：Z——轴向无边；T——径向有后边；TQ——径向有前边；ZT——轴向带边；数字后面无符号表示径向。

附录二　铂铑$_{10}$-铂热电偶分度表

分度号：S　　　　　　　　　　　　　　　　　　　　　　　　　　参比端温度：0℃

温度/℃	0	1	2	3	4	5	6	7	8	9
	热电动势/mV									
0	0.000	0.005	0.011	0.016	0.022	0.027	0.033	0.038	0.044	0.050
10	0.055	0.061	0.067	0.072	0.078	0.084	0.090	0.095	0.101	0.107
20	0.113	0.119	0.125	0.131	0.137	0.142	0.148	0.154	0.161	0.167
30	0.173	0.179	0.185	0.191	0.197	0.203	0.210	0.216	0.222	0.228
40	0.235	0.241	0.247	0.254	0.260	0.266	0.273	0.279	0.286	0.292
50	0.299	0.305	0.312	0.318	0.325	0.331	0.338	0.345	0.351	0.358
60	0.365	0.371	0.378	0.385	0.391	0.398	0.405	0.412	0.419	0.425
70	0.432	0.439	0.446	0.453	0.460	0.467	0.474	0.481	0.488	0.495
80	0.502	0.509	0.516	0.523	0.530	0.537	0.544	0.551	0.558	0.566
90	0.573	0.580	0.587	0.594	0.602	0.609	0.616	0.623	0.631	0.638
100	0.654	0.653	0.660	0.667	0.675	0.682	0.690	0.697	0.704	0.712
110	0.719	0.727	0.734	0.742	0.749	0.757	0.764	0.772	0.780	0.787
120	0.795	0.802	0.810	0.818	0.825	0.833	0.841	0.848	0.856	0.864
130	0.872	0.879	0.887	0.895	0.903	0.910	0.918	0.926	0.934	0.942
140	0.950	0.957	0.965	0.973	0.981	0.989	0.997	0.1005	0.1013	0.1021
150	1.029	1.037	1.045	1.053	1.061	1.069	1.077	1.085	1.093	1.101
160	1.109	1.117	1.125	1.133	1.141	1.149	1.158	1.166	1.174	1.182
170	1.190	1.198	1.207	1.215	1.223	1.231	1.240	1.248	1.256	1.264
180	1.273	1.281	1.289	1.297	1.306	1.314	1.322	1.331	1.339	1.347
190	1.356	1.364	1.373	1.381	1.389	1.398	1.406	1.415	1.423	1.432
200	1.440	1.448	1.457	1.465	1.474	1.482	1.491	1.499	1.508	1.516
210	1.525	1.534	1.542	1.551	1.559	1.568	1.576	1.585	1.594	1.602

温度/℃	0	1	2	3	4	5	6	7	8	9
	热电动势/mV									
220	1.611	1.620	1.628	1.637	1.645	1.654	1.663	1.671	1.680	1.689
230	1.698	1.706	1.715	1.724	1.732	1.741	1.750	1.759	1.767	1.776
240	1.785	1.794	1.802	1.811	1.820	1.829	1.838	1.846	1.855	1.864
250	1.873	1.882	1.891	1.899	1.908	1.917	1.926	1.935	1.944	1.953
260	1.962	1.971	1.979	1.988	1.997	2.006	2.015	2.024	2.033	2.042
270	2.051	2.060	2.069	2.078	2.087	2.096	2.105	2.114	2.123	2.132
280	2.141	2.150	2.159	2.168	2.177	2.186	2.195	2.204	2.213	2.222
290	2.232	2.241	2.250	2.259	2.268	2.277	2.286	2.295	2.304	2.314
300	2.323	2.332	2.341	2.350	2.359	2.368	2.378	2.387	2.396	2.405
310	2.414	2.424	2.433	2.442	2.451	2.460	2.470	2.479	2.488	2.497
320	2.506	2.516	2.525	2.534	2.543	2.553	2.562	2.571	2.581	2.590
330	2.599	2.608	2.618	2.627	2.636	2.646	2.655	2.664	2.674	2.683
340	2.692	2.702	2.711	2.720	2.730	2.739	2.748	2.758	2.767	2.776
350	2.786	2.795	2.805	2.814	2.823	2.833	2.842	2.852	2.861	2.870
360	2.880	2.889	2.899	2.908	2.917	2.927	2.936	2.946	2.955	2.965
370	2.974	2.984	2.993	3.003	3.012	3.022	3.031	3.041	3.050	3.059
380	3.069	3.078	3.088	30.97	3.107	3.117	3.126	3.136	3.145	3.155
390	3.164	3.174	3.183	3.193	3.202	3.212	3.221	3.231	3.241	3.250
400	3.260	3.269	3.279	3.288	3.298	3.308	3.317	3.327	3.336	3.346
410	3.356	3.365	3.375	3.384	3.394	3.404	3.413	3.423	3.433	3.442
420	3.452	3.462	3.471	3.481	3.491	3.500	3.510	3.520	3.529	3.539
430	3.549	3.558	3.568	3.578	3.587	3.597	3.607	3.616	3.626	3.636
440	3.645	3.655	3.665	3.675	3.684	3.694	3.704	3.714	3.723	3.733
450	3.743	3.752	3.762	3.772	3.782	3.791	3.801	3.811	3.821	3.831
460	3.840	3.850	3.860	3.870	3.879	3.889	3.899	3.909	3.919	3.928
470	3.938	3.948	3.958	3.968	3.977	3.987	3.997	4.007	4.017	4.027
480	4.036	4.046	4.056	4.066	4.076	4.086	4.095	4.105	4.115	4.125
490	4.135	4.145	4.155	4.164	4.174	4.184	4.194	4.204	4.214	4.224
500	4.234	4.243	4.253	4.263	4.273	4.283	4.293	4.303	4.313	4.323
510	4.333	4.343	4.352	4.362	4.372	4.382	4.392	4.402	4.412	4.422
520	4.432	4.442	4.452	4.462	4.472	4.482	4.492	4.502	4.512	4.522
530	4.532	4.542	4.552	4.562	4.572	4.582	4.592	4.602	4.612	4.622
540	4.632	4.642	4.652	4.662	4.672	4.682	4.692	4.702	4.712	4.722
550	4.732	4.742	4.752	4.762	4.772	4.782	4.792	4.802	4.812	4.822
560	4.832	4.842	4.852	4.862	4.873	4.883	4.893	4.903	4.913	4.923
570	4.933	4.943	4.953	4.963	4.973	4.984	4.994	5.004	5.014	5.024
580	5.034	5.044	5.054	5.065	5.075	5.085	5.095	5.105	5.115	5.125
590	5.136	5.146	5.156	5.166	5.176	5.186	5.197	5.207	5.217	5.227
600	5.237	5.247	5.258	5.268	5.278	5.288	5.298	5.309	5.319	5.329
610	5.339	5.350	5.360	5.370	5.380	5.391	5.401	5.411	5.421	5.431
620	5.442	5.452	5.462	5.473	5.483	5.498	5.503	5.514	5.524	5.534
630	5.544	5.555	5.565	5.575	5.586	5.596	5.606	5.617	5.627	5.637
640	5.648	5.658	5.668	5.679	5.689	5.700	5.710	5.720	5.731	5.741
650	5.751	5.762	5.772	5.782	5.793	5.803	5.813	5.823	5.833	5.845
660	5.855	5.866	5.876	5.887	5.897	5.907	5.918	5.928	5.939	5.949
670	5.960	5.970	5.980	5.991	6.001	6.012	6.022	6.033	6.043	6.054
680	6.064	6.075	6.085	6.096	6.106	6.117	6.127	6.138	6.148	6.159
690	6.169	6.180	6.190	6.201	6.211	6.222	6.232	6.243	6.253	6.264
700	6.274	6.285	6.295	6.306	6.316	6.327	6.338	6.348	6.359	6.369

温度/℃	0	1	2	3	4	5	6	7	8	9
					热电动势/mV					
710	6.380	6.390	6.401	6.412	6.422	6.433	6.443	6.454	6.465	6.475
720	6.486	6.496	6.507	6.518	6.528	6.539	6.549	6.560	6.571	6.581
730	6.592	6.603	6.613	6.624	6.635	6.645	6.656	6.667	6.677	6.688
740	6.699	6.709	6.720	6.731	6.741	6.752	6.763	6.773	6.784	6.795
750	6.805	6.816	6.827	6.838	6.848	6.859	6.870	6.880	6.891	6.902
760	6.913	6.923	6.934	6.945	6.956	6.966	6.977	6.988	6.999	7.009
770	7.020	7.031	7.042	7.053	7.063	7.074	7.085	7.096	7.107	7.117
780	7.128	7.139	7.150	7.161	7.171	7.182	7.193	7.204	7.215	7.225
790	7.236	7.247	7.258	7.269	7.280	7.291	7.301	7.312	7.323	7.334
800	7.345	7.356	7.367	7.377	7.388	7.399	7.410	7.421	7.432	7.443
810	7.454	7.465	7.476	7.486	7.497	7.508	7.519	7.530	7.541	7.552
820	7.563	7.574	7.585	7.596	7.607	7.618	7.629	7.640	7.651	7.661
830	7.672	7.683	7.694	7.705	7.716	7.727	7.738	7.749	7.760	7.771
840	7.782	7.793	7.804	7.815	7.826	7.837	7.848	7.859	7.870	7.881
850	7.892	7.904	7.915	7.926	7.937	7.948	7.959	7.970	7.981	7.992
860	8.003	8.014	8.025	8.036	8.047	8.058	8.069	8.081	8.092	8.103
870	8.114	8.125	8.136	8.147	8.158	8.169	8.180	8.192	8.203	8.214
880	8.225	8.236	8.247	8.258	8.270	8.281	8.292	8.303	8.314	8.325
890	8.336	8.348	8.359	8.370	8.381	8.392	8.404	8.415	8.426	8.437
900	8.448	8.460	8.471	8.482	8.493	8.504	8.516	8.527	8.538	8.549
910	8.560	8.572	8.583	8.594	8.605	8.617	8.628	8.639	8.650	8.662
920	8.673	8.684	8.695	8.707	8.718	8.729	8.741	8.752	8.763	8.774
930	8.786	8.797	8.808	8.820	8.831	8.842	8.854	8.865	8.876	8.888
940	8.899	8.910	8.922	8.933	8.944	8.956	8.967	8.978	8.990	9.001
950	9.012	9.024	9.035	9.047	9.058	9.069	9.081	9.092	9.103	9.115
960	9.126	9.138	9.149	9.160	9.172	9.183	9.195	9.206	9.217	9.229
970	9.240	9.252	9.263	9.275	9.286	9.298	9.309	9.320	9.332	9.343
980	9.355	9.366	9.378	9.389	9.401	9.412	9.424	9.435	9.447	9.458
990	9.470	9.481	9.493	9.504	9.516	9.527	9.539	9.550	9.562	9.573
1000	9.585	9.596	9.608	9.619	9.631	9.642	9.654	9.665	9.677	9.689
1010	9.700	9.712	9.723	9.735	9.746	9.758	9.770	9.781	9.793	9.804
1020	9.816	9.828	9.839	9.851	9.862	9.874	9.886	9.897	9.909	9.920
1030	9.932	9.944	9.955	9.967	9.979	9.990	10.002	10.013	10.025	10.037
1040	10.048	10.060	10.072	10.083	10.095	10.107	10.118	10.130	10.142	10.154
1050	10.165	10.177	10.189	10.200	10.212	10.224	10.235	10.247	10.259	10.271
1060	10.282	10.294	10.306	10.318	10.329	10.341	10.353	10.364	10.376	10.388
1070	10.400	10.411	10.423	10.435	10.447	10.459	10.470	10.482	10.494	10.506
1080	10.517	10.529	10.541	10.553	10.565	10.576	10.588	10.600	10.612	10.624
1090	10.635	10.647	10.659	10.671	10.683	10.694	10.706	10.718	10.730	10.742
1100	10.754	10.765	10.777	10.789	10.801	10.813	10.825	10.836	10.848	10.860
1110	10.872	10.884	10.896	10.908	10.919	10.931	10.943	10.955	10.967	10.979
1120	10.991	11.003	11.014	11.026	11.038	11.050	11.062	11.074	11.086	11.098
1130	11.110	11.121	11.133	11.145	11.157	11.169	11.181	11.193	11.205	11.217
1140	11.229	11.241	11.252	11.264	11.276	11.288	11.300	11.312	11.324	11.336
1150	11.348	11.360	11.372	11.384	11.396	11.408	11.420	11.432	11.443	11.455
1160	11.467	11.479	11.491	11.503	11.515	11.527	11.539	11.551	11.563	11.575
1170	11.587	11.599	11.611	11.623	11.635	11.647	11.659	11.671	11.683	11.695
1180	11.707	11.719	11.731	11.743	11.755	11.767	11.779	11.791	11.803	11.815
1190	11.827	11.839	11.851	11.863	11.875	11.887	11.899	11.911	11.923	11.935
1200	11.947	11.959	11.971	11.983	11.995	12.007	12.019	12.031	12.043	12.055
1210	12.067	12.079	12.091	12.103	12.116	12.128	12.140	12.152	12.164	12.176

温度/℃	0	1	2	3	4	5	6	7	8	9
	热电动势/mV									
1220	12.188	12.200	12.212	12.224	12.236	12.248	12.260	12.272	12.284	12.296
1230	12.308	12.320	12.332	12.345	12.357	12.369	12.381	12.393	12.405	12.417
1240	12.429	12.441	12.453	12.465	12.477	12.489	12.501	12.514	12.526	12.538
1250	12.550	12.562	12.574	12.586	12.598	12.610	12.622	12.634	12.647	12.659
1260	12.671	12.683	12.695	12.707	12.719	12.731	12.743	12.755	12.767	12.780
1270	12.792	12.804	12.816	12.828	12.840	12.852	12.864	12.876	12.888	12.901
1280	12.913	12.925	12.937	12.949	12.961	12.973	12.985	12.997	13.010	13.022
1290	13.034	13.046	13.058	13.070	13.082	13.094	13.107	13.119	13.131	13.143
1300	13.155	13.167	13.179	13.191	13.203	13.216	13.228	13.240	13.252	13.264
1310	13.276	13.288	13.300	13.313	13.325	13.337	13.349	13.361	13.373	13.385
1320	13.397	13.410	13.422	13.434	13.446	13.458	13.470	13.482	13.495	13.507
1330	13.519	13.531	13.543	13.555	13.567	13.579	13.592	13.604	13.616	13.628
1340	13.640	13.652	13.664	13.677	13.689	13.701	13.713	13.725	13.737	13.749
1350	13.761	13.774	13.786	13.798	13.810	13.822	13.834	13.846	13.859	13.871
1360	13.883	13.895	13.907	13.919	13.931	13.944	13.956	13.968	13.980	13.992
1370	14.004	14.016	14.028	14.040	14.053	14.065	14.077	14.089	14.101	14.113
1380	14.125	14.138	14.150	14.162	14.174	14.186	14.198	14.210	14.222	14.235
1390	14.247	14.259	14.271	14.283	14.295	14.307	14.319	14.332	14.344	14.356
1400	14.368	14.380	14.392	14.404	14.416	14.429	14.441	14.453	14.465	14.477
1410	14.489	14.501	14.513	14.526	14.538	14.550	14.562	14.574	14.586	14.598
1420	14.610	14.622	14.635	14.647	14.659	14.671	14.683	14.695	14.707	14.719
1430	14.731	14.744	14.756	14.768	14.780	14.792	14.804	14.816	14.828	14.840
1440	14.852	14.865	14.877	14.889	14.901	14.913	14.925	14.937	14.949	14.961
1450	14.973	14.985	14.998	15.010	15.022	15.034	15.046	15.058	15.070	15.082
1460	15.094	15.106	15.118	15.130	15.143	15.155	15.167	15.179	15.191	15.203
1470	15.215	15.227	15.239	15.251	15.263	15.275	15.287	15.299	15.311	15.324
1480	15.336	15.348	15.360	15.372	15.384	15.396	15.408	15.420	15.432	15.444
1490	15.456	15.468	15.480	15.492	15.504	15.516	15.528	15.540	15.552	15.564
1500	15.576	15.589	15.601	15.613	15.625	15.637	15.649	15.661	15.673	15.685
1510	15.697	15.709	15.721	15.733	15.745	15.757	15.769	15.781	15.793	15.805
1520	15.817	15.829	15.841	15.853	15.865	15.877	15.889	15.901	15.913	15.925
1530	15.937	15.949	15.961	15.973	15.985	15.997	16.009	16.021	16.033	16.045
1540	16.057	16.069	16.080	16.092	16.104	16.116	16.128	16.140	16.152	16.164
1550	16.176	16.188	16.200	16.212	16.224	16.236	16.248	16.260	16.272	16.284
1560	16.296	16.308	16.319	16.331	16.343	16.355	16.367	16.379	16.391	16.403
1570	16.415	16.427	16.439	16.451	16.462	16.474	16.486	16.498	16.510	16.522
1580	16.534	16.546	16.558	16.569	16.581	16.593	16.605	16.617	16.629	16.641
1590	16.653	16.664	16.676	16.688	16.700	16.712	16.724	16.736	16.747	16.759
1600	16.771									

附录三　镍铬-镍硅热电偶分度表

分度号:K　　　　　　　　　　　　　　　　　　　　　　　　　　　　　　　　　　参比端温度:0℃

温度/℃	0	1	2	3	4	5	6	7	8	9
	热电动势/mV									
0	0	0.0397	0.0794	0.1191	0.1588	0.1985	0.2382	0.2779	0.3176	0.3573
10	0.397	0.4371	0.4772	0.5173	0.5574	0.5975	0.6376	0.6777	0.7178	0.7579
20	0.798	0.8385	0.879	0.9195	0.96	1.0005	1.041	1.0815	1.122	1.1625

续表

温度/℃	0	1	2	3	4	5	6	7	8	9
					热电动势/mV					
30	1.203	1.2438	1.2846	1.3254	1.3662	1.407	1.4478	1.4886	1.5294	1.5702
40	1.611	1.6521	1.6932	1.7343	1.7754	1.8165	1.8576	1.8987	1.9398	1.9809
50	2.022	2.0634	2.1048	2.1462	2.1876	2.229	2.2704	2.3118	2.3532	2.3946
60	2.436	2.4774	2.5188	2.5602	2.6016	2.643	2.6844	2.7258	2.7672	2.8086
70	2.85	2.8916	2.9332	2.9748	3.0164	3.058	3.0996	3.1412	3.1828	3.2244
80	3.266	3.3075	3.349	3.3905	3.432	3.4735	3.515	3.5565	3.598	3.6395
90	3.681	3.7224	3.7638	3.8052	3.8466	3.888	3.9294	3.9708	4.0122	4.0536
100	4.095	4.1363	4.1776	4.2189	4.2602	4.3015	4.3428	4.3841	4.4254	4.4667
110	4.508	4.5491	4.5902	4.6313	4.6724	4.7135	4.7546	4.7957	4.8368	4.8779
120	4.919	4.9598	5.0006	5.0414	5.0822	5.123	5.1638	5.2046	5.2454	5.2862
130	5.327	5.3676	5.4082	5.4488	5.4894	5.53	5.5706	5.6112	5.6518	5.6924
140	5.733	5.7734	5.8138	5.8542	5.8946	5.935	5.9754	6.0158	6.0562	6.0966
150	6.137	6.1772	6.2174	6.2576	6.2978	6.338	6.3782	6.4184	6.4586	6.4988
160	6.539	6.579	6.619	6.659	6.699	6.739	6.779	6.819	6.859	6.899
170	6.939	6.9789	7.0188	7.0587	7.0986	7.1385	7.1784	7.2183	7.2582	7.2981
180	7.338	7.3779	7.4178	7.4577	7.4976	7.5375	7.5774	7.6173	7.6572	7.6971
190	7.737	7.777	7.817	7.857	7.897	7.937	7.977	8.017	8.057	8.097
200	8.137	8.177	8.217	8.257	8.297	8.337	8.377	8.417	8.457	8.497
210	8.537	8.5771	8.6172	8.6573	8.6974	8.7375	8.7776	8.8177	8.8578	8.8979
220	8.938	8.9783	9.0186	9.0589	9.0992	9.1395	9.1798	9.2201	9.2604	9.3007
230	9.341	9.3814	9.4218	9.4622	9.5026	9.543	9.5834	9.6238	9.6642	9.7046
240	9.745	9.7856	9.8262	9.8668	9.9074	9.948	9.9886	10.0292	10.0698	10.1104
250	10.151	10.1919	10.2328	10.2737	10.3146	10.3555	10.3964	10.4373	10.4782	10.5191
260	10.56	10.6009	10.6418	10.6827	10.7236	10.7645	10.8054	10.8463	10.8872	10.9281
270	10.969	11.0102	11.0514	11.0926	11.1338	11.175	11.2162	11.2574	11.2986	11.3398
280	11.381	11.4222	11.4634	11.5046	11.5458	11.587	11.6282	11.6694	11.7106	11.7518
290	11.793	11.8344	11.8758	11.9172	11.9586	12	12.0414	12.0828	12.1242	12.1656
300	12.207	12.2486	12.2902	12.3318	12.3734	12.415	12.4566	12.4982	12.5398	12.5814
310	12.623	12.6646	12.7062	12.7478	12.7894	12.831	12.8726	12.9142	12.9558	12.9974
320	13.039	13.0807	13.1224	13.1641	13.2058	13.2475	13.2892	13.3309	13.3726	13.4143
330	13.456	13.4978	13.5396	13.5814	13.6232	13.665	13.7068	13.7486	13.7904	13.8322
340	13.874	13.9158	13.9576	13.9994	14.0412	14.083	14.1248	14.1666	14.2084	14.2502
350	14.292	14.334	14.376	14.418	14.46	14.502	14.544	14.586	14.628	14.67
360	14.712	14.754	14.796	14.838	14.88	14.922	14.964	15.006	15.048	15.09
370	15.132	15.174	15.216	15.258	15.3	15.342	15.384	15.426	15.468	15.51
380	15.552	15.5942	15.6364	15.6786	15.7208	15.763	15.8052	15.8474	15.8896	15.9318
390	15.974	16.0161	16.0582	16.1003	16.1424	16.1845	16.2266	16.2687	16.3108	16.3529
400	16.395	16.4373	16.4796	16.5219	16.5642	16.6065	16.6488	16.6911	16.7334	16.7757
410	16.818	16.8603	16.9026	16.9449	16.9872	17.0295	17.0718	17.1141	17.1564	17.1987
420	17.241	17.2833	17.3256	17.3679	17.4102	17.4525	17.4948	17.5371	17.5794	17.6217
430	17.664	17.7064	17.7488	17.7912	17.8336	17.876	17.9184	17.9608	18.0032	18.0456
440	18.088	18.1305	18.173	18.2155	18.258	18.3005	18.343	18.3855	18.428	18.4705
450	18.513	18.5555	18.598	18.6405	18.683	18.7255	18.768	18.8105	18.853	18.8955
460	18.938	18.9805	19.023	19.0655	19.108	19.1505	19.193	19.2355	19.278	19.3205
470	19.363	19.4055	19.448	19.4905	19.533	19.5755	19.618	19.6605	19.703	19.7455
480	19.788	19.8306	19.8732	19.9158	19.9584	20.001	20.0436	20.0862	20.1288	20.1714
490	20.214	20.2566	20.2992	20.3418	20.3844	20.427	20.4696	20.5122	20.5548	20.5974
500	20.64	20.6826	20.7252	20.7678	20.8104	20.853	20.8956	20.9382	20.9808	21.0234
510	21.066	21.1087	21.1514	21.1941	21.2368	21.2795	21.3222	21.3649	21.4076	21.4503

温度/℃	0	1	2	3	4	5	6	7	8	9
	热电动势/mV									
520	21.493	21.5356	21.5782	21.6208	21.6634	21.706	21.7486	21.7912	21.8338	21.8764
530	21.919	21.9617	22.0044	22.0471	22.0898	22.1325	22.1752	22.2179	22.2606	22.3033
540	22.346	22.3886	22.4312	22.4738	22.5164	22.559	22.6016	22.6442	22.6868	22.7294
550	22.772	22.8146	22.8572	22.8998	22.9424	22.985	23.0276	23.0702	23.1128	23.1554
560	23.198	23.2406	23.2832	23.3258	23.3684	23.411	23.4536	23.4962	23.5388	23.5814
570	23.624	23.6666	23.7092	23.7518	23.7944	23.837	23.8796	23.9222	23.9648	24.0074
580	24.05	24.0926	24.1352	24.1778	24.2204	24.263	24.3056	24.3482	24.3908	24.4334
590	24.476	24.5186	24.5612	24.6038	24.6464	24.689	24.7316	24.7742	24.8168	24.8594
600	24.902	24.9445	24.987	25.0295	25.072	25.1145	25.157	25.1995	25.242	25.2845
610	25.327	25.3694	25.4118	25.4542	25.4966	25.539	25.5814	25.6238	25.6662	25.7086
620	25.751	25.7935	25.836	25.8785	25.921	25.9635	26.006	26.0485	26.091	26.1335
630	26.176	26.2183	26.2606	26.3029	26.3452	26.3875	26.4298	26.4721	26.5144	26.5567
640	26.599	26.6413	26.6836	26.7259	26.7682	26.8105	26.8528	26.8951	26.9374	26.9797
650	27.022	27.0643	27.1066	27.1489	27.1912	27.2335	27.2758	27.3181	27.3604	27.4027
660	27.445	27.4872	27.5294	27.5716	27.6138	27.656	27.6982	27.7404	27.7826	27.8248
670	27.867	27.9091	27.9512	27.9933	28.0354	28.0775	28.1196	28.1617	28.2038	28.2459
680	28.288	28.3301	28.3722	28.4143	28.4564	28.4985	28.5406	28.5827	28.6248	28.6669
690	28.709	28.7509	28.7928	28.8347	28.8766	28.9185	28.9604	29.0023	29.0442	29.0861
700	29.128	29.1699	29.2118	29.2537	29.2956	29.3375	29.3794	29.4213	29.4632	29.5051
710	29.547	29.5888	29.6306	29.6724	29.7142	29.756	29.7978	29.8396	29.8814	29.9232
720	29.965	30.0068	30.0486	30.0904	30.1322	30.174	30.2158	30.2576	30.2994	30.3412
730	30.383	30.4246	30.4662	30.5078	30.5494	30.591	30.6326	30.6742	30.7158	30.7574
740	30.799	30.8405	30.882	30.9235	30.965	31.0065	31.048	31.0895	31.131	31.1725
750	31.214	31.2555	31.297	31.3385	31.38	31.4215	31.463	31.5045	31.546	31.5875
760	31.629	31.6703	31.7116	31.7529	31.7942	31.8355	31.8768	31.9181	31.9594	32.0007
770	32.042	32.0833	32.1246	32.1659	32.2072	32.2485	32.2898	32.3311	32.3724	32.4137
780	32.455	32.4961	32.5372	32.5783	32.6194	32.6605	32.7016	32.7427	32.7838	32.8249
790	32.866	32.9071	32.9482	32.9893	33.0304	33.0715	33.1126	33.1537	33.1948	33.2359
800	33.277	33.3179	33.3588	33.3997	33.4406	33.4815	33.5224	33.5633	33.6042	33.6451
810	33.686	33.7269	33.7678	33.8087	33.8496	33.8905	33.9314	33.9723	34.0132	34.0541
820	34.095	34.1357	34.1764	34.2171	34.2578	34.2985	34.3392	34.3799	34.4206	34.4613
830	34.502	34.5427	34.5834	34.6241	34.6648	34.7055	34.7462	34.7869	34.8276	34.8683
840	34.909	34.9495	34.99	35.0305	35.071	35.1115	35.152	35.1925	35.233	35.2735
850	35.314	35.3544	35.3948	35.4352	35.4756	35.516	35.5564	35.5968	35.6372	35.6776
860	35.718	35.7583	35.7986	35.8389	35.8792	35.9195	35.9598	36.0001	36.0404	36.0807
870	36.121	36.1613	36.2016	36.2419	36.2822	36.3225	36.3628	36.4031	36.4434	36.4837
880	36.524	36.5641	36.6042	36.6443	36.6844	36.7245	36.7646	36.8047	36.8448	36.8849
890	36.925	36.965	37.005	37.045	37.085	37.125	37.165	37.205	37.245	37.285
900	37.325	37.3649	37.4048	37.4447	37.4846	37.5245	37.5644	37.6043	37.6442	37.6841
910	37.724	37.7638	37.8036	37.8434	37.8832	37.923	37.9628	38.0026	38.0424	38.0822
920	38.122	38.1618	38.2016	38.2414	38.2812	38.321	38.3608	38.4006	38.4404	38.4802
930	38.52	38.5595	38.599	38.6385	38.678	38.7175	38.757	38.7965	38.836	38.8755
940	38.915	38.9545	38.994	39.0335	39.073	39.1125	39.152	39.1915	39.231	39.2705
950	39.31	39.3493	39.3886	39.4279	39.4672	39.5065	39.5458	39.5851	39.6244	39.6637
960	39.703	39.7423	39.7816	39.8209	39.8602	39.8995	39.9388	39.9781	40.0174	40.0567
970	40.096	40.1352	40.1744	40.2136	40.2528	40.292	40.3312	40.3704	40.4096	40.4488
980	40.488	40.5271	40.5662	40.6053	40.6444	40.6835	40.7226	40.7617	40.8008	40.8399
990	40.879	40.918	40.957	40.996	41.035	41.074	41.113	41.152	41.191	41.23
1000	41.269	41.3078	41.3466	41.3854	41.4242	41.463	41.5018	41.5406	41.5794	41.6182

温度/℃	0	1	2	3	4	5	6	7	8	9
	热电动势/mV									
1010	41.657	41.6958	41.7346	41.7734	41.8122	41.851	41.8898	41.9286	41.9674	42.0062
1020	42.045	42.0837	42.1224	42.1611	42.1998	42.2385	42.2772	42.3159	42.3546	42.3933
1030	42.432	42.4705	42.509	42.5475	42.586	42.6245	42.663	42.7015	42.74	42.7785
1040	42.817	42.8555	42.894	42.9325	42.971	43.0095	43.048	43.0865	43.125	43.1635
1050	43.202	43.2403	43.2786	43.3169	43.3552	43.3935	43.4318	43.4701	43.5084	43.5467
1060	43.585	43.6233	43.6616	43.6999	43.7382	43.7765	43.8148	43.8531	43.8914	43.9297
1070	43.968	44.0061	44.0442	44.0823	44.1204	44.1585	44.1966	44.2347	44.2728	44.3109
1080	44.349	44.387	44.425	44.463	44.501	44.539	44.577	44.615	44.653	44.691
1090	44.729	44.7669	44.8048	44.8427	44.8806	44.9185	44.9564	44.9943	45.0322	45.0701
1100	45.108	45.1458	45.1836	45.2214	45.2592	45.297	45.3348	45.3726	45.4104	45.4482
1110	45.486	45.5237	45.5614	45.5991	45.6368	45.6745	45.7122	45.7499	45.7876	45.8253
1120	45.863	45.9005	45.938	45.9755	46.013	46.0505	46.088	46.1255	46.163	46.2005
1130	46.238	46.2754	46.3128	46.3502	46.3876	46.425	46.4624	46.4998	46.5372	46.5746
1140	46.612	46.6493	46.6866	46.7239	46.7612	46.7985	46.8358	46.8731	46.9104	46.9477
1150	46.985	47.0221	47.0592	47.0963	47.1334	47.1705	47.2076	47.2447	47.2818	47.3189
1160	47.356	47.393	47.43	47.467	47.504	47.541	47.578	47.615	47.652	47.689
1170	47.726	47.7629	47.7998	47.8367	47.8736	47.9105	47.9474	47.9843	48.0212	48.0581
1180	48.095	48.1317	48.1684	48.2051	48.2418	48.2785	48.3152	48.3519	48.3886	48.4253
1190	48.462	48.4986	48.5352	48.5718	48.6084	48.645	48.6816	48.7182	48.7548	48.7914
1200	48.828	48.8644	48.9008	48.9372	48.9736	49.01	49.0464	49.0828	49.1192	49.1556
1210	49.192	49.2283	49.2646	49.3009	49.3372	49.3735	49.4098	49.4461	49.4824	49.5187
1220	49.555	49.5911	49.6272	49.6633	49.6994	49.7355	49.7716	49.8077	49.8438	49.8799
1230	49.916	49.952	49.988	50.024	50.06	50.096	50.132	50.168	50.204	50.24
1240	50.276	50.3117	50.3474	50.3831	50.4188	50.4545	50.4902	50.5259	50.5616	50.5973
1250	50.633	50.6687	50.7044	50.7401	50.7758	50.8115	50.8472	50.8829	50.9186	50.9543
1260	50.99	51.0254	51.0608	51.0962	51.1316	51.167	51.2024	51.2378	51.2732	51.3086
1270	51.344	51.3793	51.4146	51.4499	51.4852	51.5205	51.5558	51.5911	51.6264	51.6617
1280	51.697	51.7322	51.7674	51.8026	51.8378	51.873	51.9082	51.9434	51.9786	52.0138
1290	52.049	52.0839	52.1188	52.1537	52.1886	52.2235	52.2584	52.2933	52.3282	52.3631
1300	52.398	52.4329	52.4678	52.5027	52.5376	52.5725	52.6074	52.6423	52.6772	52.7121
1310	52.747	52.7816	52.8162	52.8508	52.8854	52.92	52.9546	52.9892	53.0238	53.0584
1320	53.093	53.1276	53.1622	53.1968	53.2314	53.266	53.3006	53.3352	53.3698	53.4044
1330	53.439	53.4733	53.5076	53.5419	53.5762	53.6105	53.6448	53.6791	53.7134	53.7477
1340	53.782	53.8163	53.8506	53.8849	53.9192	53.9535	53.9878	54.0221	54.0564	54.0907
1350	54.125	54.1591	54.1932	54.2273	54.2614	54.2955	54.3296	54.3637	54.3978	54.4319
1360	54.466	54.5001	54.5342	54.5683	54.6024	54.6365	54.6706	54.7047	54.7388	54.7729
1370	54.807	54.8411	54.8752	54.9093	54.9434	54.9775	55.0116	55.0457	55.0798	55.1139

附录四　镍铬-铜镍热电偶分度表

分度号:E								参比端温度:0℃		
温度/℃	0	−1	−2	−3	−4	−5	−6	−7	−8	−9
	热电动势/mV									
0	0	−0.059	−0.117	−0.176	−0.234	−0.292	−0.35	−0.408	−0.466	−0.524
−10	−0.582	−0.639	−0.697	−0.754	−0.811	−0.868	−0.925	−0.982	−1.039	−1.095
−20	−1.152	−1.208	−1.264	−1.32	−1.376	−1.432	−1.488	−1.543	−1.599	−1.654

续表

温度/℃	0	1	2	3	4	5	6	7	8	9
	热电动势/mV									
0	0	0.059	0.118	0.176	0.235	0.294	0.354	0.413	0.472	0.532
10	0.591	0.651	0.711	0.77	0.83	0.89	0.95	1.01	1.071	1.131
20	1.192	1.252	1.313	1.373	1.434	1.495	1.556	1.617	1.678	1.74
30	1.801	1.862	1.924	1.986	2.047	2.109	2.171	2.233	2.295	2.357
40	2.42	2.482	2.545	2.607	2.67	2.733	2.795	2.858	2.921	2.984
50	3.048	3.111	3.174	3.238	3.301	3.365	3.429	3.492	3.556	3.62
60	3.685	3.749	3.813	3.877	3.942	4.006	4.071	4.136	4.2	4.265
70	4.33	4.395	4.46	4.526	4.591	4.656	4.722	4.788	4.853	4.919
80	4.985	5.051	5.117	5.183	5.249	5.315	5.382	5.448	5.514	5.581
90	5.648	5.714	5.781	5.848	5.915	5.982	6.049	6.117	6.184	6.251
100	6.319	6.386	6.454	6.522	6.59	6.658	6.725	6.794	6.862	6.93
110	6.998	7.066	7.135	7.203	7.272	7.341	7.409	7.478	7.547	7.616
120	7.685	7.754	7.823	7.892	7.962	8.031	8.101	8.17	8.24	8.309
130	8.379	8.449	8.519	8.589	8.659	8.729	8.799	8.869	8.94	9.01
140	9.081	9.151	9.222	9.292	9.363	9.434	9.505	9.576	9.647	9.718
150	9.789	9.86	9.931	10.003	10.074	10.145	10.217	10.288	10.36	10.432
160	10.503	10.575	10.647	10.719	10.791	10.863	10.935	11.007	11.08	11.152
170	11.224	11.297	11.369	11.442	11.514	11.587	11.66	11.733	11.805	11.878
180	11.951	12.024	12.097	12.17	12.243	12.317	12.39	12.463	12.537	12.61
190	12.684	12.757	12.831	12.904	12.978	13.052	13.126	13.199	13.273	13.347
200	13.421	13.495	13.569	13.644	13.718	13.792	13.866	13.941	14.015	14.09
210	14.164	14.239	14.313	14.388	14.463	14.537	14.612	14.687	14.762	14.837
220	14.912	14.987	15.062	15.137	15.212	15.287	15.362	15.438	15.513	15.588
230	15.664	15.739	15.815	15.89	15.966	16.041	16.117	16.193	16.269	16.344
240	16.42	16.496	16.572	16.648	16.724	16.8	16.876	16.952	17.028	17.104
250	17.181	17.257	17.333	17.409	17.486	17.562	17.639	17.715	17.792	17.868
260	17.945	18.021	18.098	18.175	18.252	18.328	18.405	18.482	18.559	18.636
270	18.713	18.79	18.867	18.944	19.021	19.098	19.175	19.252	19.33	19.407
280	19.484	19.561	19.639	19.716	19.794	19.871	19.948	20.026	20.103	20.181
290	20.259	20.336	20.414	20.492	20.569	20.647	20.725	20.803	20.88	20.958
300	21.036	21.114	21.192	21.27	21.348	21.426	21.504	21.582	21.66	21.739
310	21.817	21.895	21.973	22.051	22.13	22.208	22.286	22.365	22.443	22.522
320	22.6	22.678	22.757	22.835	22.914	22.993	23.071	23.15	23.228	23.307
330	23.386	23.464	23.543	23.622	23.701	23.78	23.858	23.937	24.016	24.095
340	24.174	24.253	24.332	24.411	24.49	24.569	24.648	24.727	24.806	24.885
350	24.964	25.044	25.123	25.202	25.281	25.36	25.44	25.519	25.598	25.678
360	25.757	25.836	25.916	25.995	26.075	26.154	26.233	26.313	26.392	26.472
370	26.552	26.631	26.711	26.79	26.87	26.95	27.029	27.109	27.189	27.268
380	27.348	27.428	27.507	27.587	27.667	27.747	27.827	27.907	27.986	28.066
390	28.146	28.226	28.306	28.386	28.466	28.546	28.626	28.706	28.786	28.866
400	28.946	29.026	29.106	29.186	29.266	29.346	29.427	29.507	29.587	29.667
410	29.747	29.827	29.908	29.988	30.068	30.148	30.229	30.309	30.389	30.47
420	30.55	30.63	30.711	30.791	30.871	30.952	31.032	31.112	31.193	31.273
430	31.354	31.434	31.515	31.595	31.676	31.756	31.837	31.917	31.998	32.078
440	32.159	32.239	32.32	32.4	32.481	32.562	32.642	32.723	32.803	32.884
450	32.965	33.045	33.126	33.027	33.287	33.368	33.449	33.529	33.61	33.691
460	33.772	33.852	33.933	34.014	34.095	37.175	34.256	34.337	34.418	34.498
470	34.579	34.66	34.741	34.822	34.902	34.983	35.064	35.145	35.226	35.307
480	35.387	35.468	35.549	35.63	35.711	35.792	35.873	35.954	36.034	36.115

续表

温度/℃	0	1	2	3	4	5	6	7	8	9
	热电动势/mV									
490	36.196	36.277	36.358	36.439	36.52	36.601	36.682	36.763	36.843	36.924
500	37.005	37.086	37.167	37.248	37.329	37.41	37.491	37.572	37.653	67.734
510	37.815	37.896	37.977	38.058	38.139	38.22	38.3	38.381	38.462	38.543
520	38.624	38.705	38.786	38.867	38.948	39.029	39.11	39.191	39.272	39.353
530	39.434	39.515	39.596	39.677	39.758	39.839	39.92	40.001	40.082	40.163
540	40.243	40.324	40.405	40.486	40.567	40.648	40.729	40.81	40.891	40.972
550	41.053	41.134	41.215	41.296	41.377	41.457	41.538	41.619	41.7	41.781
560	41.862	41.943	42.024	42.105	42.185	42.266	42.347	42.428	42.509	42.59
570	42.671	42.751	42.832	42.913	42.994	43.075	43.156	43.236	43.317	43.398
580	43.479	43.56	43.64	43.721	43.802	43.883	43.963	44.044	44.125	44.206
590	44.286	44.367	44.448	44.529	44.609	44.69	44.771	44.851	44.932	45.013
600	45.093	45.174	45.255	45.335	45.416	45.497	45.577	45.658	45.738	45.819
610	45.9	45.98	46.061	46.141	46.222	46.302	46.383	46.463	46.544	46.624
620	46.705	46.785	46.866	46.946	47.027	47.107	47.188	47.268	47.349	47.429
630	47.509	47.59	47.67	47.751	47.831	47.911	47.992	48.072	48.152	48.233
640	48.313	48.393	48.474	48.554	48.634	48.715	48.795	48.875	48.955	49.035
650	49.116	49.196	49.276	49.356	49.436	49.517	49.597	49.677	49.757	49.837
660	49.917	49.997	50.077	50.157	50.238	50.318	50.398	50.478	50.558	50.638
670	50.718	50.798	50.878	50.958	51.038	51.118	51.197	51.277	51.357	51.437
680	51.517	51.597	51.677	51.757	51.837	51.916	51.996	52.076	52.156	52.236
690	52.315	52.395	52.475	52.555	52.634	52.714	52.794	52.873	52.953	53.033
700	53.112	53.192	53.272	53.351	53.431	53.51	53.59	53.67	53.749	53.829
710	53.908	53.988	54.067	54.147	54.226	54.306	54.385	54.465	54.544	54.624
720	54.703	54.782	54.862	54.941	55.021	55.1	55.179	55.259	55.338	55.417
730	55.497	55.576	55.655	55.734	55.814	55.893	55.972	56.051	56.131	56.21
740	56.289	56.368	56.447	56.526	56.606	56.685	56.764	56.843	56.922	57.001
750	57.08	57.159	57.238	57.317	57.396	57.475	57.554	57.633	57.712	57.791
760	57.87	57.949	58.028	58.107	58.186	58.265	58.343	58.422	58.501	58.58
770	58.659	58.738	58.816	58.895	58.974	59.053	59.131	59.21	59.289	59.367
780	59.446	59.525	59.604	59.682	59.761	59.839	59.918	59.997	60.075	60.154
790	60.232	60.311	60.39	60.468	60.547	60.625	60.704	60.782	60.86	60.939
800	61.017	61.096	61.174	61.253	61.331	61.409	61.488	61.566	61.644	61.723
810	61.801	61.879	61.958	62.036	62.114	62.192	62.271	62.349	62.427	62.505
820	62.583	62.662	62.74	62.818	62.896	62.974	63.052	63.13	63.208	63.286
830	63.364	63.442	63.52	63.598	63.676	63.754	63.832	63.91	63.988	64.066
840	64.144	64.222	64.3	64.377	64.455	64.533	64.611	64.689	64.766	64.844
850	64.922	65	65.077	65.155	65.233	65.31	65.388	65.465	65.543	65.621
860	65.698	65.776	65.853	65.931	66.008	66.086	66.163	66.241	66.318	66.396
870	66.473	66.55	66.628	66.705	66.782	66.86	66.937	67.014	67.092	67.169
880	67.246	67.323	67.4	67.478	67.555	67.632	67.709	67.786	67.863	67.94
890	68.017	68.094	68.171	68.248	68.325	68.402	68.479	68.556	68.633	68.71
900	68.787	68.863	68.94	69.017	69.094	69.171	69.247	69.324	69.401	69.477
910	69.554	69.631	69.707	69.784	69.86	69.937	70.013	70.09	70.166	70.243
920	70.319	70.396	70.472	70.548	70.625	70.701	70.777	70.854	70.93	71.006
930	71.082	71.159	71.235	71.311	71.387	71.463	71.539	71.615	71.692	71.768
940	71.844	71.92	71.996	72.072	72.147	72.223	72.299	72.375	72.451	72.527
950	72.603	72.678	72.754	72.83	72.906	72.981	73.057	73.133	73.208	73.284
960	73.36	73.435	73.511	73.586	73.662	73.738	73.813	73.889	73.964	74.04
970	74.115	74.19	74.266	74.341	74.417	74.492	74.567	74.643	74.718	74.793

续表

温度/℃	0	1	2	3	4	5	6	7	8	9
	热电动势/mV									
980	74.869	74.944	75.019	75.095	75.17	75.245	75.32	75.395	75.471	75.546
990	75.621	75.696	75.771	75.847	75.922	75.997	76.072	76.147	76.223	76.298

附录五　铜热电阻分度表

分度号:Cu50　$R_0=50\Omega$

温度/℃	0	−1	−2	−3	−4	−5	−6	−7	−8	−9
	电阻值/Ω									
−50	39.242									
−40	41.400	41.184	40.969	40.753	40.537	40.322	40.106	39.890	39.674	39.458
−30	43.555	43.349	43.124	42.909	42.693	42.478	42.262	42.047	41.831	41.616
−20	45.706	45.491	45.276	45.061	44.846	44.631	44.416	44.200	43.985	43.770
−10	47.854	47.639	47.425	47.210	46.995	46.780	46.566	46.351	46.136	45.921
0	50.000	49.786	49.571	49.356	49.142	48.927	48.713	48.498	48.284	48.069

温度/℃	0	1	2	3	4	5	6	7	8	9
	电阻值/Ω									
0	50.000	50.214	50.429	50.643	50.858	51.072	51.286	51.501	51.715	51.929
10	52.144	52.358	52.572	52.786	53.000	53.215	53.429	53.643	53.857	54.071
20	54.285	54.500	54.714	54.928	55.142	55.356	55.570	55.784	55.998	56.212
30	56.426	56.640	56.854	57.068	57.282	57.496	57.710	57.924	58.137	58.351
40	58.565	58.779	58.993	59.207	59.421	59.635	59.848	60.062	60.276	60.490
50	60.704	60.918	61.132	61.345	61.559	61.773	61.987	62.201	62.415	62.628
60	62.842	63.056	63.270	63.484	63.698	63.911	64.125	64.339	64.553	64.767
70	64.981	65.194	65.408	65.622	65.836	66.050	66.264	66.478	66.692	66.906
80	67.120	67.333	67.547	67.761	67.975	68.189	68.403	68.617	68.831	69.045
90	69.259	69.473	69.687	69.901	70.115	70.329	70.544	70.762	70.972	71.186
100	71.400	71.614	71.828	72.042	72.257	72.471	72.685	72.899	73.114	73.328
110	73.542	73.751	73.971	74.185	74.400	74.614	74.828	75.043	75.258	75.477
120	75.686	75.901	76.115	76.330	76.545	76.759	76.974	77.189	77.404	77.618
130	77.833	78.048	78.263	78.477	78.692	78.907	79.122	79.337	79.552	79.767
140	79.982	80.197	80.412	80.627	80.843	81.058	81.272	81.488	81.704	81.919
150	82.134									

附录六　铂热电阻分度号

分度号:Pt100　$R_0=100.00\Omega$　$\alpha=0.003850$

温度/℃	0	−1	−2	−3	−4	−5	−6	−7	−8	−9
	热电阻值/Ω									
−40	84.27	83.87	83.48	83.08	82.69	82.29	81.89	81.50	81.10	80.70
−30	88.22	87.83	87.43	87.04	86.64	86.25	85.85	85.46	85.06	84.67
−20	92.16	91.77	91.37	90.98	90.59	90.19	89.80	89.40	89.01	88.62
−10	96.09	95.69	95.30	94.91	94.52	94.12	93.73	93.34	92.95	92.55
0	100.00	99.61	99.22	98.83	98.44	98.04	97.65	97.26	96.87	96.48

温度/℃	0	1	2	3	4	5	6	7	8	9
	热电阻值/Ω									
0	100.00	100.39	100.78	101.17	101.56	101.95	102.34	102.73	103.12	103.51
10	103.90	104.29	104.68	105.07	105.46	105.85	106.24	106.63	107.02	107.40
20	107.79	108.18	108.57	108.96	109.35	109.73	110.12	110.51	110.90	111.29
30	111.67	112.06	112.45	112.83	113.22	113.61	114.00	114.38	114.77	115.15
40	115.54	115.93	116.31	116.70	117.08	117.47	117.86	118.24	118.63	119.01
50	119.40	119.78	120.17	120.55	120.94	121.32	121.71	122.09	122.47	122.86
60	123.24	123.63	124.01	124.39	124.78	125.16	125.54	125.93	126.31	126.69
70	127.08	127.46	127.84	128.22	128.61	128.99	129.37	129.75	130.13	130.52
80	130.90	131.28	131.66	132.04	132.42	132.80	133.18	133.57	133.95	134.33
90	134.71	135.09	135.47	135.85	136.23	136.61	136.99	137.37	137.75	138.13
100	138.51	138.88	139.26	139.64	140.02	140.40	140.78	141.16	141.54	141.91
110	142.29	142.67	143.05	143.43	143.80	144.18	144.56	144.94	145.31	145.69
120	146.07	146.44	146.82	147.20	147.57	147.95	148.33	148.70	149.08	149.46
130	149.83	150.21	150.58	150.96	151.33	151.71	152.08	152.46	152.83	153.21
140	153.58	153.96	154.33	154.71	155.08	155.46	155.83	156.20	156.58	156.95
150	157.33	157.70	158.07	158.45	158.82	159.19	159.56	159.94	160.31	160.68
160	161.05	161.43	161.80	162.17	162.54	162.91	163.29	163.66	164.03	164.40
170	164.77	165.14	165.51	165.89	166.26	166.63	167.00	167.37	167.74	168.11
180	168.48	168.85	169.22	169.59	169.96	170.33	170.70	171.07	171.43	171.80
190	172.17	172.54	172.91	173.28	173.65	174.02	174.38	174.75	175.12	175.49
200	175.86	176.22	176.59	176.96	177.33	177.69	178.06	178.43	178.79	179.16
210	179.53	179.89	180.26	180.63	180.99	181.36	181.72	182.09	182.46	182.82
220	183.19	183.55	183.92	184.28	184.65	185.01	185.38	185.74	186.11	186.47
230	186.84	187.20	187.56	187.93	188.29	188.66	189.02	189.38	189.75	190.11
240	190.47	190.84	191.20	191.56	191.92	192.29	192.65	193.01	193.37	193.74
250	194.10	194.46	194.82	195.18	195.55	195.91	196.27	196.63	196.99	197.35
260	197.71	198.07	198.43	198.79	199.15	199.51	199.87	200.23	200.59	200.95
270	201.31	201.67	202.03	202.39	202.75	203.11	203.47	203.83	204.19	204.55
280	204.90	205.26	205.62	205.98	206.34	206.70	207.05	207.41	207.77	208.13
290	208.48	208.84	209.20	209.56	209.91	210.27	210.63	210.98	211.34	211.70
300	212.05	212.41	212.76	213.12	213.48	213.83	214.19	214.54	214.90	215.25

参考文献

[1] 厉玉鸣. 化工仪表及自动化（化学工程与工艺专业适用）[M]. 5版. 北京：化学工业出版社，2011.

[2] 厉玉鸣，刘慧敏. 化工仪表及自动化（化工类专业适用）[M]. 5版. 北京：化学工业出版社，2014.

[3] 高娟，王世荣. 化工仪表与自动控制 [M]. 北京：化学工业出版社，2013.

[4] 杨丽明，张光新. 化工自动化及仪表（工艺类专业适用）[M]. 北京：化学工业出版社，2004.

[5] 郑明方，杨长春. 石油化工仪表及自动化 [M]. 北京：中国石化出版社，2009.

[6] 王克华，姜月红. 石油仪表及自动化 [M]. 2版. 北京：石油工业出版社，2015.

[7] 张金红. 集散控制系统及现场总线技术应用 [M]. 北京：化学工业出版社，2014.

[8] 李飞. 过程检测系统的构成与联校 [M]. 北京：化学工业出版社，2012.

[9] 罗振成，张桂枝. 电气控制与PLC [M]. 北京：化学工业出版社，2010.

[10] 向晓汉. 西门子PLC高级应用实例精解 [M]. 2版. 北京：机械工业出版社，2015.

中德"双元制"职业教育化工专业系列教材

高等职业教育教材

化工仪表与过程控制

（工作页）

崔帅 高波 王新 · 主编

化学工业出版社

·北京·

项目一　YB2000B 化工自动化仪表实训装置的调控

装置简介

YB2000B 化工自动化仪表实训装置是根据自动化及相近专业的教学特点和学生培养目标，结合国内外最新科技动态而推出的集智能仪表技术、计算机技术、通信技术、自动控制技术于一体的普及型多功能实验装置。装置可应用于化工仪表与过程控制课程的实验教学，采用多种控制方案对温度、压力、流量、液位等过程参数进行控制，同时让学生熟悉主流的工业控制产品，并具备一定操作、选型、设计能力，为就业时迅速进入角色打下基础。

YB2000B 化工自动化仪表实训装置选用的是 C3000 过程控制器。在实时数显画面中，根据组态的不同，最多可同时显示 8 路不同的数据。实时棒图和数显画面中，每一路输入信号都有单独的实时报警提示。C3000 过程控制器具有 320×234 点阵 256 色显示，采用 32M NAND Flash 作为历史数据的存储介质，还可通过 CF 卡将组态设置和历史数据保存在计算机或其他设备中，将所需要的数据永久保存。

实训装置包括两个独立的水路动力系统，其中一个回路由水泵、电动调节阀、电磁流量计组成，另一个回路由变频器直接调节水泵功率来调节流量。可以完成单回路流量控制实验、流量比值控制实验。

实训装置提供一组有机玻璃双容水箱，每个水箱都装有液位变送器。因此系统可以完成多种方式下的液位、流量及其组合实验，如：单容水箱液位特性测试实验、单回路液位控制实验、不同干扰方式下液位控制实验、液位和流量的串级控制实验。

实训装置配备一个加热水箱，加热水箱通过 Pt100 热电阻来检测温度，由可控硅控制电加热管提供可调热源，系统可以完成多种温度相关实验，如：单容水箱温度特性测试实验、不同水流状态温度位式控制实验、不同水流状态温度单回路 PID 控制实验。装置管道及仪表流程图如下：

【工作情境】

你作为一名石油化工技术专业的毕业生，进入一家石油化工企业工作，经过为期一个月的厂级安全培训和一周的车间级安全培训，被分配到 YB2000B 过程控制车间工作。该车间主要工作任务是对压力、温度、流量、液位等工艺参数进行调控，保证车间的正常生产与运行。

YB2000B化工自动化仪表实训装置管道及仪表流程图

代号	名称	代号	名称	代号	名称
T103	3#水槽	P103	3#进料泵	V08 V09	回水开关阀	FV101	电动执行机构
T102	2#水槽	V02	1#进料泵	V11	水位排水阀	FT102	涡轮流量计
T101	1#水槽	FT101	调节回路开关阀	U101	中度流量计	LI102	涡轮变送器
V01 V06	V04 V05 V06	给水回路手动开关阀	涡轮变送器	FGS-T	干扰变送器
V03	手动开关阀	U10	电磁阀	KA101	电加热装置
	旁通回路手动开关阀		溢流控制回路手动开关阀	H101	

工作任务 1	姓名：	班级：
调控 1 号水箱的液位	总成绩：	页码范围：

工作任务 1　调控 1 号水箱的液位

【任务描述】

　　进入车间后，你接到的第一个任务就是熟悉该车间的工艺流程，掌握车间有哪些设备、仪表以及自动控制系统。最后，要能独立绘制出该车间的管道及仪表流程图。在石油化工生产过程中，一般来说，都需要对液位进行检测和控制，以保证生产的正常连续运行，确保产品质量。在该装置中，为了确保生产的正常运行，需要调控 1 号水箱的液位，首先进行 1 号水箱液位的手动调节，待液位稳定后，切换到 1 号水箱液位的自动控制，在此过程中，练习水箱液位手动控制到自动控制的无扰动切换。

【任务提示】

一、工作方法

　　独立完成"信息"工作页内容。

　　独立完成"计划"工作页内容。

　　小组合作完成"决策"工作页内容，并选择最优的工作方案。

　　小组合作完成"实施"工作页内容。实施过程严格按"决策"中 1 号水箱液位的调控方案进行，仔细思考，认真观察，做好工作记录。

　　完成"检查评价"工作页内容，学生完成"学生自评"内容，教师完成"教师评价"内容。

　　在实施过程中，对于出现的问题，请先自行解决。如确实无法解决，再寻求教师的帮助。

　　进行工作总结，完成"总结与提高"部分内容。

二、工作内容

　　观察现场实训装置，找出装置中的设备及仪表。

　　确定该套装置的工艺流程。

　　绘制该装置的管道及仪表流程图。

　　开启实训装置。

　　确定 1 号水箱液位的控制方案。

　　调控 1 号水箱液位。

三、知识储备

　　化工识图、制图。

　　泵的作用。

　　执行器的作用。

　　自动控制系统的组成。

　　自动控制系统方块图。

　　差压式液位计的工作原理。

　　控制器的输入输出信号。

四、安全与环保知识

进入实训室穿着工服，禁止打闹。

禁止打开实训装置的柜门。

读懂实训室内的安全标识并遵照执行。

实验结束后及时关闭实训装置。

【工作过程】

一、信息

得分：　　／20

完成本任务前，需要掌握一些必要的信息，请回答以下问题，完成任务信息的收集工作。

1. 如果按被控变量来分类，自动控制系统可以分为哪几类？

2. 要向 1 号水箱注水，有哪几种操作方案？

3. 要向 2 号水箱注水，有哪几种操作方案？

4. 要对 1 号水箱的液位实施自动控制，使其稳定在 25cm，请你写出该液位控制系统的被控对象、被控变量、操纵变量分别是什么？

5. 请在下方画出简单控制系统的方框图。

6. 在自动控制系统中，变送器的作用是什么？

7. 什么是标准信号？当前通用的标准信号有哪些？

8. 常用的液位检测仪表有哪几种？写出它们的主要结构及测量原理。

二、计划　　　　　　　　　　　　　　　　　　得分：　　/20

小组分工					
班级				日期	
岗位分工	组长	工程师	内操员工	外操员工	数据记录员
姓名					

1. 实训装置有哪些设备？请完成下表。

序号	设备名称	备注

2. 实训装置有哪些仪表？请填入下表。

序号	仪表名称	仪表功能	仪表图形符号示例

3. 写出 1 号水箱液位控制系统的被控对象、被控变量、执行器，完成表格。

装置部分	控制回路
	被控变量
压力式液位变送器	
	被控对象
	执行单元

4. 小组讨论，要手动调控 1 号水箱的液位，有几种控制方案。

5. 小组讨论，要自动调控 1 号水箱的液位，请写出控制方案。

三、决策

得分： /20

以小组为单位进行讨论，请确定水箱液位的控制方案。

四、实施

得分： /30

以小组为单位进行讨论，确定 1 号水箱液位的调控方案。

1. 打开 1 号水箱进水阀，主管路泵阀，将其出水阀打开至_____。

2. 控制系统连线：控制系统有 1～8 八个显示通道，可任选其中一个通道来显示液位；有 1～4 四个控制通道，可任选其中一个通道来进行液位控制。可以将 1 号水箱的液位信号送至 C3000 过程控制器模拟量输入通道 1，将模拟量输出通道 12 的信号送至电动调节阀，打开控制台及实训装置_____开关。

3. 仪表的组态：点击 menu，选择_____登录，输入输出，模拟量_____，输入信号为 1～5V 电压信号，液位的量程范围为_____，输出信号为_____电流信号，量程范围为_____。设置好后进入控制回路，选 PID 控制，PID 通道，进行控制回路 PID01 的设置，测量值 PV 设为_____，高级设置中，SV 和 MV 设置为 0，A/M 预设值设置为_____，SV 跟踪测量值设置为是，故障 MV 输出设置为预设值。其余默认即可，量程_____。设置完成后按 menu 启用组态。

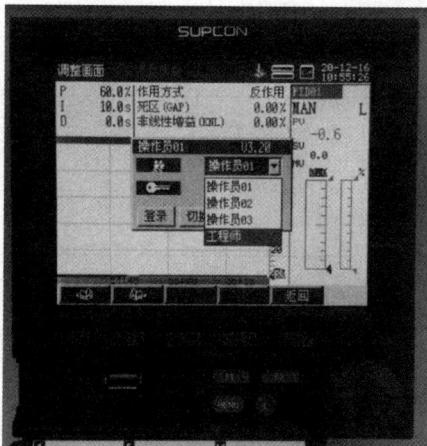

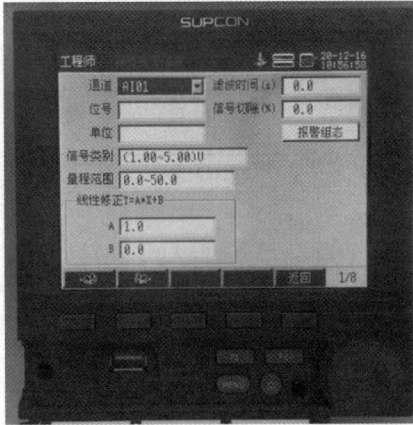

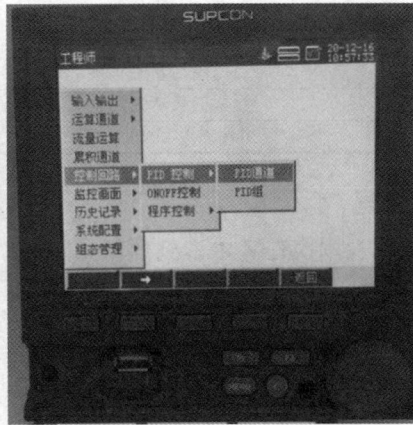

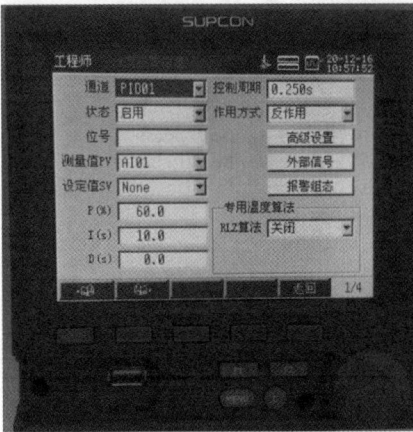

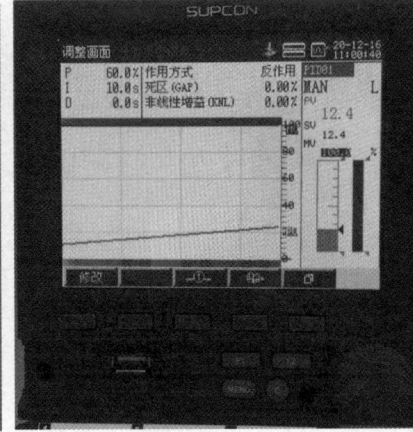

4. 按"旋转轮"切换进入调整画面，将控制器设置为手动。长按调整画面下的 A/M 按钮，即可进行手动和自动切换。

5. 打开 1 号水泵，通过改变 MV 的数值来控制液位，手动调控液位，设定一个阀门的初始开度，切换至监控画面，观察液位变化，当液位趋于平衡时，将阀门开度、液位高度及液位稳定所用时间填入下表，再次改变电动控制阀的开度，同时将相应数据记录在下表内。

阀门开度	10%	20%	30%	35%
液位高度/cm				
时间/min				

6. 在出水阀开度不变的情况下，手动控制液位在 15cm、20cm、25cm，记录电动控制阀的开度、液位实际高度。

阀门开度			
液位高度/cm			

五、检查评价　　　　　　　　　　　　　　　　　　　　得分：　　　/10

学生完成自我评价部分，教师完成教师评价部分，若学生评价和教师评价不相符，则得 0 分。评价部分填"0"或者"1"，符合检查项目要求填"1"，不符合填"0"。

序号	检查项目	学生自评	教师评价	备注
1	遵守工作纪律			
2	控制系统组态正确			
3	现场阀门状态正确			
4	数据记录清晰完整			
5	工作态度积极、认真			

【总结与提高】

1. 总结你在本次任务中学到的新知识。

2. 总结你在本次任务中掌握的新技能。

3. 对自己在本次工作任务中的表现是否满意。

| 工作任务 2 | 姓名： | 班级： |
| 调控 2 号水箱的温度 | 总成绩： | 页码范围： |

工作任务 2　调控 2 号水箱的温度

【任务描述】

在多数化工生产过程中，温度的测量与控制，是确保生产的正常与安全运行的主要环节，也对产品产量和质量的提高有很大影响。在该装置中，为了确保生产的正常运行，需要调控 2 号水箱的温度，首先进行 2 号水箱温度的手动调节，待液位稳定后，切换到 2 号水箱温度的自动控制，在此过程中，练习水箱温度手动控制到自动控制的无扰动切换。

【任务提示】

一、工作方法

独立完成"信息"工作页内容。

独立完成"计划"工作页内容，并以小组为单位，讨论工作步骤的优缺点。

小组合作完成"决策"工作页内容，并选择最优的工作方案。

小组合作完成"实施"工作页内容。实施过程严格按"决策"中 2 号水箱温度的调控方案进行，仔细思考，认真观察，做好工作记录。

完成"检查评价"工作页内容，学生完成"学生自评"内容，教师完成"教师评价"内容。

在实施过程中，对于出现的问题，请先自行解决。如确实无法解决，再寻求教师的帮助。

进行工作总结，完成"总结与提高"部分内容。

二、工作内容

开启实训装置。

确定 2 号水箱温度的控制方案。

调控 2 号水箱温度。

三、知识储备

自动控制系统的组成及工作原理。

温度测量仪表的种类及工作原理。

控制器的输入输出信号。

四、安全与环保知识

进入实训室穿着工服，禁止打闹。

禁止打开实训装置的柜门。

在实验过程中，严禁触碰加热设备。

读懂实训室内的安全标识并遵照执行。

实验结束后及时关闭实训装置。

【工作过程】

一、信息

完成本任务前，需要掌握一些必要的信息，请回答以下问题，完成任务信息的收集工作。

1. 按工作原理的不同，温度测量仪表可以分为哪几大类？

2. 热电偶温度计有哪几种？写出其分度号。

3. 请写出常用的几种温度测量仪表的结构及工作原理。

4. 请写出什么是被控变量与操纵变量。

5. 要给 2 号水箱加阶跃干扰，你要如何来做？

6. 在自动控制系统中，控制器的输入和输出分别是什么？

7. 写出热电偶温度计冷端温度补偿的原因，热电偶温度计冷端温度补偿的方法有哪些？

二、计划

得分：　　/20

小组分工					
班级				日期	
岗位分工	组长	工程师	内操员工	外操员工	数据记录员
姓名					

1. 依据2号水箱温度控制系统，完成下面表格。

装置部分	控制回路
温度	
	测量元件及变送器
2号水箱	
	执行单元
	操纵变量

2. 小组讨论，要手动调控2号水箱的温度，有几种控制方案。

3. 小组讨论，要自动调控2号水箱的温度，请写出控制方案。

4. 请具体说明2号水箱温度控制系统中控制器的输入信号和输出信号分别是什么。

三、决策

得分：　　/20

以小组为单位进行讨论，确定2号水箱温度的调控方案。

1. 打开主管路泵阀，打开1号水泵，2号水箱进水阀，将其出水阀打开至________。使循环水流量恒定，约1.5L/min。使液位保持在17cm处稳定。

2. 控制系统连线：可以将2号水箱的温度信号送至C3000过程控制器模拟量输入通道1，将模拟量输出通道12的信号送至调压模块调节加热功率，打开控制台及实训装置________开关。

3. 仪表的组态：点击menu，选择________登录，输入输出，模拟量________，输入信号为1～5V电压信号，温度的量程范围为________，输出信号为________电流信号，量程范围为________。设置好后进入控制回路，选PID控制，PID通道，进行控制回路PID01的设置，测量值PV设为________，高级设置中，SV和MV设置为0，A/M预设值设置为________，SV跟踪测量值设置为是，故障MV输出设置为预设值。其余默认即可，量程________。设置完成后按menu启用组态。

4. 按“旋转轮”切换进入调整画面，将控制器设置为手动。长按调整画面下的A/M按钮，即可进行手动和自动切换。

5. 打开加热开关，通过改变MV的数值来控制温度，手动调控温度，待温度稳定后切换至自动控制，同时记录数据。

四、实施

1. 设定一个调压模块开度，切换至监控画面，观察温度变化，当温度趋于平衡时，将调压模块开度、温度数值及温度稳定所用时间填入下表。

调压模块开度				
温度数值/℃				
时间/min				

2. 将温度控制在 30℃、35℃、40℃，记录调压模块开度、实际温度数值。

调压模块开度			
温度数值/℃			

五、检查评价

学生完成自我评价部分，教师完成教师评价部分，若学生评价和教师评价不相符，则得 0 分。评价部分填 "0" 或者 "1"，符合检查项目要求填 "1"，不符合填 "0"。

序号	检查项目	学生自评	教师评价	备注
1	遵守工作纪律			
2	控制系统组态正确			
3	现场阀门状态正确			
4	数据记录清晰完整			
5	工作态度积极、认真			

【总结与提高】

1. 总结你在本次任务中学到的新知识。

2. 总结你在本次任务中掌握的新技能。

3. 相比较于液位的调控，温度的调控有哪些特点？

工作任务 3	姓名：	班级：
测试 1 号水箱的液位特性	总成绩：	页码范围：

工作任务 3 测试 1 号水箱的液位特性

【任务描述】

　　系统的控制质量与组成系统的每一个环节的特性都有密切的关系，特别是被控对象的特性对控制质量的影响很大。因此本次工作任务着重研究被控对象的特性，研究 YB2000B 化工自动化仪表实训装置中，1 号水箱的液位特性。

【任务提示】

一、工作方法

　　独立完成"信息"工作页内容。

　　独立完成"计划"工作页内容。

　　小组合作完成"决策"工作页内容，并选择最优的工作方案。

　　小组合作完成"实施"工作页内容。实施过程严格按"决策"中 1 号水箱液位特性测试的方案进行，仔细思考，认真观察，做好工作记录。

　　完成"检查评价"工作页内容，学生完成"学生自评"内容，教师完成"教师评价"内容。

　　在实施过程中，对于出现的问题，请先自行解决。如确实无法解决，再寻求教师的帮助。

　　进行工作总结，完成"总结与提高"部分内容。

二、工作内容

　　开启实训装置。

　　组建 1 号水箱的液位控制回路。

　　记录 1 号水箱液位的变化规律。

　　确定 1 号水箱的液位特性参数。

三、知识储备

　　液位检测仪表的种类及工作原理。

　　阶跃干扰的概念。

　　被控对象的输入信号和输出信号。

　　被控对象数学模型的建立。

　　描述被控对象特性的参数（放大系数、时间常数、滞后时间）。

　　控制器的输入输出信号。

四、安全与环保知识

　　进入实训室穿着工服，禁止打闹。

　　禁止打开实训装置的柜门。

　　读懂实训室内的安全标识并遵照执行。

　　实验结束后及时关闭实训装置。

【工作过程】　　　　　　　　　　　　　　　　　　　　　　　　得分：　　　/15

一、信息

完成本任务前，需要掌握一些必要的信息，请回答以下问题，完成任务信息的收集工作。

1. 请写出描述对象特性的三个参数分别是什么？说明它们的意义。

2. 被控对象的输入信号和输出信号分别是什么？

3. 请写出通道、控制通道、干扰通道的概念。

4. 请写出什么是控制系统的静态，什么是控制系统的动态。

二、计划　　　　　　　　　　　　　　　　　　　　　　　　　得分：　　　/15

小组分工					
班级				日期	
岗位分工	组长	工程师	内操员工	外操员工	数据记录员
姓名					

1. 小组讨论，如何求 1 号水箱液位的放大系数。

2. 小组讨论，如何求 1 号水箱液位的时间常数。

3. 小组讨论，如何确定 1 号水箱液位的滞后时间。

4. 请具体说明 1 号水箱液位控制系统各个环节的输入信号和输出信号分别是什么。

环节	输入信号	输出信号

三、决策　　　　　　　　　　　　　　　得分：　　　/20

以小组为单位进行讨论，确定 1 号水箱液位特性的测试方法及步骤。

1. 打开 1 号水箱进水阀，将其出水阀打开至适当开度（适当开度很重要，关系到实验的成功与否）。

2. 控制系统连线：可以将 1 号水箱的_____信号送至 C3000 过程控制器模拟量_____，将_____的信号送_____，打开控制台及实训装置_____开关。

3. 仪表的组态：请进行仪表的组态，将步骤写于下方。

4. 按"旋转轮"切换进入调整画面，将控制器设置为手动。

四、实施　　　　　　　　　　　　　　　得分：　　　/40

1. 打开 1 号水泵，首先设定一个初始阀门开度，如 10%（此开度关系到实验的成功与否，可自行设置）；切换至监控画面，观察液位变化，当液位趋于平衡时，将阀门开度及液位高度填入下表。

阀门开度(输出值)	液位高度/mm

2. 进入调节画面，改变阀门开度，如 25%（此步骤相当于给液位控制系统加了一个阶跃干扰），记录阶跃响应的过程参数，填入下表，依据此数据绘制液位自动控制系统在阶跃干扰作用下的过渡过程曲线。

t/s											
h/mm											
t/s											
h/mm											
t/s											
h/mm											

3. 切换至监控画面，观察液位变化，当液位趋于平衡时，将阀门开度及液位高度填入下表。

阀门开度(输出值)	液位高度/mm

4. 进入调节画面，将阀门开度改回步骤 1 的阀门开度，如 10%，记录阶跃响应的过程参数，填入下表。

t/s								
h/mm								
t/s								
h/mm								
t/s								
h/mm								

5. 可重复上述实验步骤。

6. 根据以上数据，绘制水箱液位自动控制系统的阶跃响应曲线。

7. 根据以上数据，求出水箱液位自动控制系统的放大系数、时间常数、滞后时间。

五、检查评价
得分：　　/10

学生完成自我评价部分，教师完成教师评价部分，若学生评价和教师评价不相符，则得0分。评价部分填"0"或者"1"，符合检查项目要求填"1"，不符合填"0"。

序号	检查项目	学生自评	教师评价	备注
1	遵守工作纪律			
2	阶跃信号选择适当			
3	实验过程无操作失误			
4	数据记录清晰完整			
5	工作态度积极、认真			

【总结与提高】

1. 总结你在本次任务中学到的新知识。

2. 总结你在本次任务中掌握的新技能。

3. 1号水箱出水阀门的开度是否可以改变，为什么？

工作任务 4	姓名：	班级：
测试 2 号水箱的温度特性	总成绩：	页码范围：

工作任务 4　测试 2 号水箱的温度特性

【任务描述】

在测试了 1 号水箱的液位特性的基础上，继续研究被控对象的特性。研究 YB2000B 化工自动化仪表实训装置中，2 号水箱的温度特性。

【任务提示】

一、工作方法

独立完成"信息"工作页内容。

独立完成"计划"工作页内容。

小组合作完成"决策"工作页内容，并选择最优的工作方案。

小组合作完成"实施"工作页内容。实施过程严格按"决策"中 2 号水箱温度特性测试的方案进行，仔细思考，认真观察，做好工作记录。

完成"检查评价"工作页内容，学生完成"学生自评"内容，教师完成"教师评价"内容。

在实施过程中，对于出现的问题，请先自行解决。如确实无法解决，再寻求教师的帮助。

进行工作总结，完成"总结与提高"部分内容。

二、工作内容

开启实训装置。

组建 2 号水箱的温度特性。

记录 2 号水箱温度的变化规律。

确定 2 号水箱的温度特性参数。

三、知识储备

温度测量仪表的种类及工作原理。

阶跃干扰的概念。

被控对象的输入信号和输出信号。

被控对象数学模型的建立。

描述被控对象特性的参数（放大系数、时间常数、滞后时间）。

控制器的输入输出信号。

四、安全与环保知识

进入实训室穿着工服，禁止打闹。

禁止打开实训装置的柜门。

在实验过程中，严禁触碰加热设备。

读懂实训室内的安全标识并遵照执行。

实验结束后及时关闭实训装置。

【工作过程】

一、信息

得分： /10

完成本任务前，需要掌握一些必要的信息，请回答以下问题，完成任务信息的收集工作。

1. 请写出放大系数的意义。

2. 请写出时间常数的意义。

3. 请写出滞后时间对控制系统的影响。

4. 请写出引起对象容量滞后和纯滞后的原因。

二、计划

得分： /10

小组分工					
班级				日期	
岗位分工	组长	工程师	内操员工	外操员工	数据记录员
姓名					

1. 小组讨论，2号水箱温度控制系统可能出现的干扰有哪些。

2. 请具体说明2号水箱温度控制系统各个环节的输入信号和输出信号分别是什么。

环节	输入信号	输出信号

三、决策

以小组为单位进行讨论，确定 2 号水箱温度特性的测试方法及步骤。

1. 控制系统连线：可以将 2 号水箱的_____信号送至 C3000 过程控制器模拟量_____，将_____的信号送_____，打开控制台及实训装置_____开关。

2. 仪表的组态：请进行仪表的组态，将步骤写于下方。

四、实施

1. 完成决策部分的操作。

2. 打开主管路泵阀，打开 1 号水泵，2 号水箱进水阀，将其出水阀打开至_____。使循环水流量恒定，约 1.5L/min。使液位保持在 17cm 处稳定。

3. 按"旋转轮"切换进入调整画面，将控制器设置为手动。

4. 首先设定一个初始调压模块开度，如 30%；切换至监控画面，观察水温变化，当水温趋于平衡时，将调压模块开度及水温数值填入下表。

调压模块开度（输出值）	水温/℃

5. 进入调节画面，改变调压模块开度，如 50%，记录阶跃响应的过程参数，填入下表，依据此数据绘制水箱温度自动控制系统在阶跃干扰作用下的过渡过程曲线。

t/s										
$T/℃$										
t/s										
$T/℃$										
t/s										
$T/℃$										

6. 切换至监控画面，观察温度变化，当温度趋于平衡时，将调压模块开度及温度数值填入下表。

调压模块开度（输出值）	水温/℃

7. 进入调节画面，将调压模块开度改回步骤 1 的模块开度，如 30%，记录阶跃响应的过程参数，填入下表。

t/s										
$T/℃$										
t/s										
$T/℃$										
t/s										
$T/℃$										

8. 可重复上述实验步骤。

9. 根据以上数据，绘制加热水箱温度自动控制系统的阶跃响应曲线。

10. 根据以上数据，求出加热水箱温度自动控制系统的放大系数、时间常数、滞后时间。

五、检查评价

得分：　　　/10

学生完成自我评价部分，教师完成教师评价部分，若学生评价和教师评价不相符，则得0分。评价部分填"0"或者"1"，符合检查项目要求填"1"，不符合填"0"。

序号	检查项目	学生自评	教师评价	备注
1	遵守工作纪律			
2	阶跃信号选择适当			
3	实验过程无操作失误			
4	数据记录清晰完整			
5	工作态度积极、认真			

【总结与提高】

1. 总结你在本次任务中学到的新知识。

2. 总结你在本次任务中掌握的新技能。

3. 温度系统产生滞后的原因是什么？

工作任务 5	姓名：	班级：
1 号水箱液位的 PID 控制	总成绩：	页码范围：

工作任务 5　1号水箱液位的 PID 控制

【任务描述】

　　控制器在控制系统中的作用是至关重要的，它是自动控制系统的核心，起到调节控制作用。自动控制仪表中控制规律的选择直接影响自动控制系统的控制作用，使用 YB2000B 化工自动化仪表实训装置，对 1 号水箱液位自动控制系统进行 PID 控制，熟悉控制规律的选择方法。

【任务提示】

一、工作方法

　　独立完成"信息"工作页内容。

　　独立完成"计划"工作页内容。

　　小组合作完成"决策"工作页内容，并选择最优的工作方案。

　　小组合作完成"实施"工作页内容。实施过程严格按"决策"中 1 号水箱液位的 PID 控制方案进行，仔细思考，认真观察，做好工作记录。

　　完成"检查评价"工作页内容，学生完成"学生自评"内容，教师完成"教师评价"内容。

　　在实施过程中，对于出现的问题，请先自行解决。如确实无法解决，再寻求教师的帮助。

　　进行工作总结，完成"总结与提高"部分内容。

二、工作内容

　　开启实训装置。

　　组建 1 号水箱液位的控制回路。

　　记录液位自动控制系统不同控制器参数下的特性数据。

　　确定 1 号水箱液位控制器的 P、I、D 数值，绘制过渡过程曲线。

三、知识储备

　　液位检测仪表的种类及工作原理。

　　控制器的输入输出信号。

　　阶跃干扰的概念。

　　被控对象的输入信号和输出信号。

　　控制器的基本控制规律。

　　比例度对比例控制作用的影响。

　　积分时间对积分控制作用的影响。

　　微分时间对微分作用的影响。

　　过渡过程的概念。

　　自动控制系统在阶跃干扰作用下过渡过程的形式。

　　过渡过程的品质指标。

四、安全与环保知识

进入实训室穿着工服，禁止打闹。

禁止打开实训装置的柜门。

读懂实训室内的安全标识并遵照执行。

实验结束后及时关闭实训装置。

【工作过程】

一、信息

得分： /15

完成本任务前，需要掌握一些必要的信息，请回答以下问题，完成任务信息的收集工作。

1. 请绘制自动控制系统的方框图。

2. 请写出控制器的基本控制规律。

3. 请写出比例度对比例控制作用的影响。

4. 请写出积分时间对积分控制作用的影响。

5. 请写出微分时间对微分控制作用的影响。

二、计划

得分： /15

小组分工				
班级			日期	
岗位分工	组长	工程师	内操员工	外操员工	数据记录员
姓名					

1. 小组讨论，如何用临界比例度法整定调节器的参数。

2. 小组讨论，如何做到控制器手自动的无扰动切换。

3. 小组讨论，在实验过程中有哪些注意事项。

4. 小组讨论，如果只需要比例控制系统，那么积分时间和微分时间应如何设置。

三、决策　　　　　　　　　　　　　　　　　　得分：　　/20

以小组为单位进行讨论，确定 1 号水箱液位 PID 控制的方法及步骤。

1. 打开 1 号水箱进水阀，将其出水阀打开至适当开度（适当开度很重要，关系到实验的成功与否）。

2. 控制系统连线：在下方写出控制系统的连线方法。

3. 打开控制台及实训装置_____开关。
仪表的组态：请进行仪表的组态，将步骤写于下方。

4. 按"旋转轮"切换进入调整画面，将控制器设置为手动。

四、实施　　　　　　　　　　　　　　　　　　得分：　　/40

1. 打开 1 号水泵，首先设定一个初始阀门开度，如_____（此开度关系到实验的成功与否，可自行设置）；切换至监控画面，观察液位变化，当液位趋于平衡时，进行下一步操作。P、I、D 数值更改的方法：按"旋转轮"切换进入调整画面，单击画面最下面一行图标最右边的按钮进行切换，点击修改则可以修改 P、I、D 的数值。

2. 比例调节（P 调节）

（1）设定给定值，将积分时间 I 设置为_____，把微分时间 D 设置为_____，调整 P。待液位_____，点击状态切换按钮，将控制器投入自动运行。

（2）待系统稳定后，记录液位数值，对系统加扰动信号（在纯比例的基础上加扰动，一般可通过改变设定值实现）。记录曲线在经过几次波动稳定下来后，系统有稳态误差，并记录余差大小，同时记录 P 的数值。

（3）减小 P 重复步骤 2，观察过渡过程曲线，并记录余差大小。

（4）增大 P 重复步骤 2，观察过渡过程曲线，并记录余差大小。

（5）不断地增大或减小 P，重复步骤 2 的操作，得到多条过渡过程曲线，选择合适的 P，得到较满意的过渡过程曲线。

P 数值										
液位给定值										
液位稳定值										
余差										
第一个波峰或波谷数值										
第二个波峰或波谷数值										
衰减比										

3. 比例积分调节（PI 调节）

（1）在比例调节实验的基础上，加入积分作用，观察被控变量是否能回到设定值，以验证 PI 控制下，系统对阶跃扰动无_____存在。设定给定值，把微分时间 D 置为_____，调整 P、I。待液位平衡后点击状态切换按钮，将控制器投入运行。

（2）固定比例调节的 P 值（中等大小）为_____，改变 PI 调节器的积分时间数值，然后观察加阶跃扰动后被控变量的输出波形，并填写下表，记录数据。

I 数值							
液位给定值							
超调量							
第一个波峰或波谷数值							
第二个波峰或波谷数值							
衰减比							

（3）固定积分调节的 I 值（中等大小）为_____，然后改变 P 的大小，观察加扰动后被控变量输出的动态波形，并填写下表，记录数据。

P 数值							
液位给定值							
超调量							
第一个波峰或波谷数值							
第二个波峰或波谷数值							
衰减比							

（4）选择合适的 P 和 I 值，使系统对阶跃输入扰动的输出响应为一条较满意的过渡过程曲线（衰减比接近 4∶1）。

4. 比例积分微分调节（PID 调节）

（1）在 PI 调节器控制实验的基础上，引入适量的微分作用，然后加上与前面实验幅值完全相等的扰动，记录系统被控变量响应的动态曲线，并与 PI 控制下的曲线相比较，由此可看到微分对系统性能的影响。

（2）设定给定值，调整 P、I、D。待液位平衡后点击状态切换按钮，将控制器投入运行。

（3）在历史曲线中选择一条较满意的过渡过程曲线进行记录，绘制在下方，并标示出 PID 的数值。

五、检查评价　　　　　　　　　　　　　　　　得分：　　/10

学生完成自我评价部分，教师完成教师评价部分，若学生评价和教师评价不相符，则得0 分。评价部分填"0"或者"1"，符合检查项目要求填"1"，不符合填"0"。

序号	检查项目	学生自评	教师评价	备注
1	遵守工作纪律			
2	P、I、D 数值选择适当			
3	实验过程无操作失误			
4	数据记录清晰完整			
5	工作态度积极、认真			

【总结与提高】

1. 总结你在本次任务中学到的新知识。

2. 总结你在本次任务中掌握的新技能。

3. 如何减小或消除余差？用纯比例控制系统是否可以消除余差？

工作任务 6	姓名：	班级：
2 号水箱温度的 PID 控制	总成绩：	页码范围：

工作任务 6　2 号水箱温度的 PID 控制

【任务描述】

使用 YB2000B 化工自动化仪表实训装置，对 2 号水箱的温度进行 PID 控制，进一步熟悉控制规律的选择方法，掌握控制器参数对控制质量的影响。

【任务提示】

一、工作方法

独立完成"信息"工作页内容。

独立完成"计划"工作页内容。

小组合作完成"决策"工作页内容，并选择最优的工作方案。

小组合作完成"实施"工作页内容。实施过程严格按"决策"中 2 号水箱温度 PID 控制的方法和步骤进行，仔细思考，认真观察，做好工作记录。

完成"检查评价"工作页内容，学生完成"学生自评"内容，教师完成"教师评价"内容。

在实施过程中，对于出现的问题，请先自行解决。如确实无法解决，再寻求教师的帮助。

进行工作总结，完成"总结与提高"部分内容。

二、工作内容

开启实训装置。

组建 2 号水箱温度的控制回路。

记录温度自动控制系统不同控制器参数下的特性数据。

确定 2 号水箱温度控制器的 P、I、D 数值，绘制过渡过程曲线。

三、知识储备

温度测量仪表的种类及工作原理。

控制器的输入输出信号。

阶跃干扰的概念。

控制器的基本控制规律。

过渡过程的概念。

自动控制系统在阶跃干扰作用下过渡过程的形式。

过渡过程的品质指标。

比例度对控制系统过渡过程的影响。

积分时间对控制系统过渡过程的影响。

微分时间对控制系统过渡过程的影响。

四、安全与环保知识

进入实训室穿着工服，禁止打闹。

禁止打开实训装置的柜门。

读懂实训室内的安全标识并遵照执行。

实验结束后及时关闭实训装置。

【工作过程】

一、信息

得分： /20

完成本任务前，需要掌握一些必要的信息，请回答以下问题，完成任务信息的收集工作。

1. 控制器参数在选择时要注意什么问题？

2. 为什么积分控制规律一般不单独使用？

3. 在控制系统中，为什么不单独使用微分控制规律？

4. 比例积分微分三作用控制器有什么特点？

5. 阶跃干扰的概念是什么？要给1号水箱加阶跃干扰，你要如何来做？

6. 控制器中，PV、SV、MV 表示什么？

7. 请写出控制器参数整定的临界比例度法。

二、计划

得分： /10

小组分工					
班级				日期	
岗位分工	组长	工程师	内操员工	外操员工	数据记录员
姓名					

1. 小组讨论，在实验过程中有哪些注意事项。

2. 小组讨论，设计实训方案。

三、决策
得分： /20

以小组为单位进行讨论，确定2号水箱温度PID控制的方法及步骤。

1. 控制系统连线：在下方写出控制系统的连线方法。

2. 打开控制台及实训装置＿＿＿＿＿＿＿＿开关。

仪表的组态：请进行仪表的组态，将步骤写于下方。

四、实施
得分： /40

1. 完成决策部分的操作

2. 打开主管路泵阀，打开1号水泵及2号水箱进水阀，将其出水阀打开至＿＿＿＿＿＿，使循环水流量恒定，约1.5L/min，使液位保持在17cm处稳定。

3. 按"旋转轮"切换进入调整画面，将控制器设置为手动。

4. 打开加热开关，首先设定一个初始调压模块开度，如＿＿＿＿＿＿；切换至监控画面，观察水温变化，当水温趋于平衡时，进行下一步操作。

5. 用临界比例度法整定控制器参数

（1）设定给定值，将积分时间I设置为＿＿＿＿＿＿，把微分时间D设置为＿＿＿＿＿＿，调整P。待温度＿＿＿＿＿＿，点击状态切换按钮，将控制器投入自动运行。

（2）待系统稳定后，记录温度数值。从大到小逐渐改变控制器的比例度，每次改变比例度的同时，对系统施加扰动信号，直到系统呈现等幅振荡的过渡过程。记录此时的比例度为临界比例度 δ_K ＿＿＿＿＿＿，周期为临界振荡周期 T_K ＿＿＿＿＿＿。

（3）将实验得到的临界比例度 δ_K、临界振荡周期 T_K 代入临界比例度法参数计算公式中，并将求得的数值填入下表中。

控制作用	比例度/%	积分时间 T_I/min	微分时间 T_D/min
比例			
比例积分			
比例微分			
比例积分微分			

6. 将上一步骤求得的比例度、积分时间、微分时间输入控制器中，分别用比例控制器、比例积分控制器、比例微分控制器、比例积分微分控制器来控制2号水箱的温度，人为施加

相同的阶跃扰动作用，观察几种控制器的控制作用，将阶跃扰动作用下控制系统过渡过程曲线绘制在下方。

比例控制器	比例积分控制器
比例微分控制器	比例积分微分控制器

7. 根据步骤 6 中的阶跃作用下过渡过程曲线，调整比例度、积分时间、微分时间的数值，使过渡过程曲线呈现 4：1 衰减振荡过渡过程。将调整后的比例度、积分时间、微分时间的数值填入下表中。

控制作用	比例度/%	积分时间 T_I/min	微分时间 T_D/min
比例			
比例积分			
比例微分			
比例积分微分			

五、检查评价

得分： /10

学生完成自我评价部分，教师完成教师评价部分，若学生评价和教师评价不相符，则得 0 分。评价部分填 "0" 或者 "1"，符合检查项目要求填 "1"，不符合填 "0"。

序号	检查项目	学生自评	教师评价	备注
1	遵守工作纪律			
2	P、I、D 数值选择适当			
3	实验过程无操作失误			
4	数据记录清晰完整			
5	工作态度积极、认真			

【总结与提高】

1. 总结你在本次任务中学到的新知识。

2. 总结你在本次任务中掌握的新技能。

3. 在控制温度的过程中，最好采用哪种控制系统？

工作任务 7	姓名：	班级：
电磁流量的 PID 控制	总成绩：	页码范围：

工作任务 7　电磁流量的 PID 控制

【任务描述】

使用 YB2000B 化工自动化仪表实训装置，对 1 号水箱的进水流量控制系统进行 PID 控制，熟悉单回路流量控制系统的组成和工作原理。熟悉电磁流量计的工作特点，定性地研究 P、PI 和 PID 调节器的参数对流量控制系统性能的影响。

【任务提示】

一、工作方法

独立完成"信息"工作页内容。

独立完成"计划"工作页内容。

小组合作完成"决策"工作页内容，并选择最优的工作方案。

小组合作完成"实施"工作页内容。实施过程严格按"决策"中电磁流量 PID 控制方案进行操作，仔细思考，认真观察，做好工作记录。

完成"检查评价"工作页内容，学生完成"学生自评"内容，教师完成"教师评价"内容。

在实施过程中，对于出现的问题，请先自行解决。如确实无法解决，再寻求教师的帮助。

进行工作总结，完成"总结与提高"部分内容。

二、工作内容

开启实训装置。

组建电磁流量的控制回路。

记录流量自动控制系统不同控制器参数下的特性数据。

确定流量控制器的 P、I、D 数值，绘制过渡过程曲线。

三、知识储备

流量检测仪表的种类及工作原理。

电磁流量计的工作特点。

控制器的输入输出信号。

阶跃干扰的概念。

控制器的基本控制规律。

过渡过程的概念。

自动控制系统在阶跃干扰作用下过渡过程的形式。

过渡过程的品质指标。

比例度对控制系统过渡过程的影响。

积分时间对控制系统过渡过程的影响。

微分时间对控制系统过渡过程的影响。

四、安全与环保知识

进入实训室穿着工服，禁止打闹。

禁止打开实训装置的柜门。

读懂实训室内的安全标识并遵照执行。

实验结束后及时关闭实训装置。

【工作过程】

一、信息　　　　　　　　　　　　　　　　　　　　得分：　　/20

完成本任务前，需要掌握一些必要的信息，请回答以下问题，完成任务信息的收集工作。

1. 流量检测仪表的种类及工作原理。

2. 自动控制系统衰减过渡过程的品质指标有哪几个？

3. 要消除余差，需要使用哪种控制器？

4. 请写出临界比例度法进行参数整定的步骤。

二、计划　　　　　　　　　　　　　　　　　　　　得分：　　/10

小组分工				
班级			日期	
岗位分工	组长	工程师	内操员工	外操员工	数据记录员
姓名					

1. 请具体说明电磁流量自动控制系统各个环节及其输入信号和输出信号分别是什么。

环节	输入信号	输出信号

2. 小组讨论，设计实验方案。

三、决策　　　　　　　　　　　　　　　　　　　　得分：　　/20

以小组为单位进行讨论，确定电磁流量 PID 控制的方法及步骤。

1. 控制系统连线：在下方写出控制系统的连线方法。

2. 打开控制台及实训装置＿＿＿＿＿＿＿＿＿开关。
仪表的组态：请进行仪表的组态，将步骤写于下方。

四、实施
得分：＿＿＿＿/40

1. 打开主管路泵阀，打开1号水泵及2号水箱进水阀，将其出水阀打开至＿＿＿＿＿＿＿。
2. 按"旋转轮"切换进入调整画面，将控制器设置为手动。首先设定一个初始阀门开度＿＿＿＿＿＿，切换至监控画面，观察流量变化，当流量趋于平衡时，进行下一步骤。
3. 用衰减曲线法整定控制器参数
（1）设定给定值，将积分时间I设置为＿＿＿＿＿＿，把微分时间D设置为＿＿＿＿＿＿，调整P。待温度＿＿＿＿＿＿＿＿，点击状态切换按钮，将控制器投入自动运行。
（2）待系统稳定后，记录流量数值。从大到小逐渐改变控制器的比例度，每次改变比例度的同时，对系统施加扰动信号，直到系统呈现4∶1衰减振荡的过渡过程。记录此时的比例度 δ_S ＿＿＿＿＿＿，得出衰减周期 T_S ＿＿＿＿＿＿＿。
（3）将实验得到的比例度 δ_S、衰减周期 T_S 代入衰减曲线法参数计算公式中，并将求得的数值填入下表中。

控制作用	比例度/%	积分时间 T_I/min	微分时间 T_D/min
比例			
比例积分			
比例微分			
比例积分微分			

4. 将上一步骤求得的比例度、积分时间、微分时间输入控制器中，分别用比例控制器、比例积分控制器、比例微分控制器、比例积分微分控制器来控制电磁流量计的流量，人为施加相同的阶跃干扰作用，观察几种控制器的控制作用，将相同阶跃扰动作用下控制系统的过渡过程曲线绘制在下方。

比例控制器	比例积分控制器
比例微分控制器	比例积分微分控制器

5. 根据步骤4中阶跃扰动作用下的过渡过程曲线，调整比例度、积分时间、微分时间的数值，使过渡过程曲线呈现4∶1衰减振荡过渡过程。将调整后的比例度、积分时间、微

分时间的数值填入下表中。

控制作用	比例度/%	积分时间 T_I/min	微分时间 T_D/min
比例			
比例积分			
比例微分			
比例积分微分			

五、检查评价

得分： /10

学生完成自我评价部分，教师完成教师评价部分，若学生评价和教师评价不相符，则得0分。评价部分填"0"或者"1"，符合检查项目要求填"1"，不符合填"0"。

序号	检查项目	学生自评	教师评价	备注
1	遵守工作纪律			
2	P、I、D数值选择适当			
3	实验过程无操作失误			
4	数据记录清晰完整			
5	工作态度积极、认真			

【总结与提高】

1. 总结你在本次任务中学到的新知识。

2. 总结你在本次任务中掌握的新技能。

3. 与温度和液位的调控相比较，流量的调控有哪些特点？

工作任务 8	姓名：	班级：
流量单闭环比值控制	总成绩：	页码范围：

工作任务 8　流量单闭环比值控制

【任务描述】

在化工生产过程中，除了像温度、液位、流量、压力的简单控制之外，还有一些对参数控制要求更高的，简单控制无法满足控制要求的，就需要用到复杂控制。在各种生产过程中，需要将两种物料的流量保持严格的比例关系是比较常见的。使用 YB2000B 化工自动化仪表控制装置，控制主副管路的流量之比为 2∶1。

【任务提示】

一、工作方法

独立完成"信息"工作页内容。

独立完成"计划"工作页内容，并以小组为单位讨论计划的可行性。

小组合作完成"决策"工作页内容，并选择最优的工作方案。

小组合作完成"实施"工作页内容。实施过程严格按"决策"中流量单闭环比值方案进行操作，仔细思考，认真观察，做好工作记录。

完成"检查评价"工作页内容，学生完成"学生自评"内容，教师完成"教师评价"内容。

在实施过程中，对于出现的问题，请先自行解决。如确实无法解决，再寻求教师的帮助。

进行工作总结，完成"总结与提高"部分内容。

二、工作内容

开启实训装置。

组建流量单闭环比值控制回路。

调整流量单闭环比值控制系统的参数值，观察控制系统的过渡过程。

确定流量单闭环比值控制系统的 P、I、D 数值，绘制过渡过程曲线。

三、知识储备

流量检测仪表的种类及工作原理。

电磁流量计和涡轮流量计的工作特点。

比值控制系统的方框图。

比值控制系统在化工企业的应用。

控制器的输入输出信号。

阶跃干扰的概念。

控制器的基本控制规律。

过渡过程的概念。

自动控制系统在阶跃干扰作用下过渡过程的形式。

过渡过程的品质指标。

四、安全与环保知识

进入实训室穿着工服，禁止打闹。

禁止打开实训装置的柜门。

读懂实训室内的安全标识并遵照执行。

实验结束后及时关闭实训装置。

【工作过程】

一、信息

得分：　　／20

完成本任务前，需要掌握一些必要的信息，请回答以下问题，完成任务信息的收集工作。

1. 什么是比值控制系统？

2. 画出单闭环比值控制系统的方框图，并能说明其工作原理。

3. 分析说明单闭环比值控制系统与开环比值控制系统相比，其优点是什么。

4. 请写出单闭环比值控制系统的缺点。

5. 请写出涡轮流量计的工作原理及特点。

二、计划

得分：　　／10

小组分工					
班级				日期	
岗位分工	组长	工程师	内操员工	外操员工	数据记录员
姓名					

小组讨论，根据实训装置，确定主、副控制器，主、副流量，完成下表。

主控制器	副控制器	主流量	副流量

三、决策

得分：　　／20

以小组为单位进行讨论，确定流量单闭环比值控制的方法及步骤。

1. 请写出要打开的阀门及设备。

2. 控制系统连线：在下方写出控制系统的连线方法。

3. 控制系统的组态：请写出控制回路的组态。

PID02 的设置：

PID03 的设置：

4. 查阅资料，确定虚拟通道的设置。

5. 查阅资料，确定常数的设置。

四、实施

得分： /40

1. 打开控制台及实训装置_____开关。打开控制器_____开关。打开_____。

2. 完成决策部分 2~5 的操作。

3. 进入组态画面，设定输入信号为_____电压信号，输出信号为_____电流信号；进入调节画面，将控制器设为_____。先设定一个初始阀门开度，如_____；切换至监控画面，观察流量的变化，当流量趋于平衡时，进行下一步骤。

4. 设定给定值，调整比值系数 K 为_____，参数 P 为_____，I 为_____，D 为_____，待流量稳定后点击状态切换按钮，将控制器投入运行。

5. 记录各参数数值并画出对应的过渡过程曲线。

K-	K-
P-	P-
I-	I-
D-	D-
K-	K-
P-	P-
I-	I-
D-	D-
K-	K-
P-	P-
I-	I-
D-	D-

五、检查评价

得分： /10

学生完成自我评价部分，教师完成教师评价部分，若学生评价和教师评价不相符，则得0分。评价部分填"0"或者"1"，符合检查项目要求填"1"，不符合填"0"。

序号	检查项目	学生自评	教师评价	备注
1	遵守工作纪律			
2	P、I、D数值选择适当			
3	实验过程无操作失误			
4	实验记录清晰完整			
5	工作态度积极、认真			

【总结与提高】

1. 总结你在本次任务中学到的新知识。

2. 总结你在本次任务中掌握的新技能。

3. 在实训过程中，比值器起什么作用？

工作任务 9	姓名：	班级：
水箱液位和电磁流量的串级控制	总成绩：	页码范围：

工作任务 9　水箱液位和电磁流量的串级控制

【任务描述】

在化工生产过程中，当被控对象的滞后较大，干扰比较剧烈、频繁时，采用简单控制系统往往控制质量较差，满足不了工艺上的要求，这时，可采用串级控制系统。通过 YB2000B 化工自动化仪表控制装置，完成 1 号水箱液位和电磁流量的串级控制，进行串级控制系统的投运及参数整定，研究阶跃扰动分别作用在主对象和副对象时对控制系统主变量的影响。

【任务提示】

一、工作方法

独立完成"信息"工作页内容。

独立完成"计划"工作页内容，并以小组为单位讨论计划的可行性。

小组合作完成"决策"工作页内容，并选择最优的工作方案。

小组合作完成"实施"工作页内容。实施过程严格按"决策"中水箱液位和电磁流量的串级控制方案进行操作，仔细思考，认真观察，做好工作记录。

完成"检查评价"工作页内容，学生完成"学生自评"内容，教师完成"教师评价"内容。

在实施过程中，对于出现的问题，请先自行解决。如确实无法解决，再寻求教师的帮助。

进行工作总结，完成"总结与提高"部分内容。

二、工作内容

开启实训装置。

组建水箱液位和电磁流量的串级控制回路。

记录水箱液位和电磁流量串级控制系统不同控制器参数下的特性数据。

确定主、副控制器的 P、I、D 数值，绘制过渡过程曲线。

三、知识储备

流量检测仪表的种类及工作原理。

电磁流量计和涡轮流量计的工作特点。

串级控制系统的方框图。

串级控制系统在化工企业的应用。

控制器的输入输出信号。

阶跃干扰的概念。

控制器的基本控制规律。

过渡过程的概念。

自动控制系统在阶跃干扰作用下过渡过程的形式。

过渡过程的品质指标。

四、安全与环保知识

进入实训室穿着工服，禁止打闹。

禁止打开实训装置的柜门。

读懂实训室内的安全标识并遵照执行。

实验结束后及时关闭实训装置。

【工作过程】

一、信息

得分：　　/20

完成本任务前，需要掌握一些必要的信息，请回答以下问题，完成任务信息的收集工作。

1. 请写出什么是串级控制系统。

2. 请画出串级控制系统的方框图，并能说明其工作原理。

3. 请写出串级控制系统有哪些特点，适合用于哪些场合。

4. 请写出串级控制系统的主回路和副回路分别属于哪种控制系统，为什么？

5. 请写出串级控制系统中主、副控制器的参数整定的两种主要方法。

二、计划

得分：　　/10

小组分工				
班级			日期	
岗位分工	组长	工程师	内操员工	外操员工	数据记录员
姓名					

小组讨论，根据实训装置，确定主、副对象，主、副控制器，主、副变量，主、副回路，完成下表。

主对象		主控制器	
副对象		副控制器	
主变量		主回路	
副变量		副回路	

三、决策

得分：　　/20

以小组为单位进行讨论，确定水箱液位和电磁流量串级控制的方法及步骤。

1. 请写出要打开的阀门及设备名称。

2. 控制系统连线：在下方写出控制系统的连线方法。

3. 控制系统的组态：请写出控制回路的组态。
PID02 的设置：

PID03 的设置：

四、实施

得分： /40

1. 打开控制台及实训装置_____开关。打开控制器_____开关。打开_____。
2. 完成决策部分 2~3 的操作。
3. 进入组态画面，设定输入信号为_____电压信号，输出信号为_____电流信号；进入调节画面，将控制器设为_____。先设定一个初始阀门开度，如_____；切换至监控画面，观察液位的变化，当液位趋于平衡时，进行下一步骤。
4. 将外回路设置为手动状态，以上水箱液位为控制对象，调整副回路的参数，记录你所用的参数整定的方法及参数值。

参数整定的方法：

P-	I-	D-

5. 将副回路参数设置为步骤 4 整定好的参数，以水箱液位为控制对象，整定主回路的参数，记录你所用的参数整定的方法及参数值，将控制器投入运行。

参数整定的方法：

P-	I-	D-

6. 绘制历史曲线中较满意的过渡过程曲线，并记录控制器参数数值。

五、评价

得分： /10

学生完成自我评价部分，教师完成教师评价部分，若学生评价和教师评价不相符，则得 0 分。评价部分填 "0" 或者 "1"，符合检查项目要求填 "1"，不符合填 "0"。

序号	检查项目	学生自评	教师评价	备注
1	遵守工作纪律			
2	串级控制系统构建合理			
3	实验过程无操作失误			
4	数据记录清晰完整			
5	工作态度积极、认真			

【总结与提高】

1. 总结你在本次任务中学到的新知识。

2. 总结你在本次任务中掌握的新技能。

3. 相比于单回路控制，串级控制有哪些优点？

项目二　YB2000D 化工自动化仪表实训装置的调控

装置简介

　　YB2000D 仪表自动化实训装置是根据我国工业自动化及相关专业教学特点，吸取了国外同类实验装置的特点和长处，并与目前大型工业装置的自动化现场紧密联系，可与工业上广泛使用并处于领先的 AI 智能仪表加组态软件控制系统、DCS（分布式集散控制系统）配合使用，经过精心设计、多次实验和反复论证后，推出的一套基于教学和学科基地建设的实验设备。

一、被调参数囊括了流量、压力、液位、温度四大热工参数

　　实现了对各种检测仪表的认识，包括从就地显示仪表到远传仪表、从一次仪表到二次仪表；具备工业四大参数检测仪表：液位、流量、温度、压力；同时在各控制参数中选用各种检测元件：

　　温度检测元件包含 Pt100、Cu50 热电阻、热电偶等；

　　流量检测仪表包含电磁流量计、孔板流量计、涡轮流量计等；

　　液位检测仪表包含磁翻板液位计、差压式液位变送器等；

　　压力检测仪表包含压力变送器、压力表等；

　　执行机构有拖动类执行机构变频器，工业上常用的电动调节阀、气动调节阀等。

二、综合性仪表实训装置

　　一个被调参数可在不同动力源、不同的执行器、不同的工艺线路下演变成多种调节回路，以利于讨论、比较各种调节方案的优劣。

　　某些检测信号、执行器在本对象中存在相互干扰，它们同时输入和工作时需对原独立调节系统的被调参数进行重新整定，还可与复杂调节系统比较优劣。

三、各种控制算法和调节规律在开放的组态实验软件平台上都可以实现

　　实验数据及图表可以永久存储，在 MCGS 组态软件中也可随时调用，以便实验者在实验结束后进行比较和分析。在整体实训装置中，设有温度故障排除功能、调节阀故障排除功能等。

四、整体设备由储水槽、反应器、冷水槽和热水槽等组成

　　储水槽的水由泵打入反应器、冷水槽、热水槽。

　　反应器分为两层，内胆层和夹套层。内胆层的水由储水槽经过磁力循环泵打入；管路上装有两个流量计与一个调节阀，内胆层还安装有调节器，以实现温度加热控制实验，出水直接入储水槽；夹套层的进水根据温度的控制要求由冷水槽或者热水槽的水选择性地打入夹套，夹套出水根据出水的温度高低选择流入冷水槽或热水槽。实现资源的重复利用和避免再加热的过程，采用大流量低温差控制，实现节能减耗的效用。

　　冷水槽的水可以通过储水箱的水打入，也可以通过反应器的夹套溢流进来；打出的水直接进反应器的夹套，水流量可以调控。

　　热水槽的水可以通过储水箱的水打入，也可以通过反应器的夹套溢流进来；打出的水直接进反应器的夹套，水流量可以调控。

　　该装置可以设置故障区域，将工业现场常出现的故障，真实地仿真设置在故障区域内，培养学生发现故障的意识能力以及排除故障的动手能力。

工作任务 10	姓名：	班级：
1 号水泵出口流量调节	总成绩：	页码范围：

工作任务 10　1 号水泵出口流量调节

【任务描述】

基于 YB2000D 化工自动化仪表实训装置，调控 1 号水泵出口的流量。

【任务提示】

一、工作方法

独立完成"信息"工作页内容。

独立完成"计划"工作页内容，并以小组为单位讨论计划的可行性。

小组合作完成"决策"工作页内容，并选择最优的工作方案。

小组合作完成"实施"工作页内容。实施过程严格按"决策"中 1 号水泵出口流量调节的方法和步骤进行操作，仔细思考，认真观察，做好工作记录。

完成"检查评价"工作页内容，学生完成"学生自评"内容，教师完成"教师评价"内容。

在实施过程中，对于出现的问题，请先自行解决。如确实无法解决，再寻求教师的帮助。

进行工作总结，完成"总结与提高"部分内容。

二、工作内容

开启实训装置。

确定工艺流程。

组建 1 号水泵出口流量调节回路。

确定控制器的 P、I、D 数值，绘制过渡过程曲线。

三、知识储备

流量检测仪表的种类及工作原理。

简单控制系统的方块图。

控制器的输入输出信号。

阶跃干扰的概念。

控制器的基本控制规律。

过渡过程的概念。

自动控制系统在阶跃干扰作用下过渡过程的形式。

过渡过程的品质指标。

四、安全与环保知识

进入实训室穿着工服，禁止打闹。

禁止打开实训装置的柜门。

读懂实训室内的安全标识并遵照执行。

实验结束后及时关闭实训装置。

【工作过程】

一、信息

得分： /20

完成本任务前，需要掌握一些必要的信息，请回答以下问题，完成任务信息的收集工作。

1. 请写出涡轮流量计的工作原理。

2. 请画出简单控制系统的方框图，并能说明其工作原理。

3. 实训装置有哪些设备？请完成下表。

序号	设备名称	备注

4. 实训装置有哪些仪表？请填入下表。

序号	仪表名称	仪表功能	仪表图形符号示例

二、计划

得分： /10

小组分工					
班级				日期	
岗位分工	组长	工程师	内操员工	外操员工	数据记录员
姓名					

1. 小组讨论，根据实训任务，列出几种流体流动方案。

流体流经的设备	一、
	二、
	三、
需要打开的阀门	一、
	二、
	三、

2. 请写出 1 号水泵出口流量调节方案。

三、决策　　　　　　　　　　　　　　　　　　　得分：　　／20

以小组为单位进行讨论，确定 1 号水泵出口流量调节的方法及步骤。

1. 确定本次实训任务的工艺流程。

2. 控制系统连线：在下方写出控制系统的连线方法。

3. 控制系统的组态：请写出控制回路的组态。

四、实施　　　　　　　　　　　　　　　　　　　得分：　　／40

1. 打开实验对象＿＿＿＿＿＿开关。设备对象上打开＿＿＿＿＿＿＿＿＿开关。控制台上打开＿＿＿＿＿＿＿＿。

2. 完成决策部分 2～3 的操作。

3. 先设定一个初始阀门开度，如＿＿＿＿＿＿；切换至监控画面，观察流量的变化，当流量趋于平衡时，进行下一步骤。

4. 比例调节（P 调节）

（1）设定给定值，将积分时间 I 设置为＿＿＿＿＿＿，把微分时间 D 设置为＿＿＿＿＿＿，调整 P。待流量＿＿＿＿＿＿，点击状态切换按钮，将控制器＿＿＿＿＿＿＿＿。

（2）待系统稳定后，记录流量数值，对系统加扰动信号（在纯比例的基础上加扰动，一般可通过改变设定值实现）。记录曲线在经过几次波动稳定下来后，系统有稳态误差。记录余差大小，同时记录 P 的数值。

（3）减小 P 重复步骤 2，观察过渡过程曲线，并记录余差大小。

（4）增大 P 重复步骤 2，观察过渡过程曲线，并记录余差大小。

（5）不断地增大或减小 P，重复步骤 2 的操作，得到多条过渡过程曲线，选择合适的 P，得到较满意的过渡过程曲线。

P 数值									
流量给定值									
流量稳定值									
余差									
第一个波峰或波谷数值									
第二个波峰或波谷数值									
衰减比									

5. 比例积分调节（PI 调节）

（1）在比例调节实验的基础上，加入积分作用，观察被控变量是否能回到设定值，以验证 PI 控制下，系统对阶跃扰动无＿＿＿＿＿＿存在。设定给定值，把微分时间 D 置为＿＿＿＿＿＿，调整 P、I。待液位平衡后，点击状态切换按钮，将控制器投入运行。

（2）固定比例调节的 P 值（中等大小）为＿＿＿＿＿＿，改变 PI 调节器的积分时间数值，然后观察加阶跃扰动后被控变量的输出波形，并填写下表，记录数据。

I 数值						
流量给定值						
超调量						
第一个波峰或波谷数值						
第二个波峰或波谷数值						
衰减比						

（3）固定积分调节的 I 值（中等大小）为_____，然后改变 P 的大小，观察加扰动后被控变量输出的动态波形，并填写下表，记录数据。

P 数值						
流量给定值						
超调量						
第一个波峰或波谷数值						
第二个波峰或波谷数值						
衰减比						

（4）选择合适的 P 和 I 值，使系统对阶跃输入扰动的输出响应为一条较满意的过渡过程曲线（衰减比接近 4：1）。

6．比例积分微分调节（PID 调节）

（1）在 PI 调节器控制实验的基础上，引入适量的微分作用，然后加上与前面实验幅值完全相等的扰动，记录系统被控变量响应的动态曲线，并与 PI 控制下的曲线相比较，由此可看到微分对系统性能的影响。

（2）设定给定值，调整 P、I、D。待液位平衡后点击状态切换按钮，将控制器投入运行。

（3）在历史曲线中选择一条较满意的过渡过程曲线进行记录，绘制在下方，并标示出PID 的数值。

五、评价

得分： /10

学生完成自我评价部分，教师完成教师评价部分，若学生评价和教师评价不相符，则得0 分。评价部分填 "0" 或者 "1"，符合检查项目要求填 "1"，不符合填 "0"。

序号	检查项目	学生自评	教师评价	备注
1	遵守工作纪律			
2	能调控 1 号水泵出口流量			
3	实验过程无操作失误			
4	数据记录清晰完整			
5	工作态度积极、认真			

【总结与提高】

1．总结你在本次任务中学到的新知识。

2．总结你在本次任务中掌握的新技能。

3．从理论上分析调节器参数（比例度、积分时间）对流量控制过程有哪些影响。

工作任务 11	姓名：	班级：
热水泵出口流量调节	总成绩：	页码范围：

工作任务 11　热水泵出口流量调节

【任务描述】

基于 YB2000D 化工自动化仪表实训装置，调控热水泵的出口流量。

【任务提示】

一、工作方法

独立完成"信息"工作页内容。

独立完成"计划"工作页内容，并以小组为单位讨论计划的可行性。

小组合作完成"决策"工作页内容，并选择最优的工作方案。

小组合作完成"实施"工作页内容。实施过程严格按"决策"中热水泵出口流量调节的方法和步骤进行操作，仔细思考，认真观察，做好工作记录。

完成"检查评价"工作页内容，学生完成"学生自评"内容，教师完成"教师评价"内容。

在实施过程中，对于出现的问题，请先自行解决。如确实无法解决，再寻求教师的帮助。

进行工作总结，完成"总结与提高"部分内容。

二、工作内容

开启实训装置。

确定工艺流程。

组建热水泵出口流量调节回路。

确定控制器的 P、I、D 数值，绘制过渡过程曲线。

三、知识储备

流量检测仪表的种类及工作原理。

简单控制系统的方块图。

控制器的输入输出信号。

阶跃干扰的概念。

控制器的基本控制规律。

过渡过程的概念。

自动控制系统在阶跃干扰作用下过渡过程的形式。

过渡过程的品质指标。

四、安全与环保知识

进入实训室穿着工服，禁止打闹。

禁止打开实训装置的柜门。

读懂实训室内的安全标识并遵照执行。

实验结束后及时关闭实训装置。

【工作过程】

一、信息

得分：　　　/10

完成本任务前，需要掌握一些必要的信息，请回答以下问题，完成任务信息的收集工作。

1. 请写出涡轮流量计的工作原理。

2. 请完成下面表格。

装置部分	控制回路
流量	
电磁流量计	
	被控对象
	执行单元
	操纵变量

二、计划

得分：　　　/10

小组分工				
班级			日期	
岗位分工	组长	工程师	内操员工	外操员工	数据记录员
姓名					

1. 小组讨论，根据实训任务，列出几种流体流动方案。

流体流经的设备	一、
	二、
	三、
需要打开的阀门	一、
	二、
	三、

2. 请写出热水泵出口流量调节方案。

三、决策

得分：　　　/30

以小组为单位进行讨论，确定热水泵出口流量调节的方法及步骤。

1. 确定本次实训任务的工艺流程。

2. 控制系统连线：在下方写出控制系统的连线方法。

3. 控制系统的组态：请写出控制回路的组态。

四、实施

得分： /40

1. 打开实验对象_____开关。设备对象上打开_____开关。变频器为_____状态。控制台上打开_____。

2. 完成决策部分 2～3 的操作。

3. 先设定一个初始阀门开度，如_____；切换至监控画面，观察流量的变化，当流量趋于平衡时，进行下一步骤。

4. 用临界比例度法整定控制器参数

(1) 设定给定值，将积分时间 I 设置为_____，把微分时间 D 设置为_____，调整 P。待_____之后，点击状态切换按钮，将控制器投入自动运行。

(2) 待系统稳定后，记录流量数值。从大到小逐渐改变控制器的比例度，每次改变比例度的同时，对系统施加扰动信号，直到系统呈现等幅振荡的过渡过程。记录此时的比例度为临界比例度 δ_K _____，周期为临界振荡周期 T_K _____。

(3) 将实验得到的临界比例度 δ_K、临界振荡周期 T_K 代入临界比例度法参数计算公式中，并将求得的数值填入下表中。

控制作用	比例度/%	积分时间 T_I/min	微分时间 T_D/min
比例			
比例积分			
比例微分			
比例积分微分			

5. 将上一步骤求得的比例度、积分时间、微分时间输入控制器中，分别用比例控制器、比例积分控制器、比例微分控制器、比例积分微分控制器来控制热水泵出口的流量，人为施加相同的阶跃干扰作用，观察几种控制器的控制作用，将阶跃作用下控制系统过渡过程曲线绘制在下方。

比例控制器	比例积分控制器
比例微分控制器	比例积分微分控制器

6. 根据步骤 5 中的阶跃作用下过渡过程曲线，调整比例度、积分时间、微分时间的数值，使过渡过程曲线呈现 4∶1 衰减振荡过渡过程。将调整后的比例度、积分时间、微分时间的数值填入下表中。

控制作用	比例度/%	积分时间 T_I/min	微分时间 T_D/min
比例			
比例积分			
比例微分			
比例积分微分			

五、评价

得分：   /10

学生完成自我评价部分，教师完成教师评价部分，若学生评价和教师评价不相符，则得 0 分。评价部分填"0"或者"1"，符合检查项目要求填"1"，不符合填"0"。

序号	检查项目	学生自评	教师评价	备注
1	遵守工作纪律			
2	能调控热水泵出口流量			
3	实验过程无操作失误			
4	数据记录清晰完整			
5	工作态度积极、认真			

【总结与提高】

1. 总结你在本次任务中学到的新知识。

2. 总结你在本次任务中掌握的新技能。

3. 流量控制与液位控制及温度控制相比有哪些特点？

工作任务 12	姓名：	班级：
冷水泵出口流量调节	总成绩：	页码范围：

工作任务 12　冷水泵出口流量调节

【任务描述】

基于 YB2000D 化工自动化仪表实训装置，调控冷水泵的出口流量。

【任务提示】

一、工作方法

独立完成"信息"工作页内容。

独立完成"计划"工作页内容，并以小组为单位讨论计划的可行性。

小组合作完成"决策"工作页内容，并选择最优的工作方案。

小组合作完成"实施"工作页内容。实施过程严格按"决策"中冷水泵出口流量调节的方法和步骤进行操作，仔细思考，认真观察，做好工作记录。

完成"检查评价"工作页内容，学生完成"学生自评"内容，教师完成"教师评价"内容。

在实施过程中，对于出现的问题，请先自行解决。如确实无法解决，再寻求教师的帮助。

进行工作总结，完成"总结与提高"部分内容。

二、工作内容

开启实训装置。

确定工艺流程。

组建冷水泵出口流量调节回路。

确定控制器的 P、I、D 数值，绘制过渡过程曲线。

三、知识储备

流量检测仪表的种类及工作原理。

简单控制系统的方块图。

控制器的输入输出信号。

阶跃干扰的概念。

控制器的基本控制规律。

过渡过程的概念。

自动控制系统在阶跃干扰作用下过渡过程的形式。

过渡过程的品质指标。

四、安全与环保知识

进入实训室穿着工服，禁止打闹。

禁止打开实训装置的柜门。

读懂实训室内的安全标识并遵照执行。

实验结束后及时关闭实训装置。

【工作过程】

一、信 息　　　　　　　　　　　　　　　　　　　　　　得分：　　/10

完成本任务前，需要掌握一些必要的信息，请回答以下问题，完成任务信息的收集工作。

1. 请写出差压式流量计的工作原理。

2. 请完成下面表格。

装置部分	控制回路
	被控变量
	测量元件及变送器
泵出口处的管道	
调节阀	
	操纵变量

二、计 划　　　　　　　　　　　　　　　　　　　　　　得分：　　/10

小组分工				
班级			日期	
岗位分工	组长	工程师	内操员工	外操员工	数据记录员
姓名					

1. 小组讨论，根据实训任务，列出几种流体流动方案。

流体流经的设备	一、
	二、
	三、
需要打开的阀门	一、
	二、
	三、

2. 请写出冷水泵出口流量调节方案。

三、决 策　　　　　　　　　　　　　　　　　　　　　　得分：　　/30

以小组为单位进行讨论，确定冷水泵出口流量调节的方法及步骤。

1. 确定本次实训任务的工艺流程。

2. 控制系统连线：在下方写出控制系统的连线方法。

3. 控制系统的组态：请写出控制回路的组态。

四、实施　　　　　　　　　　　　　　　　　　　　得分：　　　/40

1. 打开实验对象＿＿＿＿＿＿＿开关。设备对象上打开＿＿＿＿＿＿＿＿＿＿＿＿开关。变频器为＿＿＿＿＿状态。控制台上打开＿＿＿＿＿＿。

2. 完成决策部分 2～3 的操作。

3. 先设定一个初始阀门开度，如＿＿＿＿＿＿；切换至监控画面，观察流量的变化，当流量趋于平衡时，进行下一步骤。

4. 用衰减曲线法整定控制器参数

（1）设定给定值，将积分时间 I 设置为＿＿＿＿＿，把微分时间 D 设置为＿＿＿＿＿，调整 P。待流量＿＿＿＿＿，点击状态切换按钮，将控制器投入自动运行。

（2）待系统稳定后，记录流量数值。从大到小逐渐改变控制器的比例度，每次改变比例度的同时，对系统施加扰动信号，直到系统呈现 4∶1 衰减振荡的过渡过程。记录此时的比例度 δ_S ＿＿＿＿＿，得出衰减周期 T_S ＿＿＿＿＿。

（3）将实验得到的比例度 δ_S、衰减周期 T_S 代入衰减曲线法参数计算公式中，并将求得的数值填入下表中。

控制作用	比例度/%	积分时间 T_I/min	微分时间 T_D/min
比例			
比例积分			
比例微分			
比例积分微分			

5. 将上一步骤求得的比例度、积分时间、微分时间输入控制器中，分别用比例控制器、比例积分控制器、比例微分控制器、比例积分微分控制器来控制差压式流量计的流量，人为施加相同的阶跃干扰作用，观察几种控制器的控制作用，将阶跃作用下控制系统过渡过程曲线绘制在下方。

比例控制器	比例积分控制器
比例微分控制器	比例积分微分控制器

6. 根据步骤 5 中的阶跃作用下过渡过程曲线，调整比例度、积分时间、微分时间的数值，使过渡过程曲线呈现 4∶1 衰减振荡过渡过程。将调整后的比例度、积分时间、微分时间的数值填入下表中。

控制作用	比例度/%	积分时间 T_I/min	微分时间 T_D/min
比例			
比例积分			
比例微分			
比例积分微分			

五、评价

得分：   /10

学生完成自我评价部分，教师完成教师评价部分，若学生评价和教师评价不相符，则得 0 分。评价部分填 "0" 或者 "1"，符合检查项目要求填 "1"，不符合填 "0"。

序号	检查项目	学生自评	教师评价	备注
1	遵守工作纪律			
2	能调控冷水泵出口流量			
3	实验过程无操作失误			
4	数据记录清晰完整			
5	工作态度积极、认真			

【总结与提高】

1. 总结你在本次任务中学到的新知识。

2. 总结你在本次任务中掌握的新技能。

3. 定性分析三种调节器参数（比例度、积分时间、微分时间）的变化对流量控制过程产生的影响。

工作任务 13	姓名：	班级：
反应釜内胆温度调节	总成绩：	页码范围：

工作任务 13　反应釜内胆温度调节

【任务描述】

基于 YB2000D 化工自动化仪表实训装置，调控反应釜内胆的温度。

【任务提示】

一、工作方法

独立完成"信息"工作页内容。

独立完成"计划"工作页内容，并以小组为单位讨论计划的可行性。

小组合作完成"决策"工作页内容，并选择最优的工作方案。

小组合作完成"实施"工作页内容。实施过程严格按"决策"中反应釜内胆温度调节的方法和步骤进行操作，仔细思考，认真观察，做好工作记录。

完成"检查评价"工作页内容，学生完成"学生自评"内容，教师完成"教师评价"内容。

在实施过程中，对于出现的问题，请先自行解决。如确实无法解决，再寻求教师的帮助。

进行工作总结，完成"总结与提高"部分内容。

二、工作内容

开启实训装置。

确定工艺流程。

组建反应釜内胆温度调节回路。

确定控制器的 P、I、D 数值，绘制过渡过程曲线。

三、知识储备

温度测量仪表的种类及工作原理。

反应釜的结构。

反应釜的换热装置。

简单控制系统的方块图。

控制器的输入输出信号。

阶跃干扰的概念。

控制器的基本控制规律。

过渡过程的概念。

自动控制系统在阶跃干扰作用下过渡过程的形式。

过渡过程的品质指标。

四、安全与环保知识

进入实训室穿着工服，禁止打闹。

禁止打开实训装置的柜门。

读懂实训室内的安全标识并遵照执行。

实验结束后及时关闭实训装置。

【工作过程】

一、信息

得分： /10

完成本任务前，需要掌握一些必要的信息，请回答以下问题，完成任务信息的收集工作。

1. 请写出热电偶温度计的结构及工作原理。

2. 请完成下面表格。

装置部分	控制回路
温度	
温度测量仪表	
	被控对象
	执行器
	操纵变量

二、计划

得分： /10

小组分工					
班级				日期	
岗位分工	组长	工程师	内操员工	外操员工	数据记录员
姓名					

1. 小组讨论，根据实训任务，列出几种流体流动方案。

流体流经的设备	一、
	二、
	三、
需要打开的阀门	一、
	二、
	三、

2. 请写出反应釜内胆温度调节方案。

三、决策

得分： /30

以小组为单位进行讨论，确定反应釜内胆温度调节的方法及步骤。

1. 确定本次实训任务的工艺流程（流体流经的设备，需要开启的泵及阀门）。

2. 控制系统连线：在下方写出控制系统的连线方法。

3. 控制系统的组态：请写出控制回路的组态。

四、实施　　　　　　　　　　　　　　　　得分：　　　/40

1. 打开实验对象_____开关。设备对象上打开_____开关。控制台上打开_____。

2. 完成决策部分 2～3 的操作。

3. 先设定一个初始加热输出，如_____；切换至监控画面，观察温度的变化，当温度趋于平衡时，进行下一步骤。

4. 比例调节（P 调节）

（1）设定给定值，将积分时间 I 设置为_____，把微分时间 D 设置为_____，调整 P。待温度_____，点击状态切换按钮，将控制器投入自动运行。

（2）待系统稳定后，记录温度数值，对系统加扰动信号（在纯比例的基础上加扰动，一般可通过改变设定值实现）。记录曲线在经过几次波动稳定下来后，系统有稳态误差，并记录余差大小，同时记录 P 的数值。

P 数值								
温度给定值								
温度稳定值								
余差								
第一个波峰或波谷数值								
第二个波峰或波谷数值								
衰减比								

（3）减小 P 重复步骤 2，观察过渡过程曲线，并记录余差大小。

（4）增大 P 重复步骤 2，观察过渡过程曲线，并记录余差大小。

（5）不断地增大或减小 P，重复步骤 2 的操作，得到多条过渡过程曲线，选择合适的 P，得到较满意的过渡过程曲线。将曲线绘制在下方。

5. 比例积分调节（PI 调节）

（1）在比例调节实验的基础上，加入积分作用，观察被控变量是否能回到设定值，以验证 PI 控制下，系统对阶跃扰动无_____存在。设定给定值，把微分时间 D 置为_____，调整 P、I。待液位平衡后点击状态切换按钮，将控制器投入运行。

（2）固定比例调节的 P 值（中等大小）为_____，改变 PI 调节器的积分时间数值，然后观察加阶跃扰动后被控变量的输出波形，并填写下表，记录数据。

I 数值								
温度给定值								
超调量								
第一个波峰或波谷数值								
第二个波峰或波谷数值								
衰减比								

（3）固定积分调节的 I 值（中等大小）为_____，然后改变 P 的大小，观察加扰动后被控变量输出的动态波形，并填写下表，记录数据。

P 数值							
液位给定值							
超调量							
第一个波峰或波谷数值							
第二个波峰或波谷数值							
衰减比							

（4）选择合适的 P 和 I 值，使系统对阶跃输入扰动的输出响应为一条较满意的过渡过程曲线（衰减比接近 4：1）。在下方绘制过渡过程曲线。

6. 比例积分微分调节（PID 调节）

（1）在 PI 调节器控制实验的基础上，引入适量的微分作用，然后加上与前面实验幅值完全相等的扰动，记录系统被控变量响应的动态曲线，并与 PI 控制下的曲线相比较，由此可看到微分对系统性能的影响。

（2）设定给定值，调整 P、I、D。待液位平衡后点击状态切换按钮，将控制器投入运行。

（3）在历史曲线中选择一条较满意的过渡过程曲线进行记录，绘制在下方，并标示出 PID 的数值。

五、检查评价

得分：　　　/10

学生完成自我评价部分，教师完成教师评价部分，若学生评价和教师评价不相符，则得 0 分。评价部分填"0"或者"1"，符合检查项目要求填"1"，不符合填"0"。

序号	检查项目	学生自评	教师评价	备注
1	遵守工作纪律			
2	P、I、D 数值选择适当			
3	实验过程无操作失误			
4	数据记录清晰完整			
5	工作态度积极、认真			

【总结与提高】

1. 总结你在本次任务中学到的新知识。

2. 总结你在本次任务中掌握的新技能。

3. 为什么要做到手动控制到自动控制的无扰动切换？

工作任务 14	姓名：	班级：
热水槽的温度调节	总成绩：	页码范围：

工作任务 14 热水槽的温度调节

【任务描述】

基于 YB2000D 化工自动化仪表实训装置，完成热水槽的温度调节。

【任务提示】

一、工作方法

独立完成"信息"工作页内容。

独立完成"计划"工作页内容，并以小组为单位讨论计划的可行性。

小组合作完成"决策"工作页内容，并选择最优的工作方案。

小组合作完成"实施"工作页内容。实施过程严格按"决策"中热水槽温度调控方案进行操作，仔细思考，认真观察，做好工作记录。

完成"检查评价"工作页内容，学生完成"学生自评"内容，教师完成"教师评价"内容。

在实施过程中，对于出现的问题，请先自行解决。如确实无法解决，再寻求教师的帮助。

进行工作总结，完成"总结与提高"部分内容。

二、工作内容

开启实训装置。

确定工艺流程。

组建热水槽温度控制系统。

确定控制器的 P、I、D 数值，绘制过渡过程曲线。

三、知识储备

温度测量仪表的种类及工作原理。

控制器的输入输出信号。

阶跃干扰的概念。

过渡过程的概念。

自动控制系统在阶跃干扰作用下过渡过程的形式。

过渡过程的品质指标。

执行器的正、反作用的确定。

控制器的正反作用的确定。

四、安全与环保知识

进入实训室穿着工服，禁止打闹。

禁止打开实训装置的柜门。

注意加热设备的使用规范。

读懂实训室内的安全标识并遵照执行。

实训结束后及时关闭实训装置。

【工作过程】

一、信息
得分：　　　/10

完成本任务前，需要掌握一些必要的信息，请回答以下问题，完成任务信息的收集工作。

1. 请写出什么是执行器的正作用与反作用形式，如何确定执行器的正作用与反作用。

2. 请写出如何确定控制器的正作用与反作用。

二、计划
得分：　　　/10

小组分工					
班级				日期	
岗位分工	组长	工程师	内操员工	外操员工	数据记录员
姓名					

小组合作，完成下面表格。

装置部分	控制回路	控制系统各个组成部分的作用方向
温度		
	测量元件及变送器	
	被控对象	
	执行器/执行单元	
	操纵变量	
C3000 控制器		

三、决策
得分：　　　/30

以小组为单位进行讨论，确定热水槽温度调控的方法及步骤。

1. 请写出要开启的阀门及设备。

2. 控制系统连线：在下方写出控制系统的连线方法。

3. 控制系统的组态：请写出控制回路的组态。

4. 确定控制器参数整定方法。

四、实施
得分：　　　/40

1. 写出需要开启的开关有哪些，并在实训装置上进行操作。

2. 完成决策部分 2～3 的操作。

3. 进入调节画面，将调节仪设为 _____。首先设定一个初始调压模块开度，如 _____；切换至监控画面，观察水温变化，当水温趋于平衡时，调整 P、I、D 数值，将控制控制器投入运行。

4. 进行控制器参数整定，将整定后的参数值填入下表中。并绘制过渡过程曲线。

参数整定的方法：		
P-	I-	D-

五、评价
得分：　　　/10

学生完成自我评价部分，教师完成教师评价部分，若学生评价和教师评价不相符，则得 0 分。评价部分填 "0" 或者 "1"，符合检查项目要求填 "1"，不符合填 "0"。

序号	检查项目	学生自评	教师评价	备注
1	遵守工作纪律			
2	能组建热水槽的温度控制系统			
3	实验过程无操作失误			
4	数据记录清晰完整			
5	工作态度积极、认真			

【总结与提高】

1. 总结你在本次任务中学到的新知识。

2. 总结你在本次任务中掌握的新技能。

3. 在温度控制系统中为什么通常会加入微分控制作用？

工作任务 15　冷水槽的液位调节

【任务描述】

基于 YB2000D 化工自动化仪表实训装置，完成冷水槽的液位调节。

【任务提示】

一、工作方法

独立完成"信息"工作页内容。

独立完成"计划"工作页内容，并以小组为单位讨论计划的可行性。

小组合作完成"决策"工作页内容，并选择最优的工作方案。

小组合作完成"实施"工作页内容。实施过程严格按"决策"中冷水槽液位调控方案进行操作，仔细思考，认真观察，做好工作记录。

完成"检查评价"工作页内容，学生完成"学生自评"内容，教师完成"教师评价"内容。

在实施过程中，对于出现的问题，请先自行解决。如确实无法解决，再寻求教师的帮助。

进行工作总结，完成"总结与提高"部分内容。

二、工作内容

开启实训装置。

确定工艺流程。

组建冷水槽液位控制系统。

确定控制器的 P、I、D 数值，绘制过渡过程曲线。

三、知识储备

液位检测仪表的种类及工作原理。

控制器的输入输出信号。

阶跃干扰的概念。

过渡过程的概念。

自动控制系统在阶跃干扰作用下过渡过程的形式。

过渡过程的品质指标。

执行器的正反作用的确定原则。

控制器的正反作用的确定原则。

四、安全与环保知识

进入实训室穿着工服，禁止打闹。

禁止打开实训装置的柜门。

读懂实训室内的安全标识并遵照执行。

实训结束后及时关闭实训装置。

【工作过程】

一、信息

得分：　　　/10

完成本任务前，需要掌握一些必要的信息，请回答以下问题，完成任务信息的收集工作。

请写出实训过程中的注意事项有哪些。

二、计划
得分： /10

小组分工					
班级				日期	
岗位分工	组长	工程师	内操员工	外操员工	数据记录员
姓名					

小组合作，完成下面表格。

装置部分	控制回路	控制系统各个组成部分的作用方向
液位		
	测量元件及变送器	
	被控对象	
	执行器/执行单元	
	操纵变量	
C3000 控制器		

三、决策
得分： /30

以小组为单位进行讨论，确定冷水槽液位调控的方法及步骤，请尽可能详细记录。

四、实施
得分： /40

按照决策部分内容完成实训操作，并进行必要的记录。

五、评价
得分： /10

学生完成自我评价部分，教师完成教师评价部分，若学生评价和教师评价不相符，则得0分。评价部分填"0"或者"1"，符合检查项目要求填"1"，不符合填"0"。

序号	检查项目	学生自评	教师评价	备注
1	遵守工作纪律			
2	能小组合作完成工作决策			
3	实验过程无操作失误			
4	数据记录清晰完整			
5	工作态度积极、认真			

【总结与提高】

1.总结你在本次任务中学到的新知识。

2.总结你在本次任务中掌握的新技能。

3.从理论上分析调节器参数（比例度、积分时间）的变化对液位控制过程有哪些影响。

工作任务 16	姓名：	班级：
热水槽的液位调节	总成绩：	页码范围：

工作任务 16　热水槽的液位调节

【任务描述】

基于 YB2000D 化工自动化仪表实训装置，完成热水槽的液位调节。

【任务提示】

一、工作方法

独立完成"信息"工作页内容。

独立完成"计划"工作页内容，并以小组为单位讨论计划的可行性。

小组合作完成"决策"工作页内容，并选择最优的工作方案。

小组合作完成"实施"工作页内容。实施过程严格按"决策"中热水槽液位调控方案进行操作，仔细思考，认真观察，做好工作记录。

完成"检查评价"工作页内容，学生完成"学生自评"内容，教师完成"教师评价"内容。

在实施过程中，对于出现的问题，请先自行解决。如确实无法解决，再寻求教师的帮助。

进行工作总结，完成"总结与提高"部分内容。

二、工作内容

开启实训装置。

确定工艺流程。

组建热水槽液位控制系统。

确定控制器的 P、I、D 数值，绘制过渡过程曲线。

三、知识储备

液位检测仪表的种类及工作原理。

控制器的输入输出信号。

阶跃干扰的概念。

过渡过程的概念。

自动控制系统在阶跃干扰作用下过渡过程的形式。

过渡过程的品质指标。

执行器的正反作用的确定。

控制器的正反作用的确定。

四、安全与环保知识

进入实训室穿着工服，禁止打闹。

禁止打开实训装置的柜门。

读懂实训室内的安全标识并遵照执行。

实训结束后及时关闭实训装置。

【工作过程】

一、信息

得分：　　/10

完成本任务前，需要掌握一些必要的信息，请回答以下问题，完成任务信息的收集工作。

请写出实训过程中的注意事项有哪些。

二、计划　　　　　　　　　　　　　　　　　得分：　　／10

小组分工				
班级			日期	
岗位分工	组长	工程师	内操员工	外操员工	数据记录员
姓名					

小组合作，完成下面表格。

装置部分	控制回路	控制系统各个组成部分的作用方向
液位		
	测量元件及变送器	
	被控对象	
	执行器/执行单元	
	操纵变量	
C3000 控制器		

三、决策　　　　　　　　　　　　　　　　　得分：　　／30

以小组为单位进行讨论，确定热水槽液位调控的方法及步骤，请尽可能详细记录。

四、实施　　　　　　　　　　　　　　　　　得分：　　／40

按照决策部分内容完成实训操作，并进行必要的记录。

五、评价　　　　　　　　　　　　　　　　　得分：　　／10

学生完成自我评价部分，教师完成教师评价部分，若学生评价和教师评价不相符，则得0分。评价部分填"0"或者"1"，符合检查项目要求填"1"，不符合填"0"。

序号	检查项目	学生自评	教师评价	备注
1	遵守工作纪律			
2	能小组合作完成工作决策			
3	实验过程无操作失误			
4	数据记录清晰完整			
5	工作态度积极、认真			

【总结与提高】

1. 总结你在本次任务中学到的新知识。

2. 总结你在本次任务中掌握的新技能。

3. 液位控制与流量控制及温度控制相比有哪些特点？

工作任务 17	姓名：	班级：
反应釜夹套串级温度调节	总成绩：	页码范围：

工作任务 17　反应釜夹套串级温度调节

【任务描述】

基于 YB2000D 化工自动化仪表实训装置，完成反应釜夹套串级温度调节。

【任务提示】

一、工作方法

独立完成"信息"工作页内容。

独立完成"计划"工作页内容，并以小组为单位讨论计划的可行性。

小组合作完成"决策"工作页内容，并选择最优的工作方案。

小组合作完成"实施"工作页内容。实施过程严格按"决策"中反应釜夹套串级温度调节方案进行操作，仔细思考，认真观察，做好工作记录。

完成"检查评价"工作页内容，学生完成"学生自评"内容，教师完成"教师评价"内容。

在实施过程中，对于出现的问题，请先自行解决。如确实无法解决，再寻求教师的帮助。

进行工作总结，完成"总结与提高"部分内容。

二、工作内容

开启实训装置。

确定工艺流程。

组建反应釜夹套串级温度控制系统。

记录反应釜夹套串级温度调控系统不同控制器参数下的特性数据。

确定主、副控制器的 P、I、D 数值，绘制过渡过程曲线。

三、知识储备

温度测量仪表的种类及工作原理。

串级控制系统的方框图。

串级控制系统的特点。

控制器的输入输出信号。

阶跃干扰的概念。

过渡过程的概念。

自动控制系统在阶跃干扰作用下过渡过程的形式。

过渡过程的品质指标。

四、安全与环保知识

进入实训室穿着工服，禁止打闹。

禁止打开实训装置的柜门。

读懂实训室内的安全标识并遵照执行。

实验结束后及时关闭实训装置。

【工作过程】

一、信息 　　　　　　　　　　　　　　　　　　 得分：　　/10

完成本任务前，需要掌握一些必要的信息，请回答以下问题，完成任务信息的收集工作。

1. 请画出串级控制系统的方框图，并能说明其工作原理。

2. 请写出串级控制系统中主、副控制器的参数整定的两种主要方法。

二、计划 　　　　　　　　　　　　　　　　　　 得分：　　/10

小组分工					
班级				日期	
岗位分工	组长	工程师	内操员工	外操员工	数据记录员
姓名					

小组讨论，根据实训装置，确定主、副对象，主、副控制器，主、副变量，主、副回路，完成下表。

主对象		主控制器	
副对象		副控制器	
主变量		主回路	
副变量		副回路	

三、决策 　　　　　　　　　　　　　　　　　　 得分：　　/30

以小组为单位进行讨论，确定反应釜夹套串级温度控制的方法及步骤。

1. 请写出要打开的阀门及设备。

2. 控制系统连线：在下方写出控制系统的连线方法。

3. 控制系统的组态：请写出控制回路的组态。

PID02 的设置：

PID03 的设置：

四、实施

1. 需要开启的开关有哪些，并在实训装置上进行操作。

2. 完成决策部分 2～3 的操作。

3. 进入组态画面，设定输入信号为 ＿＿＿＿＿＿＿＿ 电压信号，输出信号为 ＿＿＿＿＿＿＿＿ 电流信号；进入调节画面，将控制器设为 ＿＿＿＿＿＿＿。先设定一个初始阀门开度，如 ＿＿＿＿＿＿＿＿；切换至监控画面，观察液位的变化，当液位趋于平衡时，进行下一步骤。

4. 将外回路设置为手动状态，以 ＿＿＿＿＿＿＿＿＿＿＿＿＿＿ 为控制对象，调整副回路的参数，记录你所用的参数整定的方法及参数值。

参数整定的方法：

P-	I-	D-

5. 将副回路参数设置为步骤 4 整定好的参数，以 ＿＿＿＿＿＿＿＿＿＿＿＿＿ 为控制对象，整定主回路的参数，记录你所用的参数整定的方法及参数值，将控制器投入运行。

参数整定的方法：

P-	I-	D-

6. 绘制历史曲线中较满意的过渡过程曲线。

五、评价

学生完成自我评价部分，教师完成教师评价部分，若学生评价和教师评价不相符，则得 0 分。评价部分填 "0" 或者 "1"，符合检查项目要求填 "1"，不符合填 "0"。

序号	检查项目	学生自评	教师评价	备注
1	遵守工作纪律			
2	串级控制系统构建合理			
3	实验过程无操作失误			
4	数据记录清晰完整			
5	工作态度积极、认真			

【总结与提高】

1. 总结你在本次任务中学到的新知识。

2. 总结你在本次任务中掌握的新技能。

3. 为什么串级控制系统在加了副回路控制后控制质量得到较大提升？串级控制相比于单回路控制有哪些优点？

工作任务 18	姓名：	班级：
冷水泵出口流量和热水泵出口流量单闭环比值调节	总成绩：	页码范围：

工作任务 18 冷水泵出口流量和热水泵出口流量单闭环比值调节

【任务描述】

基于 YB2000D 化工自动化仪表实训装置，完成冷水泵出口流量和热水泵出口流量单闭环比值调节。

【任务提示】

一、工作方法

独立完成"信息"工作页内容。

独立完成"计划"工作页内容，并以小组为单位讨论计划的可行性。

小组合作完成"决策"工作页内容，并选择最优的工作方案。

小组合作完成"实施"工作页内容。实施过程严格按"决策"中冷水泵出口流量和热水泵出口流量单闭环比值调节方案进行操作，仔细思考，认真观察，做好工作记录。

完成"检查评价"工作页内容，学生完成"学生自评"内容，教师完成"教师评价"内容。

在实施过程中，对于出现的问题，请先自行解决。如确实无法解决，再寻求教师的帮助。

进行工作总结，完成"总结与提高"部分内容。

二、工作内容

开启实训装置。

确定工艺流程。

组建冷水泵出口流量和热水泵出口流量单闭环比值控制系统。

调整流量单闭环比值控制系统的参数值，观察控制系统的过渡过程。

确定流量单闭环比值控制系统的 P、I、D 数值，绘制过渡过程曲线。

三、知识储备

流量检测仪表的种类及工作原理。

比值控制系统的方框图。

比值控制系统在化工企业的应用。

控制器的输入输出信号。

阶跃干扰的概念。

控制器的基本控制规律。

过渡过程的概念。

自动控制系统在阶跃干扰作用下过渡过程的形式。

过渡过程的品质指标。

四、安全与环保知识

进入实训室穿着工服，禁止打闹。

禁止打开实训装置的柜门。

读懂实训室内的安全标识并遵照执行。

实验结束后及时关闭实训装置。

【工作过程】

一、信息
得分： /20

完成本任务前，需要掌握一些必要的信息，请回答以下问题，完成任务信息的收集工作。

1. 画出单闭环比值控制系统的方框图，并能说明其工作原理。

2. 简述单闭环比值控制系统控制器参数整定的方法。

二、计划
得分： /10

小组分工					
班级				日期	
岗位分工	组长	工程师	内操员工	外操员工	数据记录员
姓名					

小组讨论，根据实训装置，确定主、副控制器，主、副流量，完成下表。

主控制器	副控制器	主流量	副流量

三、决策
得分： /20

以小组为单位进行讨论，确定流量单闭环比值控制的方法及步骤。

四、实施
得分： /40

按照决策部分内容完成实训操作，并进行必要的记录。

五、检查评价　　　　　　　　　　　　　　　　　　　得分：　　　/10

　　学生完成自我评价部分，教师完成教师评价部分，若学生评价和教师评价不相符，则得0分。评价部分填"0"或者"1"，符合检查项目要求填"1"，不符合填"0"。

序号	检查项目	学生自评	教师评价	备注
1	遵守工作纪律			
2	P、I、D 数值选择适当			
3	实验过程无操作失误			
4	实验记录清晰完整			
5	工作态度积极、认真			

【总结与提高】

　　1. 总结你在本次任务中学到的新知识。

　　2. 总结你在本次任务中掌握的新技能。

　　3. 分析比值控制器，在不同 KC 值时的阶跃响应曲线的特点。